石油化工职业技能培训教材

化工分析工

（第二版）

中国石油化工集团有限公司人力资源部　组织编写

中国石化出版社

·北京·

内 容 提 要

《化工分析工》为《石油化工职业技能培训教材》系列之一，共分为三篇。其中，第一篇为初级工、中级工技能训练，第二篇为高级工技能训练，第三篇为技师、高级技师技能训练。主要内容涵盖化工分析工日常工作中的各项代表性操作技能，具体包括分析工作中常用的各种玻璃器具、辅助用品及基础设备的正确使用与操作方法；当前经典分析项目及其相应的操作方法与技术；以及常用分析仪器的安装调试、日常维护、异常诊断与故障处理等。

本书是化工分析人员进行技能操作培训、等级认定操作考核等必备的教材，也是专业技术人员必备的参考书。

图书在版编目(CIP)数据

化工分析工／中国石油化工集团有限公司人力资源部组织编写．— 2 版．— 北京：中国石化出版社，2025.6.—（石油化工职业技能培训教材）．—ISBN 978-7-5114-7782-8

Ⅰ．TQ014

中国国家版本馆 CIP 数据核字第 20251BW607 号

中国石化出版社出版发行

地址：北京市东城区安定门外大街 58 号

邮编：100011 电话：(010)57512500

发行部电话：(010)57512575

http://www.sinopec-press.com

E-mail：press@ sinopec.com.cn

北京科信印刷有限公司印刷

全国各地新华书店经销

*

787 毫米×1092 毫米 16 开本 20.25 印张 502 千字

2025 年 6 月第 2 版　2025 年 6 月第 1 次印刷

定价：79.00 元

《石油化工职业技能培训教材》

编审指导委员会

主　任：秦　都

委　员：许　毅　田宏斌　周娣红

王　欣　黄志华

编撰工作组

（以姓氏笔画顺序）

王瑾瑜　刘　野　杨　俊　李　强　汪　珺

张亚伟　胡金玉　赵旭飞　黄海峰

《化工分析工》(第二版)

编审人员

主编：于文军(天津石化)

参编：刘云霞(天津石化)　王建全(天津石化)

汤海东(天津石化)　杨靖元(天津石化)

王淑燕(天津石化)　孙　侨(天津石化)

崔广洪(燕山石化)　于洪洸(燕山石化)

成　红(燕山石化)　张　晶(扬子石化)

王安华(管理干部学院)

审稿：韩文旭(化工事业部)　黄　铃(北化院)

周立军(南化公司)　曾维俊(镇海炼化)

刘秀娟(茂名石化)　黄红霞(茂名石化)

前　言

习近平总书记强调，要深入实施职工素质建设工程，引导广大劳动者终身学习、不断提高自身素质，努力建设一支知识型、技能型、创新型的劳动者大军。为进一步加强石油化工行业技能人才队伍建设，更好满足职业技能培训和等级认定的需要，在2007年组编出版的《石油化工职业技能培训教材》基础上，中国石油化工集团有限公司人力资源部开展了该丛书的修订增补工作。本次教材修编工作依照人力资源和社会保障部制定的石油化工生产人员《国家职业标准》的要求，坚持以企业发展、员工需求为导向，以实用好用、简明高效为原则，瞄准重点人才、关键岗位、主要专业、主体工种，紧密结合石油化工行业生产实际，以及技术进步、技术创新、新工艺、新设备、新材料、新操作方法等要求，力求为读者提供一套具有鲜明石油石化特色的高质量职业技能培训教材。

新版《化工分析工》在第一版的基础上，对全书内容进行了较大幅度的更新、修改和完善，重点体现在：删除了当前已经被淘汰的分析仪器的相关内容，增加了一些目前已经被广泛应用的新型分析仪器的使用和操作内容，对涉及的旧国家标准中的内容依据新国家标准进行了替换，并修正了上一版发现的少量问题，确保内容更加准确、规范。

由于石油化工技能培训教材涵盖的职业（工种）较多，同工种不同企业的生产装置也存在差别，编写难度较大，加之编写时间紧迫，不足之处在所难免，敬请各使用单位及个人对教材提出宝贵意见和建议，以便教材修订时补充更正。

《石油化工职业技能培训教材》编审指导委员会

二〇二五年五月

目　录

初级工、中级工篇

第 7 章　橡胶分析

高级工篇

第 1 章　化学分析

第 2 章　电化学分析

第 3 章　光谱分析

第 4 章　色谱分析

第 5 章　油品分析

第 6 章　塑料分析

第 7 章　橡胶物性分析

技师、高级技师篇

第1章 化学分析

第2章 电化学分析

第3章 光谱分析

第4章 色谱分析

第5章 油品分析

第6章 塑料分析

第7章 橡胶物性分析

初级工、中级工篇

第 1 章　化 学 分 析

1.1　玻璃器具操作

1.1.1　玻璃器具的洗涤

玻璃器具的洗涤，是分析工作中必不可少的一项技术工作，仪器洗涤是否符合要求，对化验工作的准确度和精密度均有影响。不同分析工作对仪器洗涤要求也不同。根据分析工作的不同，可分为常规玻璃器具(如烧杯、量筒、锥形瓶等)的洗涤；特殊玻璃器具(如砂芯玻璃滤器、带精密刻度的玻璃器具、成套组合专用玻璃器具等)的洗涤；光学玻璃器具(如比色皿等)的洗涤。下面只介绍常规玻璃器具和比色皿的洗涤。

一、培训准备

(1) 理论准备

掌握玻璃器具的基本知识及应保持的状态，了解各种洗涤液的使用方法。

(2) 仪器准备

烧杯、量筒、锥形瓶、相应规格的毛刷。

(3) 试剂准备

常用几种洗涤液。

二、操作步骤

(1) 常规玻璃器具的洗涤

① 用自来水冲洗玻璃器具 1~2 次，除去可溶性污垢。

② 用毛刷蘸上合成洗涤剂或用去污能力更强的温热的洗涤液浸泡 10min，再由外到里刷洗。

③ 连续振荡数次，至内外壁不挂水珠；如果挂水珠，重复第二步。

④ 用蒸馏水洗涤 3 次。

(2) 比色皿的洗涤

① 手指捏住毛玻璃面，用 1∶1 盐酸-乙醇溶液洗涤比色皿，除去有机显色剂的沾污。必要时可用硝酸浸洗，不宜用铬酸洗液等氧化性洗液浸泡。

② 洗涤后用自来水冲净，再用蒸馏水充分洗净。

③ 将洗净后的比色皿倒立在纱布或滤纸上除去水备用；如急用，可用乙醇润洗后再用吹风机吹干即可使用。

三、给您提个醒

(1) 若常规玻璃器具用上述方法不能洗干净，可根据污物性质，采用下面适当方法处理：

① 黏附的固体残留物可用不锈钢勺或铁丝网刮掉，测铁的玻璃器具不能用此方法。

② 酸性残留物可用 5%~10%碳酸钠溶液中和洗涤。

③ 碱性残留物可用 5%~10%盐酸溶液中和洗涤。

④ 氧化性残留物可用还原性溶液洗涤。

⑤ 二氧化锰褐色斑迹可用1%～5%草酸溶液洗涤。

⑥ 有机残留物可选择适当的有机溶剂溶解后洗涤，或用5%NaOH-乙醇溶液浸泡后，用自来水冲洗，再用蒸馏水润洗3次。

(2) 毛刷可按所洗涤仪器的类型、规格(口径)大小来选择，洗涤试管和烧杯时，端头无直立竖毛的秃头毛刷不可使用。

(3) 在洗涤时应注意各自的配套性，切勿张冠李戴，以免破坏磨口处的严密性。

(4) 玻璃器具应及时清洗，残留物放置时间过长易固化黏附器壁，给清洗带来困难。

(5) 毛刷不能进入各种酸碱性洗液中。

(6) 每次冲洗应在充分振荡并倾倒干净后，再进行下一次冲洗。

四、请您想一想

哪些玻璃器具不能用常规方法洗涤？如何刷洗？请举例说明。

1.1.2 玻璃器具的干燥

每次试验所用的玻璃器具应在试验结束后洗净，以备再用。用于不同试验的玻璃器具对干燥要求也不同，一般定量分析中用的烧杯、锥形瓶等仪器洗净即可使用，而用于有机分析的多种玻璃器具是要求干燥的，应根据不同的要求准备玻璃器具。下面就几种不同的干燥方式做一简单介绍。

一、培训准备

(1) 理论准备

掌握玻璃器具的名称、形状和使用要求。

(2) 仪器准备

根据培训要求准备玻璃器具、烘箱、吹风机等。

(3) 试剂准备

乙醇、丙酮。

二、操作步骤

将洗净的玻璃器具根据试验要求选择下列干燥方法之一进行干燥：

(1) 烘干

① 在电热干燥箱的最下层放一个搪瓷盘，以便接收从玻璃器具上滴下的水珠，避免使水珠滴到电炉丝上。

② 将洗净的玻璃器具放在电热干燥箱(烘箱)内烘干。

③ 玻璃器具在放进去之前应尽量把水沥干净。放置时，应使玻璃器具的口朝下放置。但对于倒立放置不稳的可平放。

④ 干燥后的玻璃器具，应在干燥器中冷却至室温后再取出。

(2) 晾干

将洗净的玻璃器具倒置在干净的试验柜内或仪器架上(倒置后不稳定的玻璃器具应放平)，让其自然干燥。

(3) 吹干

对于急于干燥的或不适于放入烘箱的玻璃器具，可采用吹干的办法。通常是用少量乙醇或丙酮等易挥发溶剂将玻璃器具荡洗后倒置5min，然后用吹风机把玻璃器具吹干。

（4）有机溶剂干燥

由于带有刻度的玻璃计量器具不能用加热的方法进行干燥，可将乙醇或乙醇和丙酮的混合液倒入洗净的玻璃器具中(量要小)，把玻璃器具倾斜，转动玻璃器具，使器壁上的水与溶剂混合，然后倾出，倾出后的混合液倒回回收瓶，待玻璃器具内乙醇或丙酮挥发后，再使用。

三、给您提个醒

① 玻璃磨砂旋塞应取下干燥，防止粘连。

② 经有机溶剂洗涤的器具，千万不能放入烘箱中干燥，以免引起火灾。

③ 用吹风机吹干玻璃器具时，开始用冷风吹，当大部分溶剂挥发后再用热风吹至完全干燥，最后用冷风吹去残余的蒸气，避免冷却后溶剂在玻璃器具内冷凝。此法要求必须在通风柜中操作，防止中毒，不可有明火，以防有机溶剂蒸气燃烧爆炸。

四、请您想一想

① 用烘箱干燥器具时应注意哪些问题?

② 为什么带有刻度的玻璃计量器具只能用有机溶剂干燥?

③ 为什么常用乙醇、丙酮有机溶剂干燥玻璃器具?

1.1.3 常规玻璃器具的使用

在滴定分析中，常用到三种能准确测量溶液体积的仪器，即移液管、滴定管和容量瓶。这三种仪器的正确使用是滴定分析中最重要的基本操作。正确、熟练地使用这些仪器可减少溶液体积的测量误差，提高分析结果的准确度。

1.1.3.1 移液管和吸量管的使用

一、培训准备

（1）理论准备

了解移液管和吸量管的规格及用途，掌握使用方法。

（2）仪器准备

25mL 移液管、吸量管、锥形瓶、洗耳球。

（3）试剂准备

铬酸洗液、操作液。

二、操作步骤

（1）洗涤

用洗耳球将洗涤液(或铬酸洗液)吸入移液管膨体部分的 1/2 处(吸量管吸入 1/3 处)。将该玻璃器具放平再旋转几周，使内壁与洗涤液充分接触，随后放出洗涤液(若为铬酸洗液，则放回原洗液瓶内)。先用自来水冲洗数次后再用蒸馏水润洗 3 次。

（2）溶液移取

先移取少量该溶液润洗移液管，润洗 3 次(润洗方法与洗涤方法相同)。再将移液管(或吸量管)插入液面以下 1~2cm 深度，左手拿洗耳球，排空空气后紧按在移液管管口上，然后借助吸力使液面慢慢上升，溶液慢慢吸至刻度以上，立即用右手食指按住管口(右手的食指应稍带潮湿)，如图 1-1-1(a)所示。

（3）调节液面

将移液管或吸量管向上提升离开液面，管的末端仍靠在盛溶液器皿的内壁上，管体保持直立，略微放松食指让液面下降，靠近刻度线时堵住管口，微微转动移液管或吸

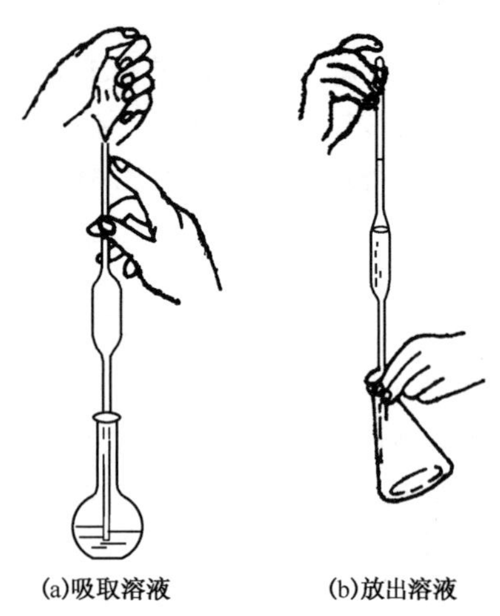

图 1-1-1　溶液移取

量管，使管内溶液慢慢从下口流出，直至溶液的弯月面底部与标线相切，立即用食指压紧管口。将尖端的液滴靠壁去掉，移出移液管或吸量管，插入承接溶液的器皿中。

(4) 放出溶液

使承接溶液的器皿倾斜约 30°，移液管或吸量管直立，管下端紧靠承接溶液的器皿内壁，放开食指，让溶液沿器皿内壁自然流下，如图 1-1-1(b)所示。

溶液流出后，管尖继续接触器皿内壁停留约 15s 后，再将移液管或吸量管移去。

三、给您提个醒

① 残留在管末端的少量溶液，不可用外力使其流出，因校准移液管或吸量管时已经将此溶液的体积排除在计量体积之外(过去有一种管口刻有“吹”字与之不同)。

② 配套使用的移液管与容量瓶，使用前可做两者的相对体积的校准代替绝对体积校准。

③ 用吸量管移取少量液体时，应以零刻度为起始点，放出所需要体积，而不是放出多少体积就吸多少体积，以减小测量误差。

四、请您想一想

① 吸量管有哪几种规格？使用方式是否相同？

② 铬酸洗液在使用中应注意哪些事项？什么情况下适合使用铬酸洗液清洗？

1.1.3.2　滴定管的使用

一、培训准备

(1) 理论准备

掌握常用 50mL 酸式滴定管的使用方法。

(2) 仪器准备

酸式滴定管、锥形瓶、真空油脂、滤纸。

(3) 试剂准备

铬酸洗液、操作液。

二、操作步骤

(1) 洗涤

根据滴定管被污染程度，选择下面合适的洗涤方法：

① 无明显油污的滴定管，可直接用自来水冲洗或用肥皂水或洗衣粉水泡洗。但不可用去污粉刷洗，以免划伤内壁，影响体积的准确测量。

② 当有油污不易洗净时，可用铬酸洗液洗涤。洗涤时将酸式滴定管内的水尽量除去，关闭活塞，倒入 10~15mL 洗液于滴定管中，将该滴定管放平，再旋转几周，使内壁与洗涤液充分接触，边转动边向管口倾斜，直至洗液与内壁充分接触为止，将滴定管竖起，打开活塞，将洗液放回原瓶中。

③ 如果滴定管油污较严重，需要较多洗液充满滴定管浸泡十几分钟或更长时间，必要时用温热洗液浸泡 2~3h。洗液放出后，先用自来水冲洗，再用蒸馏水淋洗 3~4 次。

洗净的滴定管其内壁应不挂水珠。

(2) 涂油

① 将活塞取下，用干净的纸或布把活塞和塞套内壁擦干。

② 如果活塞孔内有油垢堵塞，可用细金属丝轻轻剔去。

③ 如管尖被油脂堵塞，可先用水充满全管，然后将管尖置热水中，使其熔化，突然打开活塞，将其冲走。再用干净的纸或布把活塞和塞套内壁擦干。

④ 用手指蘸少量真空油脂在活塞的两头涂上薄薄一圈，在紧靠活塞孔两旁不要涂抹，以免堵住活塞孔。涂完，把活塞准确放回塞套内，向同一方向旋转活塞几次，使真空油脂涂抹均匀呈透明状态。然后用橡皮圈套住，将活塞固定在塞套内，防止滑出。

(3) 试漏

将酸式滴定管活塞关闭，装入蒸馏水至一定刻线，直立滴定管约 2min。仔细观察刻线上的液面是否下降，滴定管下端有无水滴下，及活塞缝隙中有无水渗出。将活塞转动 180°后等待 2min 再观察有无水滴下，如有漏水现象应重新擦干涂油。

(4) 装入操作液和赶气泡

① 将操作液倒入滴定管约 10mL，从下口放出少量(约 1/3)以洗涤尖嘴部分，然后关闭活塞放平滴定管轻轻转动，使溶液与管壁均匀接触，最后将溶液从管口倒出弃去，但不要打开活塞，以防活塞上的油脂冲入管内。尽量倒空后再洗涤第二次，每次都要冲洗尖嘴部分。

重复此操作，洗涤滴定管 2~3 次。

② 在处理后的滴定管中装入操作液至“0”刻线以上，转动活塞使溶液迅速冲下，并排出下端存留的气泡，调节液面至 0.00mL 处。如溶液不足可以补充，如液面在 0.00mL 下面不多，也可记下初读数，不必再补充溶液。

(5) 滴定

滴定操作最好在锥形瓶中进行，必要时也可在烧杯中进行。滴定操作是左手进行滴定，右手摇瓶，具体如图 1-1-2 所示。

图 1-1-2 酸式滴定管操作

滴定时，左手拇指在管前，食指和中指在管后，手指略微弯曲，轻轻向内扣住活塞，手心空握，以免活塞松动或可能顶出活塞使溶液从活塞缝隙中渗出。

(6) 读数

① 注入溶液或放出溶液后，等待 30s 再读数。

② 读数时，用拇指和食指握住滴定管的上端无刻度处，使管身保持垂直。

③ 对于无色溶液或浅色溶液，应读弯月面下缘实线的最低点。为此，读数时视线应与弯月面下缘实线的最低点相切，即视线与弯月面下缘实线的最低点在同一水平面上，如图1-1-3(a)所示。对于有色溶液，应使视线与液面两侧的最高点相切，如图1-1-3(b)所示。初读和终读应统一标准。

④ 读数必须准确到 0.01mL。

三、给您提个醒

装操作液时应从盛装溶液的容器内直接将操作液加入滴定管中，不能用小烧杯或漏斗等其他容器，以免浓度改变。

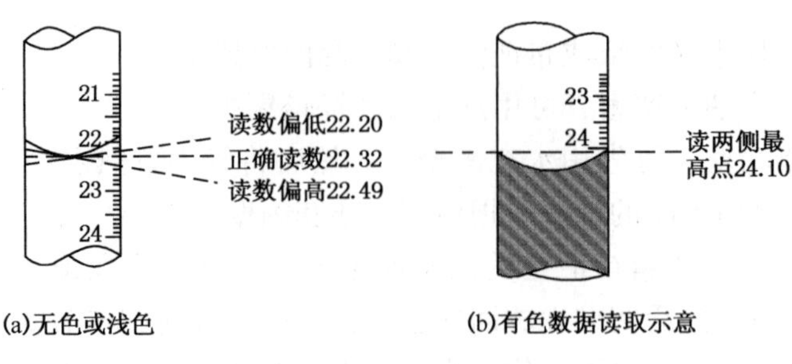

图 1-1-3　数据读取示意

滴定操作过程中应注意下面几点：

① 摇动锥形瓶时向同一方向旋转，使溶液既均匀又不会溅出。

② 滴定过程中，左手不能离开活塞任操作液自流。

③ 半滴的操作：小心放出操作液半滴，提起锥形瓶，令其内壁轻轻与滴定管嘴接触，使挂在滴定管嘴的半滴操作液沾在锥形瓶内壁，再用洗瓶将其洗下。

④ 滴定时，要观察滴落点周围颜色的变化。

⑤ 滴定速度的控制：开始时，滴定速度可稍快，呈“见滴成线”，约 10mL/min，即 3~4 滴/s 左右，但不要滴成水线。接近终点时，一滴一滴地加入，最后每加入半滴，摇动锥形瓶，至溶液出现明显的颜色变化为止。

滴定管用毕后，倒去管内剩余溶液，用水洗净，装入蒸馏水至刻度以上，用大试管或滤纸套在管口上。下次使用前可不必再用洗液清洗，也可将洗净滴定管倒置夹在滴定管架上。

滴定管长期不用时，活塞部分应将真空油脂擦净，垫上纸条保存。否则，时间一久，塞子不易打开。

四、请您想一想

① 碱式滴定管的操作方法?

② 碱式滴定管中的气泡如何排出?

1.1.3.3　容量瓶的使用

一、培训准备

(1) 理论准备

了解容量瓶的有关技术要求及允许误差，掌握容量瓶的使用方法。

(2) 仪器准备

容量瓶、烧杯、玻璃棒。

(3) 试剂准备

铬酸洗液、操作液。

二、操作步骤

(1) 试漏

① 首先启塞，如图 1-1-4(a)所示，检查瓶塞是否已用绳或橡皮筋系在瓶颈上。

② 在瓶中放入自来水到标线，塞好瓶塞，左手按住塞子，右手指尖握住瓶底边缘，倒立 2min，把瓶直立，用滤纸擦拭瓶口，观察滤纸是否湿润，如没有湿润，转动瓶塞约 180°，再倒过来试一次。如果瓶塞漏水，该容量瓶不能使用。

(2) 洗涤

将瓶内水尽量倒空，然后倒入铬酸洗液 10~20mL，盖上塞子，边转动边向瓶口倾斜，至洗液布满全部内壁。放置数分钟，将洗液倒回原试剂瓶，再用自来水充分洗涤，最后用蒸馏水润洗 3 次备用。

(3) 溶液转移

① 一手拿玻璃棒，一手拿烧杯(烧杯内装操作液)，玻璃棒倾斜 30°插入容量瓶内，烧杯嘴紧靠玻璃棒使溶液沿玻璃棒慢慢流入，玻璃棒下端要靠近瓶颈内壁，但不要太接近瓶口，以免有溶液溢出，如图 1-1-4(b)所示。

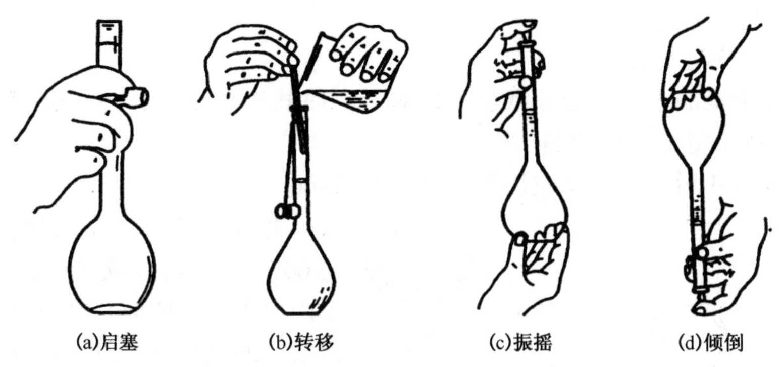

图 1-1-4　容量瓶的操作

② 待溶液流完后，将烧杯沿玻璃棒向上提，同时直立，使附着在烧杯嘴上的一滴溶液流回烧杯中，再将玻璃棒紧靠烧杯嘴向上提，收回最后一滴溶液，并将玻璃棒放在烧杯内。

③ 用左手食指抵住玻璃棒，拇指与中指端拿住烧杯，右手拿洗瓶用蒸馏水自上而下地冲洗烧杯内壁，将洗后溶液再转移至容量瓶内，重复 3~4 次。

(4) 定容

溶液转入容量瓶后，加蒸馏水到约 3/4 体积时，将容量瓶平摇几次(切勿倒转摇动)，作初步混匀。继续加蒸馏水，接近标线时应小心地逐滴加入，直至溶液弯月面与标线相切为止。盖紧塞子。

(5) 摇匀

左手食指按住塞子，右手指尖顶住瓶底边缘如图 1-1-4(c)、(d)所示，将容量瓶倒转并振荡，再倒转过来，仍使气泡上升到顶，如此反复 10~15 次，即可混匀。

三、给您提个醒

① 不能用容量瓶长期存放配好的溶液，配好的溶液如果长期存放，应该转移到干净的磨口试剂瓶中。

② 对容量瓶有腐蚀作用的溶液，尤其是碱性溶液，更不可在容量瓶中久储，配好以后应及时转移到其他容器中保存。

③ 容量瓶长期不用时，应该洗净，把塞子用纸条垫上，以防时间久后，塞子打不开。

四、请您想一想

溶液定容之前为什么不能颠倒摇匀？

1.1.4　常用的过滤方法

过滤法是最常用的分离方法之一，有常压过滤、减压过滤和热过滤。在此，只介绍最为简便和常用的过滤方法，即常压过滤法。

一、培训准备

(1) 理论准备

掌握常压过滤法。

(2) 仪器准备

漏斗、漏斗架、滤纸、烧杯、玻璃棒。

(3) 试剂准备

操作液。

二、操作步骤

(1) 滤纸的折叠与安放

① 用洁净并干燥的手取一张滤纸整齐地对折，使其边缘重合，再对折(暂不要折固定)一次成 1/4 圆，放入清洁干燥的漏斗中。

② 滤纸放入漏斗后，其边缘应比漏斗低 0.5~1cm。

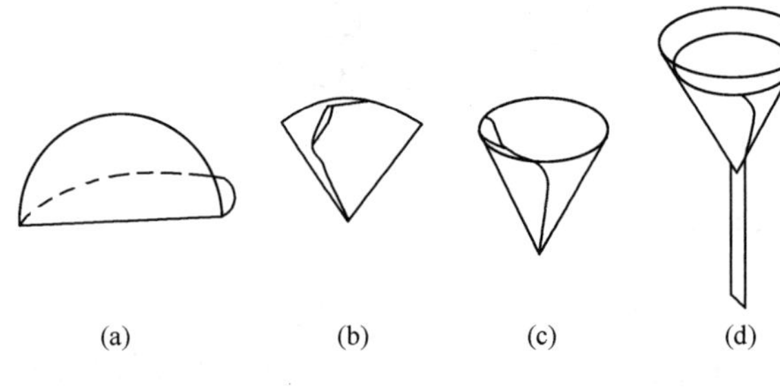

图 1-1-5　滤纸的折叠与安放

③ 滤纸在漏斗中展开后如果漏斗正好是 60°，滤纸折叠成 90°恰好与漏斗的圆锥形内壁密合，此时再压死第二次折线，如果漏斗的规格不标准(非 60°角)，滤纸和漏斗将不密合，这时需要重新折叠滤纸。

④ 取出圆锥体的滤纸，把三层厚的外层撕下一角，用食指把滤纸按在漏斗内壁上，三层的一边应对应漏斗出口短的一边，如图 1-1-5 所示。

⑤ 用食指按紧，用水湿润滤纸，并使它紧贴在壁上，赶走气泡。

(2) 溶液过滤

① 过滤时要将漏斗放在漏斗架上，漏斗颈靠在接收容器的内壁。

② 转移溶液时，应把它滴在三层滤纸处，如图 1-1-6 所示。

③ 可以将混合液搅拌，一同转移到漏斗中，如图 1-1-6 所示。

④ 转移完毕后，用少量的蒸馏水洗涤烧杯和玻璃棒，将洗涤液转入漏斗中。

三、给您提个醒

① 重新折叠滤纸时，不对半折而折成一个适当的角度，展开后可以是大于 60°角的锥形，也可以是小于 60°角的锥形，使滤纸与漏斗密合。

② 玻璃棒应垂直立于滤纸三层部分的上方，尽量接近而不接触滤纸。

③ 每次转移溶液的量不能超过滤纸容量的 2/3，以免溢过滤纸而透下。

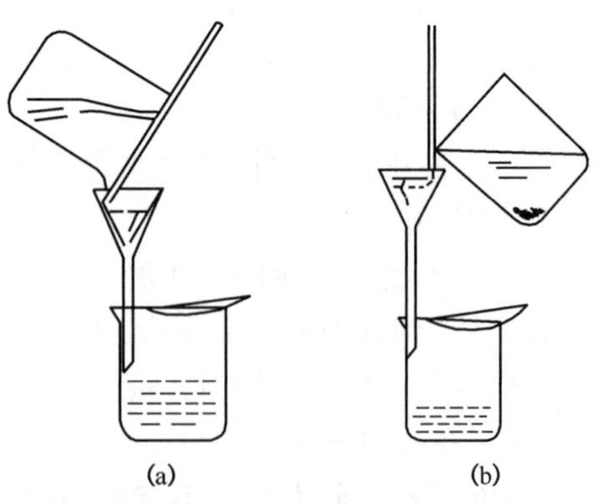

图 1-1-6　常压过滤法溶液转移

四、请您想一想

① 减压过滤法如何操作？

② 热过滤所选用的漏斗颈有没有要求？有哪些要求？

1.1.5 小件玻璃器具加工

小件玻璃器具的加工，是分析工作者经常遇到的一种简单操作。下面介绍几种最为简单的玻璃器具的加工方法。

一、培训准备

(1) 理论准备

掌握喷灯或煤气喷灯的使用原理及玻璃器具加工方法。

(2) 仪器准备

玻璃棒、玻璃管、煤气喷灯、扁锉或三角锉。

二、操作步骤

(1) 玻璃管切割与玻璃棒的加工

① 玻璃棒洗净、干燥。

② 将玻璃棒截成所需长度，如图 1-1-7 所示。

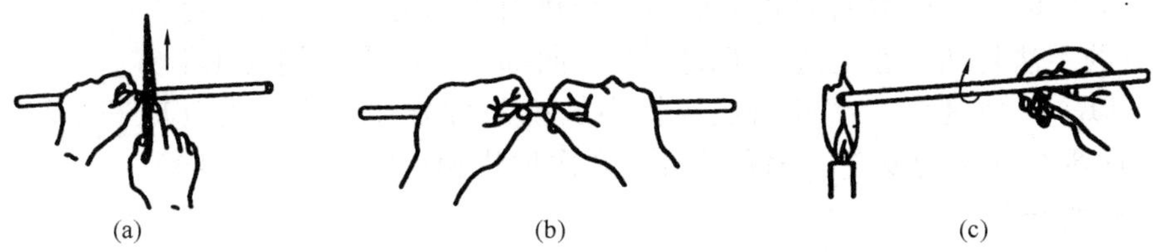

图 1-1-7 玻璃棒的锉痕、截断、熔光示意图

③ 把截端放在火上烧熔使之光滑即可。

④ 如要做平铲可把玻璃棒烧软，同时将平口钳的钳口加热，把玻璃棒移离火焰用平口钳轻夹即成。

⑤ 如要做药勺同时加以弯曲即可。

⑥ 玻璃管切割与制作同上。

(2) 滴管的制作

① 冷割玻璃管至所需长度。

② 将玻璃管用温火预热，然后加大火焰至玻璃管发黄变软移离火焰。

③ 向两边缓慢边拉边旋转至所需长度，直至玻璃变硬方能停转。

④ 拉出细管要和原粗管在同一轴上，然后用磨石截断。

⑤ 截断的拉管细端再在喷灯焰中熔光即成滴管的尖嘴。

⑥ 粗端管口放入灯焰烧至红热后，用金属锉刀斜放在管内迅速而均匀地旋转，即得扩口，然后在石棉网上稍压一下，使管口外卷。

⑦ 冷却后套上橡胶帽便成为一支滴管。

(3) 玻璃管的弯曲

① 先将玻璃管在小火上来回并旋转预热，然后用双手托持玻璃管，同时缓慢转动玻璃管，使之受热均匀。如图 1-1-8 所示。

② 将玻璃管加热到发黄发软即可弯管。

③ 自火焰中取出玻璃管后，稍等 1~2s，使各部温度均匀，然后用“V”字形手法，如图 1-1-8 所示，将其准确弯成所需的角度。

④ 弯好后，待其冷却变硬后才可放手，放在石棉网上继续冷却。

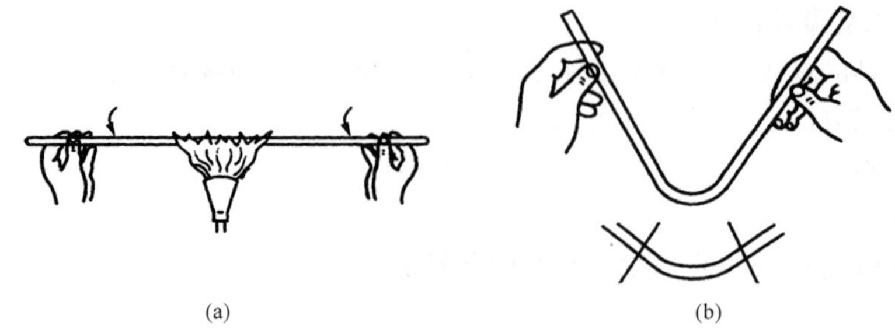

图 1-1-8　玻璃管的弯曲

三、给您提个醒

① 玻璃棒长度一般为烧杯高度的 1.5 倍。

② 在氧化焰中灼烧的时间不可过长，以免管口收缩。

③ 灼热的玻璃棒应放在石棉网上冷却。

④ 制作滴管时，烧管的时间要更长些，受热面积也可以小些。

⑤ 弯管的手法是两手在上边，玻璃管的弯曲部分在两手中间的正下方。

⑥ 120°以上的角度可一次性弯成。较小的锐角可分几次弯，先弯成一个较大的角度，然后在第一次受热部位的偏左、偏右处进行再次加热和弯曲。

四、请您想一想

① 使用煤气灯时应注意哪些事项?

② 玻璃管加工中各项操作的要领和注意事项有哪些?

1.2　一般溶液的配制

一般溶液是指非标准溶液，在分析工作中常用来溶解样品、调节 pH 值、分离或掩蔽离子、显色等。配制一般溶液精度要求不高。试剂的质量用台秤或电子天平称量，体积用量筒量取即可。常用方法有稀释法(对于液态试剂，如盐酸、硫酸等)、直接水溶法(对于易溶于水而不易水解的固体试剂，如 KNO_3、KCl、NaCl 等)、介质水溶法(对易水解的固体试剂，如 $FeCl_3$、$SbCl_3$等)。

1.2.1　稀释法

用稀释法配制溶液时，用量筒量取所需浓溶液的量，再用适量的蒸馏水稀释。

一、培训准备

(1) 理论准备

掌握稀释法的配制方法。

(2) 仪器准备

试剂瓶、烧杯、量筒、玻璃棒、容量瓶、天平、滤纸。

(3) 试剂准备

市售浓硫酸、乙酸、乙醇。

二、操作步骤

(1) 硫酸溶液的配制

① 计算:

根据要求，计算所需的浓硫酸的量。例如，欲配制 $\omega_{H_2SO_4}=30\%$ 的 H_2SO_4 溶液($\rho=1.22g/mL$)500mL(市售浓 H_2SO_4，$\rho_0=1.84g/mL$，$\omega_0=96\%$)。

浓硫酸体积

$$V_0 = \frac{V \cdot \rho \cdot \omega}{\rho_0 \cdot \omega_0} = \frac{500 \times 1.22 \times 30\%}{1.84 \times 96\%} = 103.6\text{mL}$$

式中　ρ_0、ρ——浓溶液、欲配溶液的密度，g/mL；

ω_0、ω——浓溶液、欲配溶液的质量分数，%；

V_0、V——溶液稀释前后的体积，mL。

② 配制：

量取浓硫酸 103.6mL，在不断搅拌下慢慢倒入盛有适量水的容器中。冷却后将溶液转移。用蒸馏水稀释至 500mL，混匀。

(2) 乙酸溶液的配制

① 计算：

根据要求，计算所需的冰乙酸的量。例如，欲配制(2+3)乙酸溶液 1L。

乙酸体积

$$V_A = V \times \frac{A}{A+B} = (1000 \times \frac{2}{2+3}) = 400\text{mL}$$

$$V_B = (1000 - 400) = 600\text{mL}$$

② 配制：

量取冰乙酸 400mL 到 1000mL 烧杯中，加入水 600mL，混匀。

(3) 乙醇溶液的配制

① 计算：

欲配制 $\phi_{C_2H_5OH}=50\%$ 乙醇溶液 1000mL。

乙醇体积

$$V_B = 1000 \times 50\% = 500\text{mL}$$

② 配制：

量取无水乙醇 500mL，加蒸馏水稀释至 1000mL，混匀即可。

1.2.2　直接水溶法

直接水溶法，先算出所需固体试剂的量，用台秤或电子天平称出所需的量，放入烧杯中，以少量蒸馏水溶解、搅拌使其完全溶解后，再稀释至所需的体积。

一、培训准备

(1) 理论准备

掌握直接水溶法的配制方法。

(2) 仪器准备

试剂瓶、烧杯、玻璃棒、容量瓶、天平、滤纸。

(3) 试剂准备

氢氧化钠(分析纯)、亚硫酸钠(分析纯)。

二、操作步骤

(1) NaOH 溶液的配制

① 计算：

欲配制 0.1mol/L 500mL NaOH 溶液(NaOH 的摩尔质量为 40g/mol)。

$$m = 0.1 \times 0.5 \times 40 = 2\text{g}$$

② 配制：

用台秤、烧杯迅速称取 NaOH 2g，加蒸馏水稀释，搅拌使其完全溶解，待溶液完全冷却后加水稀释至 500mL，摇匀。

（2）亚硫酸钠溶液的配制

① 计算：

欲配制 20g/L 亚硫酸钠溶液 100mL，则

$$\rho_B = \frac{m_B}{V} \times 1000$$

式中 ρ_B——B 的质量浓度，g/L；

m_B——溶质 B 的质量，g；

V——溶液的体积，mL。

$$m_B = \rho_B \times \frac{V}{1000} = (20 \times \frac{100}{1000}) = 2g$$

② 配制：

称取 2g 亚硫酸钠溶于蒸馏水中，待其完全溶解后，加蒸馏水稀释至 100mL 即可。

1.2.3 介质水溶法

采用介质水溶法，应先算出所需固体试剂的量，用台秤或电子天平称出所需的量，放入烧杯中，加入适量的酸（或碱）使之溶解，再用蒸馏水稀释至所需的体积，摇匀后转移至试剂瓶中。

一、培训准备

（1）理论准备

掌握介质水溶法的配制方法。

（2）仪器准备

试剂瓶、烧杯、玻璃棒、容量瓶、天平、滤纸。

（3）试剂准备

$Pb(NO_3)_2$、$Bi(NO_3)_2 \cdot 5H_2O$、HNO_3、$SnCl_2 \cdot 2H_2O$、浓盐酸。

二、操作步骤

（1）Pb^{2+}、Bi^{3+}各约为 0.01mol/L 混合液的配制

① 计算：

根据要求，计算混合液的量。例如，欲配制 0.01mol/L 100mL Pb^{2+}、Bi^{3+}混合液[$Pb(NO_3)_2$、$Bi(NO_3)_2 \cdot 5H_2O$ 的摩尔质量分别为 331g/mol、485g/mol]。

$$m = 0.01 \times 0.1 \times 331 = 0.3g$$

$$m = 0.01 \times 0.1 \times 485 = 0.5g$$

② 配制：

称取 0.3g $Pb(NO_3)_2$、0.5g $Bi(NO_3)_2 \cdot 5H_2O$，加 3mL 0.5mol/L HNO_3溶解，并用 0.1 mol/L HNO_3稀释至 100mL，倒入带标签的试剂瓶中，备用。

（2）$SnCl_2$溶液的配制

① 计算：

根据要求，计算 $SnCl_2 \cdot 2H_2O$ 的量。例如，欲配制 100mL 0.1mol/L 的 $SnCl_2$溶液（$SnCl_2 \cdot 2H_2O$ 的摩尔质量为 226g/mol）。

$$m = 0.1 \times 0.1 \times 226 = 2.3\text{g}$$

② 配制：

称取 2.3g $SnCl_2 \cdot 2H_2O$ 固体，溶于 4mL 浓盐酸中，加水稀释至 100mL，需加些锡粒，倒入带标签的试剂瓶中，备用。

三、给您提个醒

① 配制硫酸溶液时，需特别注意，应在不断搅拌下将浓硫酸缓缓倒入盛有蒸馏水的容器中，切不可颠倒操作顺序。

② 若试剂溶解时有放热现象，或以加热促使其溶解的，应待其冷却后，再转移至所需试剂瓶或容量瓶，贴上标签备用。

③ 介质水溶法中，对于水中溶解度较小的固体试剂，如固体 I_2，可选用 KI 水溶液溶解。

④ 配制特殊要求的溶液应事先做纯水的空白值检验。如配制 $AgNO_3$溶液，应检验水中无 Cl^-；配制用于配位滴定的溶液应检验水中无杂质阳离子。

⑤ 溶液要用带塞的试剂瓶盛装；见光易分解的溶液要装于棕色瓶中；挥发性试剂，如用有机溶剂配制的溶液，瓶塞要严密；见空气易变质及放出腐蚀性气体的溶液也要盖紧，长期存放时要用蜡封。浓碱液应用塑料瓶装，如装在玻璃瓶中，要用橡皮塞塞紧，不能用玻璃磨口塞。

⑥ $SnCl_2$溶液要现用现配制。

四、请您想一想

① 稀释浓硫酸时，为什么不能将水倒入浓硫酸中？

② 上述所列的溶液在配制程序和方法上有何异同？其不同的原因何在？

③ 为什么在新配制的 $SnCl_2$溶液中加些锡粒？

④ 对易水解盐类溶液的配制应如何选用介质？

1.3 标准溶液的配制

标准溶液是已确定其主体物质浓度或其他特性量值的溶液。其配制方法有基准试剂或标准物质直接配制法和标定法。标准溶液的配制不仅是分析化学中重要的基础内容，也是分析工作者最基本的操作技能之一，其配制的准确性与分析测试工作质量的优劣有直接的关系。因此，必须掌握标准溶液配制的原理与操作方法，并严格执行规范要求。

1.3.1 直接配制法

用电子天平准确称取一定量的基准试剂或标准物质，溶于适量水中，再定量转移到容量瓶中，用水稀释至刻度。根据称取的质量和溶液的体积，计算它的准确浓度。

一、培训准备

(1) 理论准备

掌握直接配制的原理及方法；了解用于配制标准溶液的基准物质应具备的条件。

(2) 仪器准备

容量瓶、玻璃棒、电子天平、称量瓶、烧杯。

(3) 试剂准备

基准试剂。

二、操作步骤

(1) Cl^-标准溶液的配制(0.05000mol/L)

NaCl 基准物质在 500~600℃下灼烧至恒重，准确称取 0.2922g 于小烧杯中，加水溶解，使 NaCl 全部溶解后定量地转移到 100mL 容量瓶中，用水定容后摇匀待用。

(2) $K_2Cr_2O_7$标准溶液的配制(0.01667mol/L)

$K_2Cr_2O_7$基准物质在 140~150℃干燥 2h，准确称取 1.2260g 于 100mL 烧杯中，加入适量水，待完全溶解后，定量转移至 250mL 容量瓶中，用水定容后摇匀待用。

(3) Ca^{2+}标准溶液的配制(0.01000mol/L)

$CaCO_3$基准物质在 110℃烘箱中干燥 2h，准确称取 0.2502g 于 150mL 烧杯中，先用几滴水润湿，然后盖上表面皿，从烧杯嘴加 5mL 6mol/L 的盐酸溶液使 $CaCO_3$完全溶解。加入 50mL 水，微热几分钟以除去 CO_2。冷却后用少量水冲洗表面皿，定量地转移到 250mL 容量瓶中，用水定容后摇匀待用。

三、给您提个醒

用于直接法配制标准溶液的试剂称为基准物质，应具备以下四个条件：

① 试剂的组成与其化学式完全相符；

② 试剂的纯度足够高(通常要求在 99.9%以上)；

③ 试剂在通常条件下很稳定；

④ 物质是固体，且易于溶解。

不同的标准溶液配制后，可保存的有效期是不同的。附录 1 给出了部分标准溶液的有效期。

储存备用的标准溶液时，由于蒸发会有水珠凝于瓶壁，使用前应将溶液摇匀。

基准物质在使用前应适当处理，常用基准物质的干燥处理方法请见附录 2。

四、请您想一想

① 试验精度要求不是很高时，可不可以用优级纯或分析纯试剂代替相应的基准试剂？为什么？

② 当一溶液可用多种标准物质与指示剂进行标定时，如何选择标准物质？

1.3.2 标定法盐酸标准溶液的配制

市售盐酸密度为 1.19g/mL，含 HCl 37%，其物质的量浓度约为 12mol/L。浓盐酸易挥发，不能直接配制成准确浓度的盐酸溶液。因此，常将浓盐酸稀释成所需近似浓度，然后用基准物质进行标定。

一、培训准备

(1) 理论准备

掌握无水碳酸钠标定盐酸溶液的方法及滴定终点的判断。

(2) 仪器准备

酸式滴定管、锥形瓶、称量瓶、电子天平。

(3) 试剂准备

盐酸、无水 Na_2CO_3基准物质、溴甲酚绿-甲基红指示剂。

二、操作步骤

① 用小量筒量取 9mL 浓盐酸，倒入洗净的试剂瓶中，加 1000mL 水稀释摇匀。

② 用减量法分别准确称取 0.15~0.20g 已烘干的基准物质无水 Na_2CO_3四份于 250mL 锥

形瓶中，加水约 30mL，溶解后，加 10 滴溴甲酚绿-甲基红指示剂。

③ 用盐酸溶液滴定至溶液由绿色变为暗红色，煮沸 2min，冷却后继续滴定至溶液再呈暗红色，即为终点。

④ 记下消耗的盐酸标准溶液的体积 V。

⑤ 平行测定 4 次。同时做空白试验，记下空白试验消耗的盐酸标准溶液的体积 V_0。

三、结果记录及计算

滴定结果见表 1-1-1。

表 1-1-1　结果记录表

项　　目	第 1 次	第 2 次	第 3 次
倾出前称量瓶+Na_2CO_3 质量/g			
倾出后称量瓶+Na_2CO_3 质量/g			
Na_2CO_3 质量/g			
盐酸溶液终读数/mL			
盐酸溶液初读数/mL			
盐酸溶液消耗的体积/mL			
修正后盐酸体积/mL			
空白试验消耗盐酸溶液的体积 V/mL			
c_{HCl}/(mol/L)			
c_{HCl}平均值/(mol/L)			
绝对偏差			
相对平均偏差			

计算最终结果为

$$c_{HCl}=\frac{2m_{Na_2CO_3}}{M_{Na_2CO_3}(V_{HCl}-V_0)}\times 1000$$

式中　c_{HCl}——盐酸标准溶液的浓度，mol/L；

V_{HCl}——滴定终点时消耗盐酸标准溶液体积，mL；

V_0——空白试验盐酸标准溶液的用量，mL；

$M_{Na_2CO_3}$——Na_2CO_3的摩尔质量，g/mol；

$m_{Na_2CO_3}$——Na_2CO_3的质量，g。

四、给您提个醒

用 Na_2CO_3为基准物进行滴定时，在滴定过程中生成的 H_2CO_3转变为 CO_2的速度比较慢，很容易形成 H_2CO_3的过饱和溶液，从而使终点提前出现。因此，在滴定终点附近需剧烈摇动溶液。

用 Na_2CO_3为基准物时，若用甲基橙为指示剂，终点时溶液应呈橙色。因为甲基橙是双色指示剂，其加入量不能过量，否则终点颜色不易判断。

五、请您想一想

① 标定盐酸溶液时，基准物质无水碳酸钠的质量是如何计算的？

② 溶解无水碳酸钠所用的蒸馏水的体积，是否需要准确量取？为什么？

③ 碳酸钠作为基准物质标定盐酸溶液时，为什么不用酚酞指示剂？

④ 除用无水碳酸钠作基准物质标定盐酸溶液外，还可用什么作基准物？有何优点？选用何种指示剂？

1.3.3 标定法氢氧化钠标准溶液的配制

NaOH 有很强的吸水性，能吸收空气中的 CO_2，因而市售 NaOH 常含有 Na_2CO_3。由于 Na_2CO_3 的存在，对指示剂的使用影响较大，应设法除去。

一、培训准备

(1) 理论准备

掌握邻苯二甲酸氢钾标定 NaOH 溶液的方法及滴定终点的判断。

(2) 仪器准备

碱式滴定管、锥形瓶、称量瓶、电子天平。

(3) 试剂准备

固体 NaOH、邻苯二甲酸氢钾基准物、酚酞指示剂。

二、操作步骤

① 在台秤上迅速称取固体 NaOH 4.0g 于小烧杯中，加入刚煮沸过的 250mL 蒸馏水溶解，转移到 1000mL 试剂瓶中，充分摇匀。

② 用减量法准确称取已烘干的基准物质邻苯二甲酸氢钾 0.4~0.6g 四份于 250mL 锥形瓶中，加新煮沸放冷后的蒸馏水约 50mL，溶解后，加 1~2 滴酚酞指示剂。

③ 用 NaOH 溶液滴定至呈现微红色，保持 30s 内不褪色即为终点。

④ 记下消耗的 NaOH 标准溶液的体积。

⑤ 平行测定 4 次。

三、结果计算

计算结果为

$$c(\mathrm{NaOH}) = \frac{m \times 1000}{(V_1 - V_2) \times M}$$

式中 m——邻苯二甲酸氢钾的质量，g；

V_1——NaOH 溶液体积，mL；

V_2——空白试验消耗 NaOH 溶液体积，mL；

M——邻苯二甲酸氢钾的摩尔质量，g/mol，[$M(KHC_8H_4O_4) = 204.22$]。

四、给您提个醒

碱标准溶液侵蚀玻璃，应用塑料瓶储存。在一般情况下，若用玻璃瓶储存碱标准溶液，必须使用橡皮塞。

浓 NaOH 溶液和 NaOH 标准溶液在存放过程中要密封，避免与空气接触，通常安装虹吸管和钠石灰管装置，以防止其吸收空气中的二氧化碳。

五、请您想一想

① 标定 NaOH 溶液时，基准物质邻苯二甲酸氢钾的质量是如何计算的？

② 配制不含碳酸钠的 NaOH 溶液有几种方法？

③ 用邻苯二甲酸氢钾标定 NaOH 溶液为什么用酚酞而不用甲基橙作指示剂？

④ 邻苯二甲酸氢钾在温度大于 125℃ 时，会有部分变成酸酐。若使用此基准物质标定 NaOH 溶液，则该 NaOH 溶液的浓度将怎样变化？

1.3.4 标定法 EDTA 标准溶液的配制

配位滴定是以形成配位化合物反应为基础的滴定分析法。其中，广泛使用氨羧配位剂作为滴定剂，它含有氨基二乙酸的这种基团，能与金属离子形成稳定的配位化合物。在氨羧配位剂中，应用最广泛的是乙二胺四乙酸及其二钠盐，简称 EDTA，用 EDTA 标准溶液可以滴定几十种金属离子。

一、培训准备

（1）理论准备

了解 EDTA 的性质及 EDTA 与金属离子形成的配合物的性质，EDTA 配合物的稳定性及其影响因素；掌握金属指示剂的知识及配位滴定法的基本原理。

（2）仪器准备

酸式滴定管、锥形瓶、移液管、细口瓶、容量瓶、电子天平。

（3）试剂准备

乙二胺四乙酸二钠（$Na_2H_2Y \cdot 2H_2O$）、$CaCO_3$（基准试剂：于 110℃ 烘箱中干燥 2h，稍冷后置于干燥器中冷却至室温，备用）、KOH（100g/L）、盐酸（1∶1）、钙指示剂（0.5g 钙指示剂和 50g NaCl 研细混匀，用前配制）。

二、操作步骤

（1）0.02mol/L EDTA 溶液的配制

称取分析纯 $Na_2H_2Y \cdot 2H_2O$ 3.7g，溶于 300mL 水中，加热溶解，冷却后转移至试剂瓶中，稀释至 500mL，充分摇匀，待标定。

（2）0.02mol/L 钙标准溶液的配制

① 准确称取基准物质 $CaCO_3$ 0.5~0.6g 于 150mL 烧杯中，加少量水润湿，盖上表面皿。

② 从烧杯嘴边逐滴加入 1∶1 盐酸至完全溶解。

③ 以少量水冲洗表面皿和杯壁，定量转入 250mL 容量瓶中，定容至刻度，摇匀。

（3）以 $CaCO_3$ 为基准物质标定 EDTA

① 移取 25mL Ca^{2+} 标准溶液于 250mL 锥形瓶中，加入大约 20mL 水。

② 加入少量钙指示剂，滴加 KOH 溶液（大约 20 滴）至溶液呈现稳定的紫红色。

③ 用待标定的 EDTA 溶液滴定，当溶液由红色变为蓝色时即为终点。

④ 记下所消耗 EDTA 标准溶液体积 V_{EDTA}。

⑤ 平行测定 3 次。

三、结果计算

（1）Ca^{2+} 标准溶液的浓度

$$c_{Ca^{2+}} = \frac{m_{CaCO_3} \times 1000}{M_{CaCO_3} \times V_0}$$

式中 $c_{Ca^{2+}}$——Ca^{2+} 标准溶液的浓度，mol/L；

m_{CaCO_3}——基准物质 $CaCO_3$ 的质量，g；

M_{CaCO_3}——基准物质 $CaCO_3$ 的摩尔质量，g/mol；

V_0——Ca^{2+} 标准溶液配制体积，mL。

（2）EDTA 标准溶液的浓度

$$c_{EDTA} = \frac{c_{Ca^{2+}} \times V_{Ca^{2+}}}{V_{EDTA}}$$

式中　c_{EDTA}——EDTA 标准溶液的浓度，mol/L；

$c_{Ca^{2+}}$——Ca^{2+}标准溶液的浓度，mol/L；

$V_{Ca^{2+}}$——Ca^{2+}标准溶液体积，mL；

V_{EDTA}——滴定时消耗 EDTA 标准溶液的体积，mL。

四、给您提个醒

EDTA 与金属离子的反应速率较慢（不像酸、碱中和反应可在瞬间完成），故滴定速度不能太快，特别是临近终点时，应逐滴加入。每滴入半滴或 1 滴后充分摇荡溶液，再观察是否已达到终点，如此进行逐滴滴定，直至恰好到滴定终点。滴定超过终点时溶液的颜色并没有变化，所以容易造成误差。

用小勺加入固体指示剂时，要一点一点地加，边加边振摇锥形瓶，直至瓶内溶液呈现出较明显的红色即可。

注意标定和测定的条件尽可能相同，以减少系统误差，提高测定的准确度。

五、请您想一想

① 以盐酸溶液溶解 $CaCO_3$基准物时，操作中应注意些什么？为什么？

② 用金属 Zn 或 ZnO 为基准物质标定 EDTA 时需要用哪些试剂？

③ EDTA 标准溶液通常使用乙二胺四乙酸二钠，而不使用乙二胺四乙酸，为什么？

④ 在标定 EDTA 标准溶液时，使用不同的指示剂为什么要控制不同的酸度？如何控制？

1.3.5　标定法 $AgNO_3$标准溶液的配制（莫尔法）

在银量法中，$AgNO_3$、NH_4SCN 是两种重要的标准溶液，优级纯 $AgNO_3$试剂可以用直接法配制标准溶液。如果 $AgNO_3$纯度不够，就应先配成近似浓度，然后再进行标定。

一、培训准备

（1）理论准备

掌握莫尔法的原理、测定条件及 $AgNO_3$标准溶液的标定。

（2）仪器准备

酸式滴定管、锥形瓶、棕色试剂瓶、容量瓶、电子天平。

（3）试剂准备

$AgNO_3$（分析纯）、NaCl（基准试剂：于 500～600℃灼烧至恒重）、K_2CrO_4指示液（50 g/L：称取 5g K_2CrO_4，溶于少量水中，滴加 $AgNO_3$溶液至红色不褪，混匀。放置过夜后过滤，将滤液稀释至 100mL）。

二、操作步骤

（1）0.1mol/L $AgNO_3$溶液的配制

称取 8.5g $AgNO_3$，溶于 500mL 水中，储存于带玻璃塞的棕色试剂瓶中，摇匀，置于暗处，待标定。

（2）0.1mol/L $AgNO_3$标准溶液的标定

① 准确称取基准物质 NaCl 0.12~0.15g，放于锥形瓶中，加 50mL 不含 Cl^-的蒸馏水溶解。

② 加 K_2CrO_4指示液 1mL，在充分摇动下，用配好的 $AgNO_3$溶液滴定至溶液呈微砖红色

即为终点。

③ 记下所消耗 $AgNO_3$标准溶液体积 V。

④ 平行测定 3 次。

三、结果计算

$AgNO_3$标准溶液的浓度

$$c_{AgNO_3} = \frac{m_{NaCl}}{M_{NaCl} \times V_{AgNO_3}} \times 1000$$

式中 c_{AgNO_3}——$AgNO_3$标准溶液的浓度，mol/L；

V_{AgNO_3}——滴定时消耗 $AgNO_3$标准溶液体积，mL；

M_{NaCl}——基准试剂 NaCl 的摩尔质量，58.44g/mol；

m_{NaCl}——基准试剂 NaCl 的质量，g。

四、给您提个醒

$AgNO_3$试剂及其溶液具有腐蚀性，破坏皮肤组织，注意切勿接触皮肤及衣服。

配制 $AgNO_3$标准溶液的蒸馏水应无 Cl^-，否则配成的 $AgNO_3$溶液会出现白色浑浊，不能使用。

五、请您想一想

① 莫尔法中，为什么溶液的 pH 值需控制在 6.5~10.5？

② 配制 K_2CrO_4指示液时，为什么要先加 $AgNO_3$溶液？为什么放置后要进行过滤？

③ K_2CrO_4指示液的用量太大或太小对测定结果有何影响？

④ 滴定过程中为什么要剧烈振荡？

⑤ 盛装 $AgNO_3$溶液的滴定管，在使用完毕后应如何洗涤？

⑥ 除用莫尔法标定 $AgNO_3$溶液浓度外，还可以用什么方法进行标定？

1.3.6 标定法 NH_4SCN 标准溶液的配制

在银量法中，NH_4SCN 试剂一般含有杂质，如硫酸盐、氯化物等，纯度仅在 98%左右，因此 NH_4SCN 标准溶液要用标定法制备。

一、培训准备

（1）理论准备

掌握佛尔哈德法原理及测定条件，NH_4SCN 标准溶液的标定。

（2）仪器准备

酸式滴定管、锥形瓶、吸量管、试剂瓶、容量瓶、电子天平。

（3）试剂准备

NH_4SCN(分析纯)、$AgNO_3$(基准试剂：于硫酸干燥器中干燥至恒重)、$NH_4Fe(SO_4)_2$指示液(400g/L：40g 硫酸铁铵溶于水中，加浓 HNO_3至溶液几乎无色，稀释至 100mL，混匀)、HNO_3溶液(25%)。

二、操作步骤

（1）0.1mol/L NH_4SCN 溶液的配制

称取 3.8g NH_4SCN，溶于 500mL 水中，储存于试剂瓶中，摇匀，待标定。

（2）用基准试剂 $AgNO_3$标定

① 准确称取基准物质 $AgNO_3$ 0.5g，放于锥形瓶中，加 100mL 蒸馏水溶解。

② 加入 $NH_4Fe(SO_4)_2$指示液 1mL，加入 HNO_3溶液 10mL。

③ 在摇动下，用配好的 NH_4SCN 溶液滴定，终点前摇动溶液至完全清亮后，继续滴定至溶液呈浅红色，保持 30s 不褪色即为终点。

④ 记下所消耗 NH_4SCN 标准溶液体积 V。

⑤ 平行测定 4 次。

(3) 用 $AgNO_3$标准溶液比较

① 准确量取 0.1mol/L 的 $AgNO_3$标准溶液 30～35mL，放于锥形瓶中，加蒸馏水 20mL，$NH_4Fe(SO_4)_2$指示液 1mL 和 HNO_3溶液 10mL。

② 在摇动下，用配好的 NH_4SCN 溶液滴定，终点前摇动溶液至完全清亮后，继续滴定至溶液呈浅红色，保持 30s 不褪色即为终点。

③ 记下所消耗 NH_4SCN 标准溶液体积 V。

④ 平行测定 3 次。

三、结果计算

NH_4SCN 标准溶液的浓度

$$c_{NH_4SCN} = \frac{m_{AgNO_3}}{M_{AgNO_3} \times V_{NH_4SCN} \times 10^{-3}}$$

式中 c_{NH_4SCN}——NH_4SCN 标准溶液的浓度，mol/L；

m_{AgNO_3}——基准试剂 $AgNO_3$的质量，g；

M_{AgNO_3}——基准试剂 $AgNO_3$的摩尔质量，169.9g/mol；

V_{NH_4SCN}——滴定时消耗 NH_4SCN 标准溶液的体积，mL。

或按照下面的公式计算

$$c_{NH_4SCN} = \frac{c_{AgNO_3} V_{AgNO_3}}{V_{NH_4SCN}}$$

式中 c_{AgNO_3}——$AgNO_3$标准溶液的浓度，mol/L；

V_{AgNO_3}——量取 $AgNO_3$标准溶液的体积，mL；

V_{NH_4SCN}——滴定时消耗 NH_4SCN 标准溶液的体积，mL。

四、请您想一想

① 配制 $NH_4Fe(SO_4)_2$指示液时，为什么要加酸？标定 NH_4SCN 溶液时为什么还要加酸？

② 佛尔哈德法的滴定酸度条件是什么？能否在碱性条件下进行？

1.3.7 标定法 $KMnO_4$标准溶液的配制

纯 $KMnO_4$性质稳定。但市售 $KMnO_4$常含有少量 MnO_2和硫酸盐、氯化物等杂质，而且蒸馏水中常含有微量还原性物质，它们能促进 $KMnO_4$溶液的分解，见光时分解得更快。因此，不能用直接法配制 $KMnO_4$标准溶液。$Na_2C_2O_4$和 $H_2C_2O_4 \cdot 2H_2O$ 是较易纯化的还原剂，也是标定 $KMnO_4$常用的基准物质。

一、培训准备

(1) 理论准备

掌握高锰酸钾法的基本原理及 $KMnO_4$标准溶液的标定；了解高锰酸钾法的滴定条件。

(2) 仪器准备

棕色酸式滴定管、锥形瓶、吸量管、棕色试剂瓶、电子天平、G_4玻璃砂芯漏斗(预先以

同样浓度 $KMnO_4$ 溶液缓缓煮沸 5min)。

(3) 试剂准备

$KMnO_4$(分析纯)、$Na_2C_2O_4$(基准试剂)、H_2SO_4(3mol/L:搅拌下将 83mL 浓硫酸加入 417mL 水中)。

二、操作步骤

(1) 0.02mol/L $KMnO_4$ 溶液的配制

① 称取 1.6g $KMnO_4$ 于 500mL 烧杯中,加入 500mL 水使之溶解。

② 盖上表面皿,在电炉上加热至沸腾,缓缓煮沸 15min。

③ 冷却后置于暗处静置两周,用 G_4 玻璃砂芯漏斗过滤。

④ 滤液储存于干燥棕色试剂瓶中。

(2) 0.02mol/L $KMnO_4$ 溶液的标定

① 准确称取基准物质 $Na_2C_2O_4$ 0.15~0.20g,放于锥形瓶中,加 30mL 水溶解。

② 加 3mol/L H_2SO_4 溶液 10mL,加热至 75~85℃。

③ 趁热用配好的 $KMnO_4$ 溶液滴定,滴定至溶液呈微红色,保持 30s 不褪色即为终点。

④ 记下所消耗 $KMnO_4$ 标准溶液体积 V_1。

⑤ 平行测定 4 次,并用 30mL 蒸馏水测定空白滴定体积 V_2。

三、结果计算

$KMnO_4$ 标准溶液的浓度

$$c(\frac{1}{5}KMnO_4) = \frac{m \times 1000}{(V_1 - V_2) \times M}$$

式中 m——草酸钠的质量,g;

V_1——高锰酸钾溶液体积,mL;

V_2——空白试验消耗高锰酸钾溶液体积,mL;

M——草酸钠的摩尔质量,g/mol,[$M(\frac{1}{2}Na_2C_2O_4) = 66.999$]。

四、给您提个醒

注意滴定速度,开始时反应较慢,应在加入第一滴 $KMnO_4$ 溶液褪色后,再加下一滴,随着反应速度的加快,滴定速度逐渐加快,在滴定的全过程中 $KMnO_4$ 加入不可太快。

标定好的 $KMnO_4$ 溶液在放置一段时间后,若发现有沉淀析出,应重新过滤并标定。

五、请您想一想

① 配制 $KMnO_4$ 溶液时,为什么要将 $KMnO_4$ 溶液煮沸一定时间或放置数天?为什么要冷却放置后过滤,能否用滤纸过滤?

② 标定中酸度过低对滴定有何影响?温度过高又有何影响?

③ $KMnO_4$ 溶液应装于哪种滴定管中?为什么?说明读取滴定管中 $KMnO_4$ 溶液体积的正确方法。

④ 装 $KMnO_4$ 溶液的锥形瓶、烧杯或滴定管,放置久后常有棕色沉淀物,它是什么?怎样才能洗净?

⑤ 若用 $(NH_4)_2Fe(SO_4)_2 \cdot 6H_2O$ 为基准物质标定 $KMnO_4$ 溶液,写出反应式和 $KMnO_4$ 溶

液浓度的计算公式。

1.3.8 标定法硫代硫酸钠标准溶液的配制

固体 $Na_2S_2O_3 \cdot 5H_2O$ 试剂一般都含有少量杂质，如 Na_2SO_3、Na_2SO_4、Na_2CO_3、NaCl 和 S 等，并且放置过程易风化。$Na_2S_2O_3$溶液由于受水中微生物、空气中二氧化碳、空气中 O_2、光线及微量的 Cu^{2+}、Fe^{3+}等的作用而不稳定。因此，通常采用标定法配制硫代硫酸钠标准溶液。

一、培训准备

(1) 理论准备

掌握碘量法的基本原理；了解硫代硫酸钠标准溶液的标定条件。

(2) 仪器准备

棕色酸式滴定管、碘量瓶、吸量管、棕色试剂瓶、电子天平。

(3) 试剂准备

硫代硫酸钠(固体试剂)、$K_2Cr_2O_7$固体(基准试剂，使用前在 140~150℃下烘干)、KI 固体(分析纯)、H_2SO_4溶液(20%)、淀粉指示液(5g/L：称取 0.5g 可溶性淀粉放入小烧杯中，加水 10mL，呈糊状，在搅拌下倒入 90mL 沸水中，微沸 2min，搅拌至完全透明状，冷却后转移至 100mL 试剂瓶中，最好现配现用)。

二、操作步骤

(1) 0.1mol/L $Na_2S_2O_3$标准溶液的配制

称取 $Na_2S_2O_3 \cdot 5H_2O$ 13g 溶于 500mL 水中，缓缓煮沸 10min，冷却。放置两周过滤。

(2) 0.1mol/L $Na_2S_2O_3$标准溶液的标定

① 准确称取约 0.12g 基准物质 $K_2Cr_2O_7$，放于 250mL 碘量瓶中，加入 25mL 煮沸冷却后的蒸馏水溶解。

② 加入 2g 固体 KI 及 20mL 20% H_2SO_4溶液，立即盖上碘量瓶塞，摇匀，瓶口加少许蒸馏水密封，置于暗处 5min。

③ 打开瓶塞，用蒸馏水冲洗磨口瓶和瓶颈内壁，加 150mL 煮沸并冷却后的蒸馏水稀释，用待标定的 $Na_2S_2O_3$标准溶液滴定，至溶液出现淡黄绿色，加入 3mL 5g/L 的淀粉溶液，继续滴定至溶液变为亮绿色即为终点。

④ 记下所消耗 $Na_2S_2O_3$标准溶液体积 V_1。

⑤ 平行测定 4 次，并用 30mL 蒸馏水测定空白滴定体积 V_2。

三、结果计算

$Na_2S_2O_3$标准溶液的浓度

$$c(Na_2S_2O_3) = \frac{m \times 1000}{(V_1 - V_2) \times M}$$

式中 m——重铬酸钾的质量，g；

V_1——硫代硫酸钠溶液体积，mL；

V_2——空白试验消耗硫代硫酸钠溶液体积，mL；

M——重铬酸钾的摩尔质量，g/mol，[$M(\frac{1}{6}K_2Cr_2O_7) = 49.031$]。

四、给您提个醒

滴定至终点后，经过 5~10min，溶液又会出现蓝色，这是由于空气氧化 I^-所致，属正常现象；若滴定到终点后，很快又转变为 I_2-淀粉的蓝色，可能是由于酸度不足或放置时间不够，$K_2Cr_2O_7$和 KI 的反应未完全，此时应弃去重做。

$Na_2S_2O_3$标准溶液不宜长期储存，使用一段时间后要重新标定，如果发现溶液变浑浊或析出硫，应过滤后重新标定，或弃去再重新配制溶液。

滴定开始时宜慢摇快滴防止 I_2被氧化，但接近终点时要慢滴，并用力振摇，易于 I_2脱附。

五、请您想一想

① 为什么反应进行时要加入过量的 KI 和 H_2SO_4，反应后又要放置在暗处 5min？

② 为什么第一步反应后，用 $Na_2S_2O_3$溶液滴定前要加入大量水稀释？

③ 配制 $Na_2S_2O_3$溶液时，为什么需用新煮沸的蒸馏水？为什么常加入少量 Na_2CO_3？为什么放置两周后标定？

④ 标定 $Na_2S_2O_3$溶液时，为什么淀粉指示剂要在临近终点时才加入？

⑤ $Na_2S_2O_3$溶液与空气中 CO_2作用发生什么变化？这种作用对该溶液浓度有何影响？

1.3.9 标定法碘标准溶液的配制

碘可以通过升华法制得纯试剂，但因升华的碘对天平产生腐蚀，故不宜用直接法配制碘标准溶液，而是应该采用标定法来配制碘标准溶液。标定碘标准溶液常用的基准物是三氧化二砷（As_2O_3），使用前在硫酸干燥器中干燥至恒重。但 As_2O_3为剧毒品，所以碘溶液还可以与 $Na_2S_2O_3$进行“比较”，以测定其浓度。

一、培训准备

（1）理论准备

掌握碘量法的基本原理及碘标准溶液的标定方法、标定条件、基本原理。

（2）仪器准备

棕色酸式滴定管、碘量瓶、吸量管、棕色试剂瓶、电子天平。

（3）试剂准备

硫代硫酸钠（固体试剂）、$K_2Cr_2O_7$固体（基准试剂，使用前在 140~150℃下烘干）、$K_2Cr_2O_7$标准溶液（$c_{K_2Cr_2O_7}=0.1mol/L$）、KI 固体（分析纯）、固体试剂 I_2（分析纯）、H_2SO_4溶液（20%）、淀粉指示液（5g/L：称取 0.5g 可溶性淀粉放入小烧杯中，加水 10mL，呈糊状，在搅拌下倒入 90mL 沸水中，微沸 2min，搅拌至完全透明状，冷却后转移至 100mL 试剂瓶中，最好现配现用）。

二、操作步骤

（1）0.05mol/L I_2标准溶液的配制

① 用架盘天平粗称固体 I_2约 6.5g 放于小烧杯中，再称取 17g KI，准备蒸馏水 500mL。

② 将 KI 分 4~5 次放入装有 I_2的小烧杯中，每次加水 5~10mL，用玻璃棒轻轻研磨，使碘逐渐溶解，溶解部分转入棕色试剂瓶中。

③ 如此反复直至碘全部溶解为止。

④ 用水多次清洗烧杯并转入试剂瓶中，剩余的水全部加入试剂瓶中稀释，盖好瓶盖，摇匀，待标定。

（2）0.05mol/L I_2标准溶液的标定

① 准确移取已知浓度的 $Na_2S_2O_3$标准溶液 30~35mL 于碘量瓶中。

② 加水 150mL，加 3mL 5g/L 淀粉溶液。

③ 用待标定的 I_2溶液滴定至溶液出现蓝色为终点。

④ 记下所消耗 I_2标准溶液体积 V。

⑤ 平行测定 4 次。

三、结果计算

I_2标准溶液的浓度

$$c_{\frac{1}{2}I_2} = \frac{c_{Na_2S_2O_3} \cdot V_{Na_2S_2O_3}}{V_{I_2}}$$

式中 $c_{Na_2S_2O_3}$——$Na_2S_2O_3$标准溶液的浓度，mol/L；

$V_{Na_2S_2O_3}$——移取 $Na_2S_2O_3$标准溶液的体积，mL；

V_{I_2}——滴定消耗 I_2标准溶液的体积，mL。

四、给您提个醒

因为 I_2见光易氧化，且 I_2对碱式滴定管的橡胶管有腐蚀作用，应选用棕色酸式滴定管来装 I_2溶液。

五、请您想一想

① 配制 I_2溶液时为什么要加 KI？

② 配制 I_2溶液时，为什么要在溶液非常浓的情况下将 I_2与 KI 一起研磨，当 I_2和 KI 溶解后才能用水稀释？如果过早地稀释会发生什么情况？

③ 用 $Na_2S_2O_3$溶液滴定 I_2溶液和用 I_2溶液滴定 $Na_2S_2O_3$溶液时都是用淀粉指示剂，为什么要在不同时候加入？终点颜色有何不同？

1.4 缓冲溶液的配制

在化学分析中，有许多的化学反应必须在一定的 pH 值范围内进行。因此，常要控制溶液的酸度，否则反应就不能按预期的要求进行，这就需要缓冲溶液。

一、培训准备

（1）理论准备

了解缓冲溶液的作用原理、缓冲容量及缓冲范围；掌握缓冲溶液 pH 值的计算方法、缓冲溶液的选择与配制方法。

（2）仪器准备

缓冲溶液配制所需玻璃器具。

（3）试剂准备

$NaAc \cdot 3H_2O$、冰乙酸。

二、操作步骤

根据要求，取所需的试剂进行配制。

例如配制 pH=4.0 的乙酸-乙酸钠缓冲溶液：

① 称取 $NaAc \cdot 3H_2O$ 40g 于 500mL 烧杯中，缓缓加入少量水、冰乙酸 268mL，微热让乙酸钠溶解。

② 溶液冷却至室温，将溶液转移到 1000mL 容量瓶中定容摇匀。

其他常用缓冲溶液的配制方法，请参见附录 3。

1.5 指示剂的配制

指示剂是用来判断滴定终点的辅助溶液，包括酸碱指示剂、氧化还原指示剂、金属指示剂、银量法指示剂等。不同的指示剂，作用原理是不同的。在不同的条件下，应选择合适的指示剂，才能取得良好的分析效果。

一、培训准备

(1) 理论准备

了解指示剂变色原理、变色范围及影响指示剂变色范围的因素；掌握指示剂选择与配制方法。

(2) 仪器准备

容量瓶、玻璃棒、烧杯、量筒、滤纸、台秤。

(3) 试剂准备

酚酞指示剂、乙醇溶液。

二、酚酞指示剂配制的操作步骤

根据要求，配制 0.1%的酚酞指示剂 100mL：

① 先配制 90%乙醇溶液。

② 再用台秤称取 0.10g 酚酞放入烧杯中。

③ 用 90%的乙醇溶液溶解，并转移至容量瓶中。

④ 定容到 100mL，摇匀。

其他常用指示剂的配制请参见附录 4~附录 8。

三、给您提个醒

用有机溶剂配制溶液时(如配制指示剂溶液)，有时有机物溶解较慢，应不时搅拌，可以在热水浴中温热溶液，不可直接加热。

易燃溶剂使用时要远离明火。

四、请您想一想

在可选多种指示剂的情况下，如何选择最合适的指示剂?

1.6 称　　量

准确称量物质的质量是获得准确分析结果的第一步。根据不同的称量对象，需采用相应的称量方法。而作为精确测定物体质量的重要的计量仪器——天平，种类繁多，在这里我们主要介绍电子天平的使用知识。

1.6.1 电子天平的使用

一、培训准备

(1) 理论准备

掌握电子天平的使用方法。

(2) 仪器准备

表面皿(电光纸、称量瓶、小烧杯)、电子天平。

(3) 试剂准备

根据培训需求准备相应的药品。

二、操作步骤

① 检查　检查天平是否水平，调节两只水平调节脚，直到水平泡至中央位置。

② 预热　称量前接通电源预热30min(或按说明书要求预热)。

③ 校准　为使称量更为精确，可随时对天平进行校准。校准程序可按说明书进行，用内装校准砝码或外部自备有修正值的校准砝码进行。

④ 称量　按下显示屏的开关键，待显示稳定的零点后，将物品放到秤盘上，关上防风门。显示稳定后即可读取称量值。

操纵相应的按键可实现“去皮”“增重”“减重”等称量功能。

⑤ 关机　称量完毕，按下显示屏的开关键，待显示“OFF”后，松开该键。

三、给您提个醒

① 精度要求高的电子天平理想的放置条件是室温(20±2)℃，相对湿度45%~60%。

② 天平台要求坚固，具有抗震及减震性能。不受阳光直射，远离暖气与空调。不要将天平放在带磁设备附近，避免尘埃和腐蚀性气体。

③ 在接通电源前，检查天平所标识的电压是否与使用的电源电压相符。

④ 校准是必需的。特别是首次使用前必须校准。将天平从一地移到另一地使用时或在一段时间(30天左右)后，应对天平重新校准。

⑤ 调节天平水平时应注意不要将旋转方向旋反，且应边调节边观察，否则可能会将天平的脚调离底垫。

⑥ 在较长时间不使用的电子天平应隔一段时间通电一次，以保持电子元器件干燥，特别是湿度大时更应经常通电。

⑦ 天平在首次称量前至少要保持60min的预热时间，才能进行正式称量。

⑧ 不能称量过冷或过热的物体，以免引起天平梁热胀冷缩。另外，冷热空气对流也会使称量不准确。

⑨ 不得用手直接取放被称物，而要采用戴汗布手套、垫纸条、镊子夹取等方法，以免引入误差。

⑩ 天平受到污染时要用含有少量中性洗涤剂的柔软棉布擦拭。勿用有机溶剂和化纤布擦拭。样品盘可清洗，须在充分干燥后再装到天平上。

四、请您想一想

① 称量时，为什么要将被称物放在天平盘中央？

② 称量时，为什么要对电子天平进行预热？

1.6.2　直接称样法称样

在分析化学实验中，当用直接法配制指定浓度的标准溶液时，需要用天平直接称量指定质量的试样，这种称量方法即直接称样法，又称固定称样法。此法只能用来称取不易吸湿的，且不与空气中各种组分发生作用的、性质稳定的物质。

一、培训准备

(1) 理论准备

掌握电子天平的工作原理及使用方法；熟练运用直接称样基本操作法。

(2) 仪器准备

表面皿(电光纸、称量瓶、小烧杯)、电子天平、台秤。

(3) 试剂准备

六水合硫酸亚铁铵、氯化钠。

二、操作步骤

① 在台秤上粗称一个洁净的称量瓶的质量。

② 将已粗称质量的称量瓶，放在分析天平秤盘上，准确称量其质量。

③ 如果使用机械加码分析天平，按照要称取的物体的质量，在天平上增加欲称质量数的砝码。

④ 用药勺盛试样，在容器上方轻轻振动，使试样徐徐落入容器，调整试样的量达到指定质量，如图 1-1-9 所示。

图 1-1-9　固定质量称量法

⑤ 称量完后，将试样全部转移入试验容器(表面皿可用水洗涤数次，称量纸上必须不黏附试样)。

三、给您提个醒

当所加的试样只差很小质量时(如用电光分析天平称量，此量应小于微分标牌满标度，通常为 10mg)，极其小心地以左手持盛有试样的药勺，伸向表面皿中心部位上方 2~3cm 处，用左手拇指、中指及掌心拿稳药勺，以食指轻弹(最好是摩擦)药勺柄，让勺里的试样以非常缓慢的速度抖入表面皿。这时，眼睛既要注意牛角勺，同时也要注视显示屏读数，待物品质量正好达到所需的刻度时，立即停止抖入试样。

加样或取出药勺时，试样绝不能失落在秤盘上。

称量后，检查称量物是否取出，侧门是否关好。

四、请您想一想

如果电子天平读数在两个相邻数据之间不停振动，您该怎么读数?

1.6.3　减量法称样

称取试样的质量由两次称量之差求得。此法适用于称取易吸水、易氧化或易与空气中某些组分反应的物质。适于称量几份同一试样。此法比较简便、快速、准确，在分析化学实验中常用来称取待测样品和基准物，是最常用的一种称量法。

一、培训准备

(1) 理论准备

掌握减量称样的操作方法。

(2) 仪器准备

称量瓶、锥形瓶、电子天平、台秤。

(3) 试剂准备

无水碳酸钠。

二、操作步骤

① 戴好称量手套，先将称量瓶放在台秤上粗称，然后将瓶盖打开放在同一秤盘上，根据所需样品量(应略多一些)加砝码，例如要求称 3 份 0.15~0.2g 无水碳酸钠，可在台秤上称取 0.6g 无水碳酸钠。

② 将已粗称质量的装有试样的称量瓶放在电子天平秤盘上准确称量其质量 m_1。

③ 左手将称量瓶从天平盘上取下，拿到接收器上方约 1cm 处，右手拿住瓶塞柄，打开瓶盖，瓶盖也不离开接收器上方，将瓶身慢慢向下倾斜，并用瓶盖的下面轻轻敲击瓶口上缘，使试样缓缓倒入接收器内。如图 1-1-10 所示。

④ 当倾出的样品量接近所需的质量时，边敲瓶口边将瓶身竖起，使贴在瓶口的样品落回瓶中，盖好瓶盖后方可离开接收器上方，再准确称量其质量 m_2。

⑤ 如果一次倾出样品的量不够，可再次倾倒样品，直至倾出样品的量满足要求后，再记录第二次天平称量读数。但添加样品次数不得超过 3 次，否则应重称。

⑥ 两次称量读数之差 m_1-m_2 即为倒入接收器内的第一份试样质量。

⑦ 如此重复操作，可连续称取若干份样品。

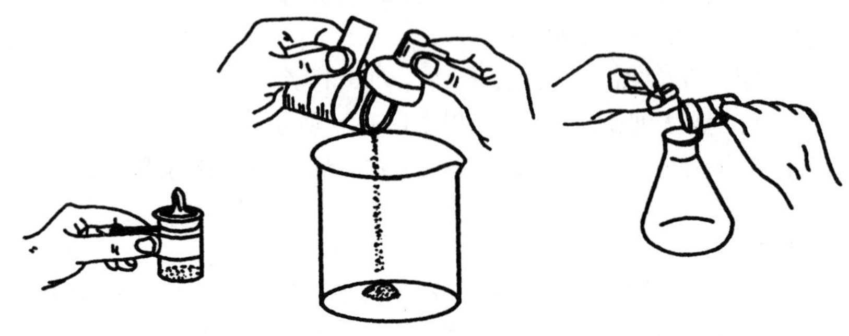

(a)取称量瓶的方法　　(b)将试样从称量瓶转移入接收器的操作

图 1-1-10　减量法操作

三、给您提个醒

① 盛有试样的称量瓶除放在表面皿和秤盘上或拿在手中外，不得放在其他地方，以免沾污。

② 称量中拿取称量瓶时一定要戴好称量手套，并保持手套的干燥和洁净。

③ 粘在瓶口上的试样应尽量处理干净，以免粘到瓶盖上或丢失。

④ 要在接收容器的上方打开瓶盖，以免可能黏附在瓶盖上的试样失落它处。

⑤ 若倒出的样品太多，不可用药勺把样品放回称量瓶，只能弃去。

⑥ 使用电子天平的除皮功能，使差减法称量更加快捷。将称量瓶放在电子天平的秤盘上，稳定后，按一下"TARE"键显示为零，然后取出称量瓶向接收器中敲出一定量的样品，再将称量瓶放在天平上称量，如果所示质量达到要求，即可记录称量结果。如果要连续称量样品，则再按一下"TARE"键使其显示为零，重复上面的操作即可。

四、请您想一想

① 为何称量器皿的外部也要保持洁净？

② 称量完毕后应做哪些工作？

③ 减量法与直接称样法有哪些差异？

1.6.4　挥发性液体试样的称量

液体样品的准确称量比较麻烦，根据不同样品的性质而有多种称量方法。这里介绍易挥发或与水作用强烈的样品的称量。

一、培训准备

（1）理论准备

了解分析天平的工作原理，掌握分析天平的使用方法及液体样品的称量方法。

（2）仪器准备

安瓿瓶、具塞锥形瓶、电子天平。

(3) 试剂准备

冰乙酸(或浓氨水)。

二、操作步骤

① 先准确称出空安瓿质量。

② 将球泡部在火焰中微热，排出球内空气，迅速将毛细管插入试样中，同时将安瓿球浸在冰浴中(碎冰+食盐或干冰+乙醇)，待试样吸入所需量(不超过球泡 2/3)，移开试样瓶，使毛细管部试样吸入球泡内，用吸水纸将毛细管擦干并用小火熔封毛细管收缩部分，将熔下的毛细管部分赶去试样，和安瓿一起称量，两次称量之差即为试样质量，如图 1-1-11 所示。

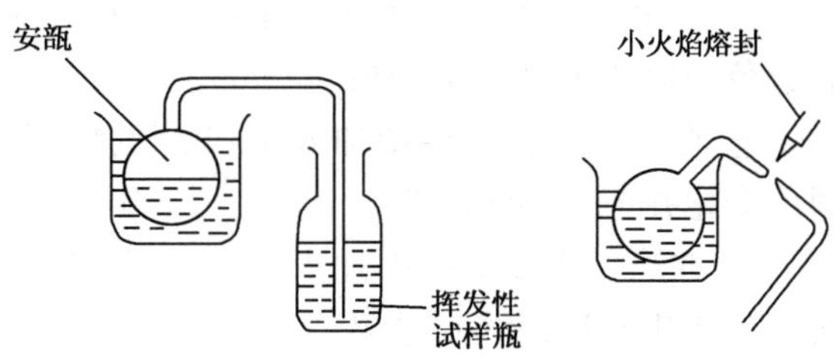

图 1-1-11 挥发性试样称量用安瓿

③ 准确称量后将安瓿球放入盛有适量试剂的具塞锥形瓶中，摇碎安瓿球，若摇不碎亦可用玻璃棒击碎。断开的毛细管可用玻璃棒碾碎。待样品与试剂混合并冷却后即可进行测定。

三、给您提个醒

盛装沸点低于 20℃ 的试样时应戴上有机玻璃防护面罩。

性质稳定、不易挥发的样品可装在干燥的小滴瓶中用减量法称量，最好预先粗测每滴样品的大致质量。

较易挥发的样品可用直接称样法称取，例如称取浓盐酸试样时，可先在 100mL 具塞锥形瓶中加入 20mL 水，准确称量后快速加入适量的样品，立即盖上瓶塞，再进行准确称量，随后即可进行测定。

四、请您想一想

① 怎么称量易挥发或与水作用强烈的样品，如冰乙酸样品?

② 如何计算称量误差?

1.7 滴定分析

滴定分析又称容量分析，是化学分析法中重要的分析方法之一。它广泛用于常量和半微量分析，适用于多种化学反应，应用范围极为广泛，是定量分析中最常用、最基本的方法。

1.7.1 指示剂的选择和比较

酸碱滴定中，常需借助指示剂的颜色改变来确定滴定终点，所以在滴定过程中，最关键的问题就是要选择好合适的指示剂。

一、培训准备

(1) 理论准备

了解指示剂的变色原理、变色范围、影响指示剂变色范围的因素；掌握选择指示剂的基本方法。

(2) 仪器准备

酸式滴定管、移液管、锥形瓶。

(3) 试剂准备

0.1mol/L 盐酸溶液、0.1mol/L 氨水溶液、甲基橙指示剂、酚酞指示剂、甲基红指示剂。

二、操作步骤

① 用 25mL 移液管准确移取 3 份已配制的氨水溶液于 3 个洁净的锥形瓶中。

② 在第一个锥形瓶中加入 1~2 滴甲基橙指示剂，用盐酸溶液滴定到终点，仔细观察溶液颜色变化并记录滴定结果。

③ 在第二个锥形瓶中加入 1~2 滴酚酞指示剂，用盐酸溶液滴定到终点，仔细观察溶液颜色变化并记录滴定结果。

④ 在第三个锥形瓶中加入 1~2 滴甲基红指示剂，用盐酸溶液滴定到终点，仔细观察溶液颜色变化并记录滴定结果。

⑤ 比较三种指示剂的盐酸溶液消耗量和颜色变化情况，选择出最合适的指示剂。

三、给您提个醒

① 不同类型的酸碱滴定过程中，指示剂的选择原则是什么？

② 混合指示剂的使用方法。

四、请您想一想

① 多元酸、碱的滴定中指示剂如何选择？

② 什么是混合指示剂？混合指示剂如何应用？

1.7.2 酸碱标准溶液浓度的比较

酸碱溶液浓度的比较，是酸碱滴定和滴定分析的基础练习。通过酸碱溶液浓度的比较，可以熟悉甲基橙和酚酞指示剂的终点颜色变化，掌握准确确定滴定终点的方法，进一步掌握酸碱指示剂的选择原则。

一、培训准备

(1) 理论准备

掌握酸碱中和反应原理；了解酸碱滴定曲线；了解酸碱指示剂的变色原理及变色范围。

(2) 仪器准备

酸式滴定管和碱式滴定管各 1 支、锥形瓶。

(3) 试剂准备

0.1mol/L 盐酸标准溶液、0.1mol/L NaOH 溶液、甲基橙指示剂、酚酞指示剂。

二、操作步骤

① 将酸式滴定管和碱式滴定管洗净，分别用相应的溶液润洗 3 次，并将溶液注入滴定管。

② 由碱式滴定管中以 2~3 滴/s 的速度，放出 25mL 左右的 NaOH 溶液于 250mL 锥形瓶中，加甲基橙指示剂 1~2 滴，用盐酸溶液进行滴定。

③ 在滴定过程中要不断摇动锥形瓶，使溶液混匀，当滴定接近终点时，用少量水淋洗挂在瓶壁上的酸液，再继续滴定，直到加入 1 滴或半滴盐酸溶液就使溶液由黄色变为橙色为止。

④ 读取 NaOH 溶液及盐酸溶液的精确体积，并记录在表 1-1-2 中。

⑤ 反复滴定几次，记下读数，分别求出体积比（V_{NaOH}/V_{HCl}），直至三次测定结果的相对平均偏差不大于 0.2%，取其平均值。

表 1-1-2 原始数据记录表

项目		第 1 次	第 2 次	第 3 次
酸溶液	终点读数/mL			
	开始读数/mL			
	消耗体积 V_{HCl}/mL			

续表

项　目		第1次	第2次	第3次
碱溶液	终点读数/mL			
	开始读数/mL			
	消耗体积 V_{NaOH}/mL			
$\frac{V_{HCl}}{V_{NaOH}}$				
平均值				
相对偏差				

三、给您提个醒

滴定过程中要注意观察溶液颜色变化的规律。接近终点时，滴定液加入瞬间锥形瓶中会出现红色，渐渐褪至黄色。

碱式滴定管在滴定过程中不得产生气泡。

四、请您想一想

① 以酚酞为指示剂，用 NaOH 溶液滴定盐酸溶液，终点如何变化?

② 滴定管读数的误差一般为 0.02mL，若要求滴定的读数误差不超过 0.2%，一次滴定所消耗的标准溶液最少应该有多少毫升?

③ 在进行酸碱溶液浓度比较的滴定之前，滴定管要用酸、碱溶液洗涤三次，锥形瓶是否也要用此酸、碱溶液洗涤?

④ 盐酸和 NaOH 标准溶液能否用直接法配制? 为什么?

⑤ 配制盐酸溶液和 NaOH 溶液所用水的体积，是否需要准确度量? 为什么?

⑥ 在盐酸溶液和 NaOH 溶液浓度比较的滴定中，分别以甲基橙和酚酞作指示剂，所得溶液的体积比是否一致? 为什么?

1.7.3　乙酸含量的测定

乙酸是弱酸，用 NaOH 标准溶液滴定乙酸属强碱滴定弱酸，反应完全时，溶液 pH = 8.7，故选用酚酞作指示剂。通过本试验，可以掌握用酸碱滴定法测定乙酸含量的方法。

一、培训准备

(1) 理论准备

掌握强碱滴定弱酸反应原理及滴定曲线；了解酸碱指示剂的变色原理及变色范围。

(2) 仪器准备

碱式滴定管、锥形瓶、移液管。

(3) 试剂准备

0.1mol/L NaOH 标准溶液、酚酞指示剂。

二、操作步骤

① 将 50mL 碱式滴定管洗净、润洗 3 次，并将 NaOH 溶液注入滴定管。

② 用移液管吸取乙酸溶液 25mL 置于 250mL 锥形瓶中，加 2 滴酚酞指示剂。

③ 用 NaOH 标准溶液滴定至微红色，在 30s 内不褪色即为终点。

④ 记录数据。

⑤ 平行测定 3 次。

三、结果计算

按下面的公式计算乙酸的含量

$$\rho_{HAc}=\frac{c_{NaOH}V_{NaOH}M_{HAc}}{V_{HAc}}$$

式中 c_{NaOH}——NaOH 标准溶液的浓度，mol/L；

V_{NaOH}——消耗 NaOH 标准溶液的体积，mL；

M_{HAc}——HAc 的摩尔质量，g/mol；

V_{HAc}——HAc 试液的体积，mL。

四、给您提个醒

强碱滴定弱酸，酸越弱，滴定突跃越小，即使能找到合适变色范围的单一指示剂，其颜色改变也很难辨认，此时应选择合适的变色范围较窄的混合指示剂来滴定。

五、请您想一想

① 测定乙酸含量时，所用的蒸馏水为什么不能含 CO_2？

② 测定乙酸含量时，能否用甲基橙或甲基红指示剂，为什么？

1.7.4 氨水中氨含量的测定

氨水是弱碱，用盐酸标准溶液滴定氨水属强酸滴定弱碱，通过此操作，可以掌握酸碱滴定法测定氨水中氨含量的方法。

一、培训准备

(1) 理论准备

掌握强酸滴定弱碱反应原理及滴定曲线；了解酸碱指示剂的变色原理及变色范围。

(2) 仪器准备

酸式滴定管、锥形瓶、移液管。

(3) 试剂准备

0.1mol/L 盐酸标准溶液、氨水试样、甲基红指示剂。

二、操作步骤

① 将 50mL 酸式滴定管洗净，润洗 3 次，并将盐酸溶液注入滴定管。

② 用移液管吸取氨水溶液 25mL 置于 250mL 锥形瓶中，加 2 滴甲基红指示剂。

③ 用盐酸标准溶液滴定至溶液由黄色变成红色即为终点。

④ 记录数据。

⑤ 平行测定 3 次。

三、结果计算

按下面的公式计算 NH_3 含量为

$$\rho_{NH_3}=\frac{c_{HCl}V_{HCl}M_{NH_3}}{V_{NH_3}}$$

式中 c_{HCl}——盐酸标准溶液的浓度，mol/L；

V_{HCl}——盐酸标准溶液所消耗的体积，mL；

M_{NH_3}——NH_3 的摩尔质量，g/mol；

V_{NH_3}——NH_3 试液的体积，mL。

四、给您提个醒

强酸滴定弱碱，化学计量点和滴定突跃都在酸性范围内，应选择酸性范围内变色的指示剂，如甲基橙、甲基红等。

五、请您想一想

测定浓氨水时，其取样量应如何估算？

1.7.5 混合碱的测定

混合碱指 Na_2CO_3和 NaHCO$_3$或 Na_2CO_3和 NaOH 的混合物。氢氧化钠俗称烧碱，在生产和存放过程中，常因吸收空气中的 CO_2，而含有少量杂质 Na_2CO_3。碳酸钠俗称纯碱，是由 $NaHCO_3$转化而来，所以 Na_2CO_3中常含有 $NaHCO_3$。混合碱的分析方法主要有氯化钡法和双指示剂法。氯化钡法比较准确但较费时，故不常用；而双指示剂法简便、快速且能够满足分析准确度的要求，所以在工业分析中多用双指示剂法。可用盐酸标准溶液滴定，根据滴定过程中 pH 值变化的情况，选用两种不同指示剂分别指示第一和第二化学计量点的到达，从而求出各组分的含量。

一、培训准备

（1）理论准备

掌握双指示剂法测定混合碱中各组分含量的基本原理和方法；了解双指示剂法判断混合碱的组成方法及酸碱指示剂的变色原理及变色范围；混合指示剂的优点及使用。

（2）仪器准备

酸式滴定管、锥形瓶、移液管、电子天平、容量瓶。

（3）试剂准备

0.1mol/L 盐酸标准溶液、无水 Na_2CO_3（基准试剂）、酚酞指示剂、甲基橙指示剂、溴甲酚绿-甲基红指示剂、甲酚红-百里酚蓝指示剂、混合碱试样。

二、操作步骤

① 在电子天平上准确称取试样 1.5~2.0g 于 250mL 烧杯中，加 50mL 水使之溶解后，定量转入 250mL 容量瓶中，用水稀释至刻度，充分摇匀。

② 用移液管吸取试液 25mL 置于 250mL 锥形瓶中，加 2 滴酚酞指示剂。

③ 用盐酸标准溶液滴定，滴定至溶液由红色恰好褪至无色即为终点。记下所消耗盐酸标准溶液体积 V_1。

④ 然后再加 2 滴甲基橙指示剂，继续用上述盐酸标准溶液滴定至溶液由黄色恰好变为橙色，即为终点。记下所消耗盐酸标准溶液体积 V_2。

⑤ 平行测定 3 次。

三、结果计算

根据滴定结果，判断试样组成。

如果试样为 Na_2CO_3和 NaOH 的混合物，则组分的质量分数分别为

$$\omega_{NaOH}=\frac{c_{HCl}(V_1-V_2)\times 10^{-3}M_{NaOH}}{m\times\frac{25}{250}}\times 100\%$$

$$\omega_{Na_2CO_3}=\frac{c_{HCl}2V_2\times 10^{-3}M_{\frac{1}{2}Na_2CO_3}}{m\times\frac{25}{250}}\times 100\%$$

如果试样为 Na_2CO_3和 $NaHCO_3$的混合物，则组分的质量分数分别为

$$\omega_{Na_2CO_3}=\frac{c_{HCl}2V_1\times 10^{-3}M_{\frac{1}{2}Na_2CO_3}}{m\times\frac{25}{250}}\times 100\%$$

$$\omega_{NaHCO_3} = \frac{c_{HCl}(V_2 - V_1) \times 10^{-3} M_{NaHCO_3}}{m \times \frac{25}{250}} \times 100\%$$

式中 c_{HCl}——盐酸标准溶液的浓度，mol/L；

V_1——酚酞终点消耗盐酸标准溶液体积，mL；

V_2——甲基橙终点消耗盐酸标准溶液体积，mL；

M_{NaOH}——NaOH 的摩尔质量，g/mol；

$M_{\frac{1}{2}Na_2CO_3}$——$\frac{1}{2}Na_2CO_3$ 的摩尔质量，g/mol；

m——试样质量，g。

四、给您提个醒

① 当滴定至接近第一终点时，要充分摇动锥形瓶，滴定的速度不能太快，防止滴定液盐酸局部过浓，否则 Na_2CO_3会直接被滴定成 CO_2。

② 氯化钡法分析混合碱的方法：先称取试样 m(g)制成溶液后，以甲基橙为指示剂，用 0.1mol/L 盐酸标准溶液滴定至橙色，消耗盐酸溶液的体积为 V_1；再另取等质量的试样 m(g)制成溶液后，加入过量的 $BaCl_2$沉淀析出后，以酚酞作指示剂，用 0.1mol/L 盐酸标准溶液滴定至红色刚好褪色即为终点，消耗盐酸溶液的体积为 V_2。根据 V_1 和 V_2可以计算 NaOH、Na_2CO_3的含量。

③ V_1和 V_2的大小与混合碱的组成关系如表 1-1-3 所示。

表 1-1-3 V_1和 V_2的大小与混合碱的组成关系

V_1 和 V_2 的变化	试样组成	相应组分的物质的量/mol
$V_1>0$，$V_2=0$	NaOH	cV_1
$V_1=V_2>0$	Na_2CO_3	$2cV_1$ 或 cV_2
$V_1=0$，$V_2>0$	$NaHCO_3$	cV_2
$V_1>V_2$	NaOH	$c(V_1-V_2)$
	Na_2CO_3	$2cV_2$
$V_1<V_2$	Na_2CO_3	$2cV_1$
	$NaHCO_3$	$c(V_2-V_1)$

④ 混合碱的测定也可用甲酚红-百里酚蓝指示剂代替酚酞指示剂，终点由蓝色变为粉红色；用溴甲酚绿-甲基红指示剂代替甲基橙指示剂，终点由绿色变为暗红色。

⑤ 混合碱由 NaOH 和 Na_2CO_3组成时，酚酞指示剂可适当多加几滴，否则常因滴定不完全使 NaOH 的测定结果偏低，Na_2CO_3的测定结果偏高。

五、请您想一想

欲测定碱液的总碱度，应利用何种指示剂？

1.7.6 过氧化氢含量的测定

过氧化氢纯品为无色透明稠厚液体，能与水任意混溶，既有氧化性，又有还原性。过氧化氢不稳定，遇微量杂质则迅速分解，保存过程中自动发生分解，其稳定性随着溶液的稀释而增加，通常市售为30%的溶液。可在强酸性条件下用 $KMnO_4$法测定 H_2O_2的含量。

一、培训准备

(1) 理论准备

掌握高锰酸钾法的基本原理及自身指示剂的使用和滴定终点的判断；了解过氧化氢的滴

定条件。

(2) 仪器准备

棕色酸式滴定管、锥形瓶、吸量管、容量瓶、电子天平。

(3) 试剂准备

$KMnO_4$标准溶液 $c(\frac{1}{5}KMnO_4) = 0.1mol/L$、$H_2SO_4$溶液[$c(H_2SO_4) = 3mol/L$]、双氧水试样。

二、操作步骤

① 准确吸取25.00mL H_2O_2试样注入装有200mL蒸馏水的250mL容量瓶中，平摇一次，稀释至刻度，充分摇匀。

② 准确移取上述试液25.00mL，放入锥形瓶中，加3mol/L H_2SO_4溶液20mL，加蒸馏水50mL。

③ 用 $c(\frac{1}{5}KMnO_4) = 0.1mol/L$ 的标准溶液滴定，至溶液呈微红色，30s不褪色即为终点。

④ 记录消耗 $KMnO_4$标准溶液体积。

⑤ 平行测定3次。

三、结果计算

按下面的公式计算 H_2O_2的含量

$$\rho_{H_2O_2} = \frac{c_{\frac{1}{5}KMnO_4} \times V_{KMnO_4} \times M_{\frac{1}{2}H_2O_2}}{V \times \frac{25}{250}}$$

式中 $\rho_{H_2O_2}$——过氧化氢的质量浓度，g/L；

$c_{\frac{1}{5}KMnO_4}$——$KMnO_4$标准溶液的浓度，mol/L；

V_{KMnO_4}——滴定时消耗 $KMnO_4$标准溶液体积，mL；

$M_{\frac{1}{2}H_2O_2}$——$\frac{1}{2}H_2O_2$的摩尔质量，17.01g/mol；

V——测定时量取的过氧化氢试液的体积，mL。

四、给您提个醒

滴定反应前可加入少量 $MnSO_4$催化 H_2O_2与 $KMnO_4$的反应。

若工业产品 H_2O_2中含有稳定剂如乙酰苯胺，也消耗 $KMnO_4$使 H_2O_2测定结果偏高。如遇此情况，应采用碘量法或铈量法进行测定。

注意氧化还原滴定的速度。

五、请您想一想

① $KMnO_4$与 H_2O_2反应较慢，能否通过加热溶液来加快反应速度？为什么？

② 用 $KMnO_4$法测定 H_2O_2时，能否用硝酸、盐酸或醋酸调节溶液的酸度？为什么？

③ 在容量瓶中存放的 H_2O_2溶液，放置2天后，其测定结果与原结果是否一样？

④ 为什么要把市售双氧水稀释后才进行滴定？

1.7.7 硫酸铜中铜含量的测定

在测定许多物质中的铜含量时，常采用间接碘量法。它是利用I^-的还原作用与氧化性物质反应生成游离的碘，再用还原剂的标准溶液滴定，从而测出氧化性物质含量的方法。

一、培训准备

（1）理论准备

掌握间接碘量法的基本原理及碘量法测定铜的基本原理、测定条件、终点的判断。

（2）仪器准备

棕色酸式滴定管、碘量瓶、电子天平。

（3）试剂准备

$Na_2S_2O_3$标准溶液 $c(Na_2S_2O_3)=0.1mol/L$、KI 溶液（10%）、KSCN 溶液（10%）、H_2SO_4溶液（1mol/L）、淀粉指示液。

二、操作步骤

① 准确称取 $CuSO_4$试样 0.5~0.6g，置于 250mL 碘量瓶中，加入 1mol/L 硫酸溶液3mL和蒸馏水 50mL 使其溶解。

② 加入 10% KI 溶液 7~8mL，摇匀后立即用 0.1mol/L $Na_2S_2O_3$标准溶液滴定至呈浅黄色。

③ 加入 3mL 0.5%淀粉溶液 3mL，继续滴定到呈浅蓝色。

④ 再加 10%KSCN 溶液 10mL，摇匀后，溶液的蓝色变深，再继续滴定到蓝色恰好消失，此时溶液为米色的 CuSCN 悬浮液。

⑤ 记下所消耗 $Na_2S_2O_3$标准溶液体积 V。

⑥ 平行测定 3 次。

三、结果计算

按下面的公式计算铜的质量分数

$$\omega_{Cu}=\frac{c_{Na_2S_2O_3}\times V_{Na_2S_2O_3}\times\frac{M_{Cu}}{1000}}{m_{试}}\times 100\%$$

式中 $c_{Na_2S_2O_3}$——$Na_2S_2O_3$标准溶液的浓度，mol/L；

$V_{Na_2S_2O_3}$——滴定时消耗 $Na_2S_2O_3$标准溶液的体积，mL；

M_{Cu}——铜的摩尔质量，g/mol；

$m_{试}$——试样的质量，g。

四、给您提个醒

KSCN 溶液在接近终点时加入，否则因为 I_2的量较多，会明显地为 KSCN 所还原而使结果偏低。

如果试样中含有 Fe^{3+}，Fe^{3+}可将碘离子氧化，影响测定。加入 NaF 与 Fe^{3+}生成$[FeF_6]^{3-}$，降低 Fe^{3+}/Fe^{2+}电子对的电位，可消除 Fe^{3+}的干扰。

五、请您想一想

① 如果用 $Na_2S_2O_3$标准溶液测定铜矿或铜合金中的铜，用什么基准物标定 $Na_2S_2O_3$溶液的浓度最好？

② 如果分析矿石或合金中的铜，应怎样分解试样？试液中含有的干扰性杂质如 Fe^{3+}、NO_3^-等离子，应如何消除它们的干扰？

③ 测定反应为什么一定要在弱酸性溶液中进行？

④ 硫酸铜易溶于水，为什么溶解时要加硫酸？

⑤ 碘量法测定铜时，加入 KSCN 的作用是什么？可否用 NH_4SCN 代替 KSCN 溶液？为什么？

1.8 重量分析

质量分析法是直接用电子天平称重而获得分析结果，不需要与基准物质进行比较，所以准确度比较高，相对误差一般为 0.1%~0.2%，但重量分析测定步骤较烦琐，耗时长，所以目前只有少数几个元素的精确测定仍采用重量分析法。

1.8.1 氯化钡中钡含量的测定

氯化钡易溶于水生成 Ba^{2+} 与 Cl^-，而 Ba^{2+} 和 SO_4^{2-} 作用生成溶解度很小的白色 $BaSO_4$ 沉淀。沉淀组成稳定，经过滤、洗涤、烘干、灼烧至恒重，即可根据 $BaSO_4$ 的质量，求出试样中钡或氯化钡的百分含量。

一、培训准备

（1）理论准备

掌握重量分析的原理与方法及晶形沉淀的性质及其沉淀的条件；了解马弗炉的使用方法。

（2）仪器准备

马弗炉、电子天平、煤气灯（或电炉）、25mL 瓷坩埚、玻璃漏斗、定量滤纸（慢速或中速）。

（3）试剂准备

0.1mol/L，1mol/L 硫酸溶液，2mol/L 盐酸溶液，2mol/L 硝酸溶液，0.1mol/L $AgNO_3$ 溶液，$BaCl_2$ 试样。

二、操作步骤

（1）空坩埚的恒重

① 将两只瓷坩埚洗净、晾干、编号、烘干，然后放入马弗炉中，在（800±20）℃下灼烧 40min，取出，稍冷，移入干燥器中，冷至室温，称量，记录坩埚的质量。

② 重复灼烧操作，第二次后每次灼烧 20min，直至两次称量的坩埚质量相差不超过 0.2mg，记录坩埚的最后质量。

（2）试样溶液的制备

① 准确称取试样 0.4~0.5g 两份，分别置于 250mL 烧杯中。

② 分别加入 70mL 水，用玻璃棒搅拌溶解，再加入 2mol/L 盐酸溶液 3mL。

③ 盖上表面皿，加热近沸。

（3）沉淀的制备

① 取 5mL 1mol/L 硫酸溶液两份，分别置于小烧杯中，各加 25mL 水，加热近沸。

② 在不断搅拌下，将稀硫酸溶液分别慢慢滴入氯化钡溶液中。

③ 待沉淀下沉后，再在上层清液中滴几滴稀硫酸溶液，仔细观察溶液中是否还有沉淀生成。

④ 沉淀完全后，盖上表面皿，放置陈化过夜，或将沉淀放在水浴或电热板上加热 1h，并不断搅拌。

（4）沉淀的过滤和洗涤

① 准备两个充满水柱的漏斗，用慢速定量滤纸过滤 $BaSO_4$ 沉淀。

② 先将上层清液沿玻璃棒倾注在滤纸上，再用稀硫酸洗涤沉淀 3~4 次，每次用洗涤

液 15mL。

③ 将沉淀全部小心地转移到滤纸上，用沉淀帚或一小片滤纸擦净烧杯，将小滤纸片放入漏斗中。

④ 继续用洗涤液洗至滤液中不含 Cl^- 为止（检查：用试管收集 2mL 滤液，加 1 滴 2 mol/L HNO_3溶液酸化，加 2 滴 $AgNO_3$溶液，若无白色浑浊产生，说明无 Cl^-）。

（5）沉淀的灼烧和恒重

① 将盛有沉淀的滤纸包折好，置于已恒重的坩埚中。在煤气灯（或电炉）上干燥、灰化后，再于（800±20）℃的马弗炉中灼烧 1h。

② 取出的坩埚放在石棉网上稍冷后，再置于干燥器中冷至室温，称量。

③ 重复灼烧（约 15min）、冷却、称量至恒重为止。

④ 根据称得 $BaSO_4$质量，计算试样中钡的含量。

三、结果计算

用下面的公式计算 Ba 的含量

$$\omega_{Ba} = \frac{m_{BaSO_4}\dfrac{M_{Ba}}{M_{BaSO_4}}}{m_{样}}$$

式中　ω_{Ba}——Ba 的质量分数；

m_{BaSO_4}——$BaSO_4$沉淀的质量，g；

M_{Ba}——Ba 的摩尔质量，g/mol；

M_{BaSO_4}——$BaSO_4$的摩尔质量，g/mol；

$m_{样}$——试样的质量，g。

四、给您提个醒

① 玻璃棒一旦放入 $BaCl_2$溶液中，就不能拿出。

② 承接滤液的烧杯应洗净，以防 $BaSO_4$穿透滤纸时，便于重新过滤。

③ 坩埚在高温灼烧之前，应将其底部及周围的水用滤纸吸干，以防坩埚因急剧受热而破裂。

④ 稀硫酸和样品溶液都必须加热至近沸，并趁热加入硫酸，最好在断电的热电炉上加入，加入硫酸的速度要慢并不断搅拌，否则形成的沉淀太细会穿透滤纸。

⑤ 灼烧温度不能太高，如超过 900℃，空气不足灼烧时，$BaSO_4$也会被碳还原。如果超过 950℃，部分 $BaSO_4$会分解为 BaO。

五、请您想一想

① 瓷坩埚为什么要恒重？若没有烘干至恒重对测定结果有何影响？

② 为什么要在稀热盐酸溶液中且不断搅拌下逐滴加入沉淀剂？盐酸加入太多有何影响？

③ 炭化和灰化的目的是什么？

④ 本试验主要误差来源有哪些？如何消除？

1.8.2　氯化钡中结晶水含量的测定

结晶水是晶体水合物中的水，不同的晶体水合物在不同温度下加热可失去其中的结晶水。在 120~125℃下加热，$BaCl_2 \cdot 2H_2O$ 可失去其结晶水。根据加热前后试样质量之差可求出结晶水的含量。

一、培训准备

(1) 理论准备

掌握气化法测定结晶水的原理与方法；了解烘箱和干燥器的使用方法。

(2) 仪器准备

烘箱、电子天平、干燥器、扁形称量瓶。

(3) 试剂准备

$BaCl_2 \cdot 2H_2O$ 试样。

二、操作步骤

(1) 称量瓶的恒重

① 将两只称量瓶洗净，将瓶盖横放在瓶口上并留有缝隙，置于烘箱中，在125℃下烘干约1.5h，取出放在干燥器中，冷至室温(20~30min)，称量。

② 重复烘干操作，直至两次称量质量相差不超过0.2mg。

(2) 结晶水的测定

① 在已恒重的两个称量瓶中分别放入氯化钡1.2~1.5g，盖好瓶盖，准确称量。

② 然后将瓶盖斜立在瓶口，置于125℃烘箱内烘干2h，取出，稍冷后放在干燥器中，冷至室温，称量。

③ 再在125℃下烘干0.5h，取出，稍冷后放在干燥器中，冷至室温，称量。

④ 反复操作，直至恒重。

三、结果计算

按下面的公式计算结晶水的含量

$$\omega_{H_2O} = \frac{m_1 - m_2}{m_{样}}$$

式中 ω_{H_2O}——H_2O 的质量分数；

m_1——烘干前氯化钡试样与称量瓶的质量，g；

m_2——烘干后氯化钡试样与称量瓶的质量，g；

$m_{样}$——试样的质量，g。

四、给您提个醒

在热的情况下，称量瓶盖子不要盖严，以免冷却后盖子不易打开。

五、请您想一想

① 恒重时，温度过高有何危害？

② 为什么烘干称量瓶和烘干试样时的温度要保持一致？

第2章 电化学分析

2.1 分析仪器使用

2.1.1 利用酸度计测定盐酸稀溶液的 pH

利用酸度计测定溶液 pH 的方法是一种电位测定法。测定过程中，电极和被测溶液组成一个化学原电池，其电动势与溶液的 pH 大小有关。酸度计的主体是精密电位计，它测量原电池的电动势并直接用 pH 表示出来。

pH 电极的响应值(或斜率)可以通过能斯特方程式来计算，即

$$E = E^{\ominus} - 0.059\text{pH}$$

式中 E——电极电位；

$E^{\ominus}$——相对于标准氢电极的标准电势。

在 25℃时，电极的斜率为 59mV。也就是说，在 25℃时，溶液的 pH 每改变一个单位，电极电位就改变 59mV。电极的斜率是判断电极状态和性能的一个很好的指标。

在进行 pH 测定时，温度、溶液的电离程度等都会影响 pH 的测量。尤其是温度，它将会影响电极斜率、被测溶液的温度系数、电极的响应时间以及电极等温线交叉点的位置。

一、培训准备

(1) 理论准备

掌握原电池和电极知识及直接电位法。

(2) 仪器准备

酸度计(pHs-2 型酸度计或其他型号，见图 1-2-1)、50mL 塑料烧杯、500mL 烧杯、广泛 pH 试纸、滤纸、洗瓶、磁力搅拌器。

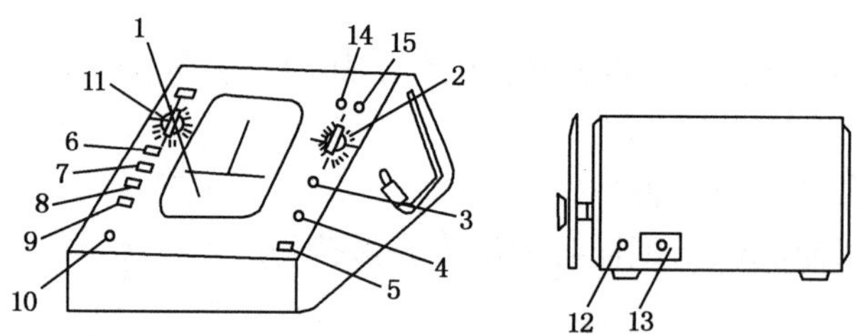

图 1-2-1 pHs-2 型酸度计调节器示意图

1—指示表；2—pH-mV 分挡开关；3—校正调节器；4—定位调节器；5—读数开关；6—电源按键；7—pH 按键；8—+mV 按键；9—-mV 按键；10—零点调节器；11—温度调节器；12—保险丝；13—电极插座；14—甘汞电极接线柱；15—玻璃电极插口

(3) 试剂准备

0.05mol/L 邻苯二甲酸氢钾、0.025mol/L 磷酸二氢钾和 0.025mol/L 磷酸氢二钠、0.01mol/L 硼砂、盐酸稀溶液。

二、操作步骤

（1）准备

如图 1-2-1 所示，打开仪器电源开关，按下 pH 按键 7，读数开关 5 不按下，预热 20min。用广泛 pH 试纸粗测未知范围试样的 pH。

根据粗测的 pH，选择合适的缓冲溶液。

（2）校正

① 调节温度调节器 11 在被测溶液温度值上。

② 将分挡开关 2 放在“6”，调节零点调节器 10，使其指示在 pH“1”。

③ 将分挡开关 2 放在校正位置，调节校正调节器 3，使其指针指在满度。

④ 将分挡开关 2 放在“6”，重复检查 pH“1”位置。

（3）定位

① 在试杯中放入中性标准缓冲液，查出该温度下的 pH。

② 按下读数开关 5。

③ 调节定位调节器 4，使其指示在该标准缓冲液的 pH，摇动试杯使指示稳定，重复以上操作进行调节。

（4）测量

① 放开读数开关 5。

② 将电极移上，用蒸馏水洗净电极头部，用滤纸吸干。

③ 调换被测溶液，将电极移下至溶液中，摇动液杯或搅拌。

④ 停止搅拌，按下读数开关 5，调节分挡开关 2 读出指示值。

⑤ 至少测定样品两次。

⑥ 测定结束，用蒸馏水冲洗电极，浸泡在蒸馏水中。

操作结束后，关闭仪器，整理好试验用品。记录实验室温度和平行试验数据，取平均值作为最终结果。

三、给您提个醒

① 在使用电极前，将保湿帽从电极头处拧去，并将橡皮帽从填液孔上移走。

② 使用与被测样品接近的两种缓冲溶液校准电极。

③ 溶液转换时，要用蒸馏水或下一个被测溶液冲洗电极并吸干。

④ 电极不允许擦拭。

⑤ 测定样品时，要保证液体连接部能够浸没。

⑥ 使用前玻璃电极必须用蒸馏水浸泡 24h。

⑦ 玻璃电极的球部应比甘汞电极下端稍高些。

四、请您想一想

测定溶液的 pH 范围是否已知对测定有无影响？

2.1.2 利用电导率仪测定去离子水的电导率

在外加电场作用下，电解质溶液中的阴离子和阳离子以相反的方向做定向移动，产生导电现象。电导法就是研究电解质溶液的导电现象及其规律性的电化学方法。

电解质溶液的导电能力称为电导，是电阻的倒数。其测量方法，可用一支电极插入溶液中，测出二极间的电阻 R，根据欧姆定律，温度一定时，电阻值与电极间距 L 成正比，与电极的截面积 A 成反比。即

$$R = \rho L/A$$

对于一支电极而言，表面积与间距都是固定不变的，ρ 为一个常数，称为电导率常数。电导率的性能与此直接相关。

一、培训准备

(1) 理论准备

掌握电导和电导率相关知识及直接电导法。

(2) 仪器准备

电导率仪(DDS－11A 型电导率仪或其他型号)如图 1－2－2 所示、50mL 塑料烧杯、500mL 烧杯、滤纸、洗瓶。

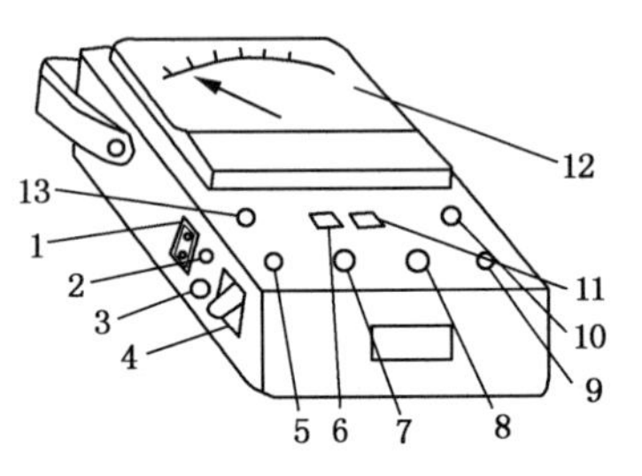

图 1-2-2　DDS-11A 型电导率仪外形结构及调节器示意图

1—15V 外接直流电源插座；2—保险器；3—交流电源插座；4—交流－直流转换开关；5—电容补偿调节器；6—高频-低频按键开关；7—电极常数调节器；8—量程选择开关；9—校正调节器；10—电极插口；11—校正-测量按键开关；12—指示表头；13—指示灯

(3) 试剂准备

去离子水、氯化钾(分析纯)。

二、操作步骤

① 检查仪器表针是否指零，若不指零，调整表头上的螺丝进行表针调零。

② 插接电源线，开启仪器电源开关，预热 20min。

③ 将选择器扳到所需要的量程范围。

④ 将校正-测量按键开关置于“校正”位置，调节校正调节器 9 使表针指示在满度位置。

⑤ 将校正-测量按键开关置于“测量”位置，用测定样品仔细冲洗电极，用滤纸吸干，测定样品电导率。

⑥ 至少测定样品两次。

⑦ 测量完毕，取出电极，用蒸馏水洗净。

⑧ 记录表针示值、量程，计算测定结果。

⑨ 关机。清理试验台面。

⑩ 将操作记录在表 1-2-1 中。

表 1-2-1　测定去离子水的电导率操作记录表

实验室温度/℃		测定结果	
量　程			
第一次测定示值		第二次测定示值	
第一次测定结果		第二次测定结果	
最终结果			

三、给您提个醒

操作过程中，电极插头要保持清洁，电极引线不能潮湿。为保证读数精确，应尽可能使指针指示接近满度。测定电导很高的溶液时，每次应在校正后读数。

四、请您想一想

去离子水电导率的测定必须迅速，为什么？

2.1.3　利用水分测定仪测定液态烃的水分

以电量法测定的卡尔·费休滴定仪中，水和卡尔·费休试剂定量地发生如下反应：

$$I_2+SO_2+3C_5H_5N+CH_3OH+H_2O \longrightarrow 2C_5H_5N \cdot HI+C_5H_5NH \cdot OSO_2OCH_3$$

当样品进入滴定池后，样品中的水消耗I_2造成溶液中I_2浓度下降。此时，在阳极上$2I^-$失去2e，产生I_2加以补充，I_2的产生与电量成正比，原理上服从法拉第电解定律。

可以看出，1摩尔碘与1摩尔水定量反应。因此，1mg的水就对应10.71个库仑单位。根据这个原理，就可以测定出样品中的水分含量。

一、培训准备

（1）理论准备

掌握法拉第电解定律及电量滴定法。

（2）仪器准备

电量滴定仪（CA-06型或其他型号，见图1-2-3）、1mL卡介苗注射器、0.0001g天平、干燥器、滤纸。

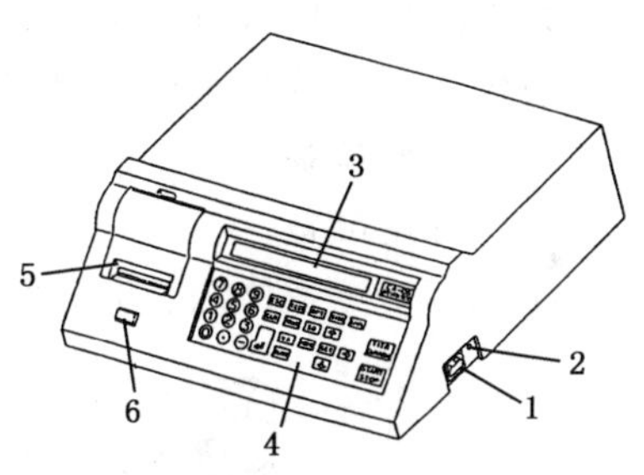

图1-2-3　CA-06型电量滴定仪主机前面板

1—电源开关；2—光亮度调节旋钮；3—显示屏；4—控制面板；5—打印装置；6—进纸键

（3）试剂准备

硅胶、丙酮、阴极液、阳极液。

二、操作步骤

① 检查滴定池内试剂，如果有电解液体积过多、电解液变色等情况发生，则需要将电解液进行更换。

② 开启仪器电源1，按控制面板4上的TITR键。

③ 确认搅拌和仪器显示屏3显示RDY或STBL状态后，开始分析试样。

④ 用样品清洗洁净的注射器至少3次。

⑤ 吸取样品，迅速用硅橡胶堵好针头，称量，精确到0.1mg。

⑥ 取下硅橡胶，迅速按控制面板4上的START/STOP键，同时把样品注射到电量测定卡尔·费休滴定仪内。

⑦ 再次用拿掉的硅橡胶堵好针头，称量，精确到0.1mg。

⑧ 按控制面板4上的SMPL键，根据显示内容将两次测定的质量正确输入。

⑨ 至少测定样品三次。

⑩ 分析结束，关闭仪器。

⑪ 将操作记录在表1-2-2中。

表1-2-2　测定液态烃的水分操作记录表

实验室温度/℃		实验室湿度	
记录分析结果			

三、给您提个醒

① 向滴定池内加入样品时，针尖应尽量接近电解液，但绝对禁止针尖与电解液发生接触。

② 平行测定过程中，所取的样品质量应尽量保持一致。

四、请您想一想

电量滴定法测定水分含量，硅橡胶垫在称量过程中的作用是什么？

2.1.4　卡尔·费休法测定乙酸中的水分

1935年，卡尔·费休提出用I_2-SO_2试剂来测定样品中的水分含量。该试验方法是根据I_2氧化SO_2时需要定量的水参加来实现水含量的测定的。上述反应为可逆反应，加入吡啶可

使反应完全。原因是生成的硫酸酐吡啶不稳定，但它却很容易与甲醇反应生成稳定的甲基硫酸氢吡啶。总反应式为

$$I_2+SO_2+3C_5H_5N+CH_3OH+H_2O = 2C_5H_5N \cdot HI+C_5H_5NH \cdot OSO_2OCH_3$$

此试剂可用纯水标定。

用卡尔·费休滴定仪测定样品中的水分含量时，如果样品中有水分存在，则产生碘离子，将电极极化而不产生电流。随着水分的降低，卡尔·费休试剂释放出碘，电极的去极化需要一定的电流。基于这个原理，用它滴定时，化学计量点前，试液中无可逆电对，电流为零，计量点后，形成可逆电对，电流突然增大，从而判定终点，进而利用滴定中消耗的卡尔·费休试剂的数量来计算出样品中的水分。

一、培训准备

(1) 理论准备

掌握卡尔·费休法、电位滴定法及死停终点法。

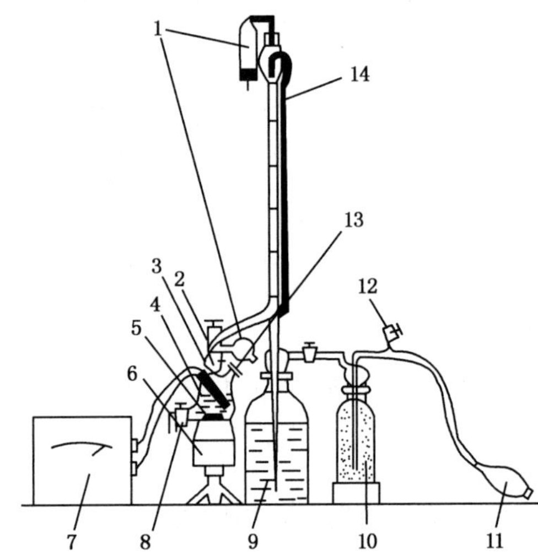

图 1-2-4　一般卡尔·费休滴定装置

1—填充干燥剂的保护管；2—球磨玻璃接头；3—铂电极；4—滴定容器；5—外套玻璃；6—电磁搅拌器；7—终点电量测量装置；8—排泄嘴；9—试剂瓶；10—干燥瓶；11—双连橡皮球；12—螺旋夹；13—进样口；14—自动滴定管

(2) 仪器准备

卡尔·费休滴定仪(图 1-2-4)、50μL 微量注射器、5mL 注射器、滤纸。

(3) 试剂准备

吡啶、乙二醇甲醚吡啶溶剂、氢氧化钾、卡尔·费休试剂。

二、操作步骤

① 向卡尔·费休滴定仪的滴定池中加入 50mL 的乙二醇甲醚吡啶溶剂。

② 打开仪器电源。

③ 调节搅拌速度，在不断搅拌的同时，用卡尔·费休试剂滴定至终点。

④ 吸取样品，迅速用硅橡胶堵好针头，称量，精确到 0. 1mg。

⑤ 拿掉硅橡胶，迅速把样品注射到卡尔·费休滴定仪的滴定池内，用取下的硅橡胶堵好针头，称量，精确到 0. 1mg。

⑥ 在不断搅拌的同时，用卡尔·费休试剂滴定至终点。

⑦ 记录消耗的试剂体积。

⑧ 至少重复测定样品两次。

⑨ 用下面的公式计算样品水分含量(质量分数)

$$水分 = \frac{AF}{10S}\%$$

式中　A——消耗的卡尔·费休试剂体积，mL；

F——卡尔·费休试剂的系数，mg H_2O/mL；

S——样品的质量，g。

⑩ 将操作记录在表 1-2-3 中。

表 1-2-3　测定乙酸中的水分操作记录表

实验室温度/℃		实验室湿度	
卡尔·费休试剂的系数			
第一次测定样品质量/g		第二次测定样品质量/g	
第一次测定消耗的试剂体积/mL		第二次测定消耗的试剂体积/mL	
第一次测定结果/%		第二次测定结果/%	
最终测定结果/%			
测定结果/%			

三、给您提个醒

吡啶是可燃的和有毒性的，在处理时一定要在通风橱内进行，并要远离火源。

样品量取要迅速，以避免空气潮湿造成测量误差。

四、请您想一想

① 如何选择合适的搅拌速度？

② 如何选择合适的样品量？

2.1.5　微库仑法测定石脑油的硫含量

石油产品及有机化合物与氧气混合燃烧，其中的硫在裂解管中反应转化为可滴定的组分，由载气带入滴定池与标准溶液发生反应，使标准溶液浓度发生变化。测量电极对浓度变化产生相应的电位响应，从而使参考-测量电极对的电位发生相应的变化，使电位值不再等于仪器设定的偏压值，两者的差值即为库仑放大器的输入信号。信号经放大器放大后，输出相应的电压加到电解池电解电极对上，在阳极产生电生滴定剂以补充被消耗的滴定剂，直至标准溶液浓度恢复到平衡状态时的浓度。

微库仑法测定石脑油的硫含量就是利用仪器测量出电解过程中消耗的电量，根据法拉第电解定律计算出被测组分的含量。

一、培训准备

（1）理论准备

掌握库仑分析法及微库仑分析法原理。

（2）仪器准备

微库仑计(RPA-200 型或其他型号)、10μL 微量注射器、100mL 容量瓶、0.0001g 电子天平、250mL 棕色细口瓶。

（3）试剂准备

分析用标准样品(浓度依样品含量而定)、冰乙酸(分析纯)、碘化钾(分析纯)、叠氮化钠(分析纯)、去离子水、氧气、氮气、分析用油样。

二、操作步骤

（1）配制电解液

称量 0.5g 碘化钾、0.6g 叠氮化钠，溶解于 1000mL 的去离子水中，加入 5mL 冰乙酸，摇匀即可。

（2）分析操作

① 打开气体钢瓶，调节减压阀至二次压力为 200kPa。

② 调节仪器气体流量计，建议流量为氧气 40mL/min、氮气 60mL/min。

③ 打开仪器电源，按“启动”键，仪器开始升温。

④ 打开分析控制用计算机，双击分析程序，进入分析界面。

⑤ 打开搅拌器开关，调节搅拌速度。

⑥ 点击“平衡”，用电解液反复冲洗滴定池，直到偏压达到适宜值(高含量样品需要低偏压，低含量样品需要高偏压)。

⑦ 待炉温稳定后，将滴定池与燃烧管连接。

⑧ 打开进样器开关。

⑨ 用标准样品清洗微量注射器至少三次。

⑩ 让程序进入标样分析状态，微量注射器由进样口插入石英管，按下进样器的“进”按键，样品开始进入石英管。

⑪ 用鼠标按下计算机上分析界面的“启动”，检测标准样品峰，测定转化率。

⑫ 转化率测定至少重复 3 次。

⑬ 标样分析结束后，将程序转化到样品分析状态。

⑭ 在相同的状态下，按照与转化率测定相同的方法进行样品分析测定，至少分析 3 次。

(3) 记录与计算

将操作记录在表 1-2-4、表 1-2-5 中。

表 1-2-4　硫含量分析转化率测定操作记录表

硫含量分析转化率测定			
第一次测定值	第二次测定值	第三次测定值	平均值

表 1-2-5　样品硫含量测定操作记录表

样品硫含量测定			
第一次测定值	第二次测定值	第三次测定值	平均值

按下式计算分析结果，即

样品含量=样品含量平均值/样品密度

三、给您提个醒

对于有冷却水的微库仑分析仪，在启动仪器升温前，必须确认冷却水已开启。

当温度降到 200℃以下时可以关闭仪器，关机后确保冷却水开启直到燃烧管降到室温，并且在降温时必须将滴定池与燃烧管断开。

滴定池冲洗完毕，池内最终剩余的电解液必须高于铂片 5mm。

四、请您想一想

① 样品分析过程中仪器参数是否可以变动？为什么？

② 滴定池燃烧管的连接，为什么要在仪器温度稳定之后？

③ 在仪器关机冷却时，为什么要将滴定池与燃烧管断开？

2.2　试验条件选择

2.2.1　电导率仪试验条件的选择

电导的测量方法，是用一支电极插入溶液中，测出二极间的电阻 R，根据欧姆定律来实现的。对于一台型号固定的电导率仪而言，其测定的准确度取决于仪器本身的功能、固定的工作条件要求，以及因试验样品不同而引发的仪器参数的相应变化。

本节内容就是针对 DDS-11A 型电导率仪来研究讨论对于固定型号的电导率仪测定某特定样品时试验条件选择的具体方法步骤，从而让我们从中得到电导率仪试验条件选择的基本方法，总结出电导率仪试验条件选择的基本知识。

选择试验条件，首先要选择仪器的工作条件，了解样品的性质，然后根据样品的性质选择适宜的仪器备件。确定之后，在正确的操作条件下，按照仪器调试的先后顺序，对试验参数进行逐一确认，最终得到最佳的操作试验条件。

一、培训准备

（1）理论准备

了解电导率仪的工作条件及电导率仪测定中的主要影响参数；掌握各参数对测定的影响方式。

（2）仪器准备

电导率仪（DDS-11A 型或其他型号）、50mL 塑料烧杯、500mL 烧杯、滤纸、洗瓶。

（3）试剂准备

待测溶液、氯化钾（分析纯）。

二、操作步骤

（1）准备

① 检查核对并正确选择仪器的工作条件。例如：供电电源选择 220V、50Hz；环境相对湿度选择 50%~85%；环境温度选择 5~45℃。

② 了解样品的性质和必要的信息，对于那些含有危害电极成分或有其他不适宜测定原因的样品要拒绝接受测量。

③ 对仪器表针进行调零。

④ 开启仪器电源，预热 20min。

（2）调节与选择

① 根据样品电导率的大小，选择正确的电极，并正确设置电极常数调节。

当被测溶液电导率低于 10μs/cm 时，选用 DJS-1 型光亮电极，将电极常数调节器调节到对应的数值；

当被测溶液电导率在 $10\sim10^4$μs/cm 范围内时，选用 DJS-1 型铂黑电极，将电极常数调节器调节到对应的数值；

当被测溶液电导率大于 10^4μs/cm 时，选用 DJS-10 型铂黑电极，将电极常数调节器调节到对应的数值。

② 根据样品电导率的大小，进行“高频”“低频”的选择。

当被测溶液电导率低于 300μs/cm 时，选择“低频”；

当被测溶液电导率高于 300μs/cm 时，选择“高频”。

（3）校正与测量

将“校正-测量”选择开关置于“校正”位置，对仪器进行校正。

将“校正-测量”选择开关置于“测量”位置，进行量程的选择：首先将量程放置在最大挡，测定溶液电导率一次，观察指针偏转情况，如果偏转不能接近满度，则将选择下一挡，直到指针偏转接近满度为止。

（4）测定与计算

① 冲洗电极，用滤纸吸干，测定样品电导率。

② 记录表针示值、量程，计算测定结果。

③ 关机。清理试验台面。将操作记录在表 1-2-6 中。

表 1-2-6　电导率仪条件优化选择记录表

实验室温度/℃		环境相对湿度	
电　极		供电电源	
量　程		高频-低频开关	
第一次测定示值		第二次测定示值	
第一次测定结果		第二次测定结果	
最终结果			

三、给您提个醒

在使用“$\times10^3$”“$\times10^4$”挡时，“校正”前必须先连接好电导池，然后再进行“校正”。

当“量程”开关在“×0. 1”挡、“高频、低频”在“低频”挡时，在电导池插口未接入电极时，电表就有指示，这是正常现象。

四、请您想一想

① 样品不同对试验条件选择的影响有哪些?

② 电极常数调节的意义是什么?

③ 被测溶液电导率大于 10^5μs/cm，应如何进行电极常数调节?

2. 2. 2　pH 计试验条件的选择

pH 的测定，实际上就是用酸度计测量原电池的电动势，并直接用 pH 刻度值表示出来，从而直接读出被测溶液的 pH。

pH 计由于工作原理简单、操作简便，因而其仪器条件的选择主要是工作条件的选择、校准溶液的选择及仪器备件的选择。为此，针对不同的样品，在首先确定好工作条件后，要选择适宜的仪器备件和校准溶液，确定正确的操作顺序，按照操作程序来进行试验条件的选择。

一、培训准备

(1) 理论准备

掌握 pH 计的工作条件及 pH 测定中的主要影响因素；了解影响因素对测定的影响方式。

(2) 仪器准备

pHs-2 型酸度计(或其他型号)、50mL 塑料烧杯、500mL 烧杯、广泛 pH 试纸、滤纸、洗瓶、搅拌器。

(3) 试剂准备

0. 05mol/L 邻苯二甲酸氢钾溶液、0. 025mol/L 磷酸二氢钾溶液和 0. 025mol/L 磷酸氢二钠溶液、0. 01mol/L 硼砂溶液、待测溶液。

二、操作步骤

① 检查核对并正确选择仪器的工作条件。例如：供电电源选择 220V、50Hz；环境温度选择 0~45℃；待测样品温度选择 5~60℃。

② 了解样品的性质和必要的信息，对于那些含有危害电极成分或有其他不适宜测定原因的样品要拒绝接受测量。

③ 电极的选择：应同时考虑样品性质、测定要求和电极的特性，选择合适类型和型号的电极。

④ 打开仪器电源开关，按下 pH 按键 7，读数开关 5 不按下(图 1-2-1)，预热 20min。

⑤ 标准溶液的选择：用广泛 pH 试纸粗测未知范围试样的 pH，根据粗测结果，选择两种 pH 范围包括样品 pH，且 pH 与样品 pH 接近的校准溶液。

⑥ 对预热好的仪器进行校正。

⑦ 进行定位调节。

⑧ 根据样品温度进行温度校正并测定样品的 pH 值。

⑨ 试验结束，关闭仪器。将操作记录在表 1-2-7 中。

表 1-2-7 pH 计条件优化选择记录表

实验室温度/℃		环境相对湿度	
电　极		供电电源	
校准溶液			

三、给您提个醒

甘汞电极在使用时，要注意电极内是否充满氯化钾溶液，里面应无气泡，防止断路。

必须保证甘汞电极下端的毛细管道畅通。在使用时，应将电极下端的橡皮帽取下，并拔去上部的橡皮塞，让极少量的氯化钾溶液从毛细管中渗出，使测定结果更可靠。

四、请您想一想

① 广泛 pH 试纸的作用是什么？

② 温度校正的目的和作用有哪些？

第3章　光谱分析

3.1　仪器结构与操作

3.1.1　分光光度计的使用

测量物质分子对不同波长光吸收强度的仪器称为分光光度计。目前，分光光度计的型号种类较多，其使用和操作要视具体情况而定。721型分光光度计就是一个典型的代表。

一、培训准备

（1）理论准备

了解分光光度计的结构；掌握分光光度计的工作原理及使用方法。

（2）仪器准备

分光光度计（721型或其他型号，见图1-3-1）、吸收池（视情况准备）、5mL吸量管、洗耳球。

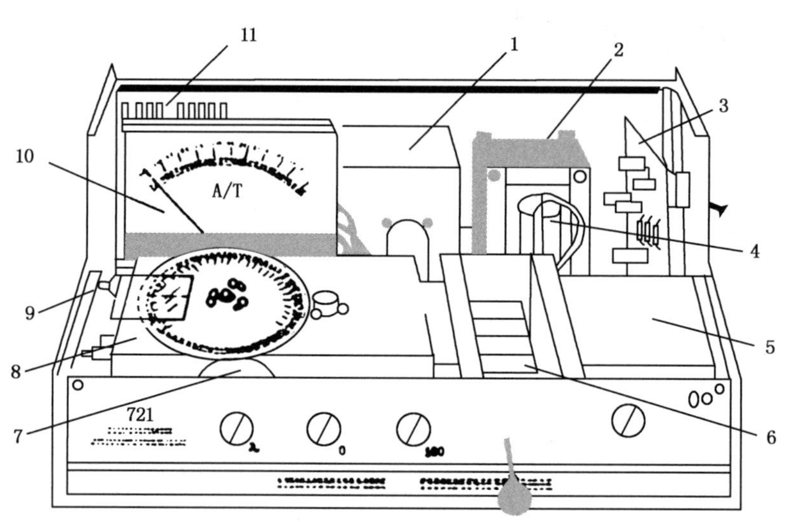

图1-3-1　721型分光光度计结构示意图

1—光源灯室；2—电源变压器；3—稳压电路控制板；4—滤波电解电容；5—光电管盒；6—比色部分；7—波长选择摩擦轮机构；8—单色光器组件；9—“0”粗调节电位器；10—读数电表；11—稳压电源大功率调整管（3DD15）

（3）试剂准备

比色溶液（视情况准备）、盐酸、乙醇。

二、操作步骤

① 检查变色硅胶是否符合要求，如果失效，注意更换。

② 检查电表指针是否在“0”刻线，如果偏离，用螺丝刀调整到零点。

③ 接通电源，选择波长和灵敏度，例如波长500nm，灵敏度2，应调整灵敏度旋钮到

2，调整波长选择旋钮使指针指示到500nm。

④ 打开暗箱盖，用“0”旋钮调节指针到0；关闭暗箱盖，用“100”旋钮调整指针到100，然后让仪器预热20min。

⑤ 预热后，重新调整“0”和“100”。

⑥ 以蒸馏水为空白参比，测定比色溶液的吸光度。

⑦ 关闭分光光度计，整理试验台。

三、给您提个醒

① 注意比色皿中液体不能少于2/3，不能多于4/5。

② 如果变色硅胶失效，会造成仪器不稳定，影响测量结果。

③ 预热时，应打开暗箱盖，以保护光电池。

四、请您想一想

① 您的实验室使用什么分光光度计？如何操作？与721型的操作有什么不同？

② 721型分光光度计用什么作光源？使用波长范围为多少？

③ 放大器灵敏度挡的选择原则是什么？

3.1.2 比色皿的使用

在分光光度分析中，比色皿的使用正确与否，对测定结果有很大影响。在紫外区测定时，必须使用石英比色皿；根据待测溶液的吸光度情况，应该选择合适尺寸的比色皿来测量；双光路分光光度计，所用的2个比色皿必须配套。

一、培训准备

(1) 理论准备

了解吸收池的种类及吸收池的构成；掌握吸收池的使用方法。

(2) 仪器准备

分光光度计(721型或其他型号)、比色皿(系列)、5mL吸量管、洗耳球。

(3) 试剂准备

比色溶液(视情况准备)、盐酸、乙醇。

二、操作步骤

(1) 比色皿的选择

① 根据比色溶液的性质及测定波长，选择比色皿的种类。

② 选择适宜型号的比色皿，使比色溶液的吸光度值在0.2~0.8之间。

③ 检查同组比色皿的透光度误差，选出符合要求的比色皿。

(2) 比色皿的使用

① 正确地拿取、润洗和擦拭比色皿，拿取比色皿应注意不要拿光亮面，润洗次数应不少于3次，应该用镜头纸擦拭比色皿光亮面。

② 正确地盛装比色溶液，比色皿中液体不能少于2/3，不能多于4/5。

③ 以蒸馏水为空白，正确测定其吸光度值。

(3) 比色皿的保存

吸光度测定完毕，应用盐酸+乙醇(1+2)洗涤比色皿，然后用蒸馏水洗净。如果短时间内会再次使用，应放在蒸馏水中保存；如果长时间不用，应洗净后风干保存。

三、给您提个醒

切忌用碱或强氧化剂洗涤比色皿。

同组比色皿间吸光度差值要小于 0.003。

四、请您想一想

洗涤比色皿还有哪些可用方法?

3.1.3　分光光度计的日常维护

在种类繁多的分光光度计中，不同类型的分光光度计，由于其构造和性能上的差异，其维护工作也显著不同。本节主要介绍 721 型分光光度计的日常维护工作。正确地维护，可以延长仪器的使用寿命。

一、培训准备

(1) 理论准备

了解分光光度计的结构及分光光度计的部件功能；掌握分光光度计的日常维护方法。

(2) 仪器准备

分光光度计(721 型或其他型号)、比色皿(按要求准备)。

(3) 试剂准备

比色溶液(视情况准备)、盐酸、乙醇。

二、操作步骤

(1) 实验室环境的维护

① 安放分光光度计的实验室的室温应相对稳定，符合仪器要求。

② 安放分光光度计的实验室的湿度应相对稳定，符合仪器要求。

③ 实验室照明和通风应良好。

④ 实验室内的空气中，腐蚀性气体应符合要求。

(2) 比色皿的维护

① 检查比色皿表面，确保比色皿洁净。

② 检查配套的比色皿，确保吸光度差值在允许范围内。

(3) 仪器本身的维护

① 仪器不用时，比色暗箱内要放硅胶保持干燥。硅胶要定期更换或加以烘干。

② 仪器不用时，必须切断电源，开关放在“关”。

③ 仪器长时间不用时，应定期打开仪器运行，避免光电池失效。

三、给您提个醒

安装分光光度计的实验室内照明不宜太强。

四、请您想一想

室内空气流通速度过快，对分析结果会产生什么影响?

3.2　分光光度法应用

3.2.1　水样中微量铁含量的目视比色法测定

在酸性环境下，Fe^{3+}与过量的SCN^-生成深红色的$Fe(SCN)_6^{3-}$。根据颜色的深浅，可以判断样品中铁含量的高低。由于这个配合物的稳定性比较差，因此混合均匀后，要马上比色。

一、培训准备

(1) 理论准备

掌握标准色阶的配制方法；了解目视比色法的操作要求。

（2）仪器准备

250mL 容量瓶、50mL 具塞比色管、5mL 吸量管、50mL 烧杯、洗耳球、10mL 量筒、电炉或酒精灯。

（3）试剂准备

1∶1 硝酸溶液、20%硫酸溶液、15% NH_4SCN 溶液、铁铵矾 $NH_4Fe(SO_4)_2 \cdot 12H_2O$（分析纯）。

二、操作步骤

（1）铁标准溶液的配制（0.1mg/mL）

称取 0.2158g 铁铵矾溶于少量水中，加入 10mL 硫酸溶液，移入 250mL 容量瓶中定容摇匀。

（2）样品处理

取 1mL 样品于 50mL 烧杯中，加入 2mL 硝酸溶液，加热 2~3min。冷却后移入 50mL 具塞比色管中，用少量蒸馏水冲洗烧杯，冲洗液并入比色管中。

（3）色阶准备

在 5 支 50mL 具塞比色管中，分别加入铁标准溶液 0.50mL、1.00mL、1.50mL、2.00mL、2.50mL。

（4）显色

分别在 6 支比色管中，加入 1mL 硝酸溶液、1mL 硫酸溶液、10mL NH_4SCN 溶液。用蒸馏水稀释到刻度后摇匀。

（5）比色

在光线明亮处，使用白色衬底，比较样品和色阶比色管的颜色，找到与样品比色管颜色最接近的色阶比色管。

（6）计算

用下面的公式计算样品中的铁含量

$$\omega_{Fe} = \frac{V \times 0.0001}{m} \times 100$$

式中 V——与样品颜色接近的色阶所用的铁标准溶液体积，mL；

m——所取样品的质量，g。

三、给您提个醒

色阶配制时，溶液加入顺序不能颠倒。

四、请您想一想

样品处理时，加热的目的是什么？

3.2.2 分光光度法测定水中二氧化硅

依据标准 GB/T 12149—2017《工业循环冷却水和锅炉用水中硅的测定》。

在生产蒸汽的工艺系统或其他一些系统中，在某些条件下，水中的硅会形成有害的垢，因此硅含量的测定有着非常重要的作用。在实验室，通常采用分光光度法测定水中硅的含量。

一、培训准备

（1）理论准备

了解分光光度计的使用常识；掌握分光光度法测定水中二氧化硅的方法。

（2）仪器准备

分光光度计、比色皿(10cm)、移液管、吸量管、塑料瓶(500mL)、工作曲线图。

（3）试剂准备

1-氨基-2-萘甲酰基-4-磺酸溶液(提前配制，冷冻保存)、75g/L 钼酸铵溶液、1∶1盐酸溶液、100g/L 草酸溶液。

二、操作步骤

① 打开分光光度计并预热。

② 定量吸取 50.0mL 的样品于一个塑料瓶中，在另一个塑料瓶中取蒸馏水做空白参比。

③ 在各塑料瓶中同时迅速加入 1mL 盐酸溶液和 2mL 钼酸铵溶液，混合均匀。

④ 准确计时 5min 后，在各塑料瓶中加入 1.5mL 草酸溶液，混合均匀。

⑤ 等 1min 后，加入 2mL 的 1-氨基-2-萘甲酰基-4-磺酸溶液，混合均匀后静置 10min。

⑥ 在 810nm 处，用分光光度计以试剂空白为参比，测定样品的吸光度。

⑦ 在标准工作曲线上，根据测得样品的吸光度，查出样品的硅含量。

三、给您提个醒

本方法可以选择不同光程的比色皿和不同的测定波长。高含量下，可以选用较短光程的比色皿，或在 640nm 下测定波长。

四、请您想一想

① 1-氨基-2-萘甲酰基-4-磺酸溶液为什么要冷冻保存？如何判断此溶液是否失效？

② 如果样品含有悬浮杂质，应该如何处理？

3.2.3 邻菲罗啉法测定水中微量铁

依据标准 GB/T 14427—2017《锅炉用水和冷却水分析方法 铁的测定》。

在 pH=2~9 的范围内，Fe^{2+}和邻菲罗啉生成稳定的橙红色配合物，颜色的强度与 Fe^{2+}存在量成正比，其最大吸收波长在 510nm。因此，可以通过这种办法来测定样品中的铁含量。

一、培训准备

（1）理论准备

了解分光光度计的使用常识；掌握邻菲罗啉法测定水中微量铁的方法。

（2）仪器准备

分光光度计、比色皿(2cm)、50mL 容量瓶、移液管、吸量管、烧杯。

（3）试剂准备

10μg/mL 铁标准溶液、0.15%邻菲罗啉溶液(现用现配)、10%盐酸羟胺溶液(现用现配)、pH=4.6 乙酸-乙酸钠缓冲溶液、6mol/L 盐酸溶液、硫酸溶液(1+3)。

二、操作步骤

（1）标准曲线的绘制

在 6 个 50mL 容量瓶中，用吸量管分别加入铁标准溶液 0.00mL、0.50mL、1.00mL、1.50mL、2.00mL、2.50mL，加 0.50mL 硫酸溶液于每一个容量瓶中，加水稀释至 40mL。在各容量瓶中加入 1mL 盐酸羟胺溶液，并充分混匀，放置 5min。分别用氨水溶液调节溶液的 pH 值约为 3，然后加 2mL 乙酸-乙酸钠缓冲溶液使 pH 值为 3.5~5.5，最好为 4.5；再加邻菲罗啉溶液 2mL；然后用蒸馏水稀释到刻度，摇匀，于暗处放置 10min。

在 510nm 下，用试剂空白作为参比，测量各溶液的吸光度，填入表 1-3-1，然后以铁含量为横坐标，以吸光度为纵坐标，绘制标准曲线。

（2）样品测量

吸取水样 10mL 在 50mL 容量瓶中，按标准曲线铁标准溶液的方法加入各种试剂，用同一个空白作参比测定吸光度。然后在标准曲线上查出相应的铁含量。

表 1-3-1　数据记录表

标液用量/mL	0.00	0.50	1.00	1.50	2.00	2.50	样品 25.00
含铁量/μg	0.00	5.00	10.0	15.0	20.0	25.0	
吸光度(*A*)	0.00						

（3）计算

按照下面的公式计算铁含量为

$$\rho_{Fe}=\frac{c_x}{V}$$

式中　c_x——查得的铁含量，μg；

V——吸取水样的体积，mL。

三、给您提个醒

测定吸光度时应按照从小到大的顺序进行比色。

四、请您想一想

① 加入盐酸羟胺的作用是什么？

② 为什么要把 pH 控制在 5 左右？

③ 如果测得的试液的吸光度值不在标准曲线的范围内怎么办？

3.2.4　磺基水杨酸法测定铁

依据标准 DL/T 502.25—2019《火力发电厂水汽分析方法　第 25 部分：全铁的测量》。

在 pH=9~11 的范围内，Fe^{3+} 和磺基水杨酸生成稳定的黄色配合物，其最大吸收波长在 425nm。

一、培训准备

（1）理论准备

了解分光光度计的使用常识；掌握磺基水杨酸法测定铁的方法。

（2）仪器准备

分光光度计、比色皿(1cm)、容量瓶(50mL)、移液管、吸量管、烧杯。

（3）试剂准备

10 μg/mL 铁标准溶液、300g/L 磺基水杨酸溶液(现用现配)、10g/L 过硫酸铵溶液、1mol/L 盐酸溶液、浓盐酸、浓氨水。

二、操作步骤

（1）标准曲线的绘制

在 9 个 50mL 容量瓶中，用吸量管分别加入铁标准溶液 0.00mL、0.25mL、0.50mL、0.75mL、1.25mL、1.75mL、2.00mL、2.25mL、2.50mL，然后依次加入浓盐酸 1.00mL，用蒸馏水稀释到约 40mL，加入磺基水杨酸溶液 4.00mL，摇匀，加浓氨水 4.00mL，调节 pH 值至9~11，摇匀，然后用蒸馏水稀释至刻度，混匀后放置 10min。

在 425nm 下，用空白作为参比，测量各溶液的吸光度，填入表 1-3-2，然后以铁含量为横坐标，以吸光度为纵坐标，绘制标准曲线。

（2）样品测量

吸取水样 50mL 在 150mL 烧杯中，加入 1.00mL 浓盐酸和约 1.00mL 过硫酸铵溶液，浓缩煮沸到约 20mL，冷却后定量移至容量瓶中，并用少量水冲洗 2~3 次，并入容量瓶中。同时，用蒸馏水作空白参比样品。

按铁标准溶液的方法进行发色，用空白作参比测定吸光度。然后在标准曲线上查出相应的铁含量。

表 1-3-2　数据记录表

标液用量/mL	0.25	0.50	0.75	1.25	1.75	2.00	2.25	2.50	样品 25.00
含铁量/μg	2.50	5.00	7.50	12.5	17.5	20.0	22.5	25.0	
吸光度(A)									

（3）计算

按照下面的公式计算铁含量

$$\rho_{Fe} = \frac{c_x}{V}$$

式中　c_x——查得的铁含量，μg；

V——吸取得水样的体积，mL。

三、给您提个醒

冲洗液和样品的总体积应不大于 40mL，避免发色后总体积超过 50mL。

四、请您想一想

① 本方法与邻菲罗啉法相比，有什么优缺点？

② 本方法中哪些试剂用量必须精确，哪些可以粗略一些？为什么？

③ 为什么要等 10min 再进行比色？时间过短会对结果造成什么影响？

3.2.5　铝试剂法测定水中铝

依据标准 DL/T 502.10—2006《火力发电厂水汽分析方法　第 10 部分：铝的测定（铝试剂分光光度法）》。

在 pH=3.8~4.5 的条件下，铝试剂（玫红羧酸铵）和铝反应生成稳定的红色络合物，最大吸收峰波长在 530nm 处测量其吸光度，用工作曲线法定量。

一、培训准备

（1）理论准备

了解分光光度计的使用常识；掌握铝试剂法测定水中铝的方法。

（2）仪器准备

分光光度计、比色皿（3cm）、容量瓶（50mL）、锥形瓶、移液管、吸量管。

（3）试剂准备

铝试剂（1g/L，取 0.1g 铝试剂溶于 100mL 水中，储存于棕色瓶中，本试剂可保存一周）、10g/L 抗坏血酸溶液、乙酸-乙酸铵缓冲溶液、浓盐酸、盐酸溶液（1+1）、浓氨水、铝标准溶液（1μg/mL）。

二、操作步骤

（1）标准曲线的绘制

在 5 个 50mL 容量瓶中，用吸量管分别加入铝标准溶液 0.00mL、0.50mL、1.00mL、1.50mL、2.00mL，加入蒸馏水稀释至 50mL。加入 2mL 抗坏血酸溶液，摇匀；仔细地加浓氨水或盐酸溶液(1+1)调节溶液的 pH 值约在 3～5 之间。加入 2mL 乙酸-乙酸铵缓冲溶液，摇匀；再加入 2mL 铝试剂，摇匀，放置 15min。

在 530nm 下，用试剂空白作为参比，测量各溶液的吸光度，填入表 1-3-3，以铝离子的质量(μg)为横坐标，以吸光度为纵坐标，绘制标准曲线。

（2）样品测量

取水样 500mL 加入 2mL 浓盐酸酸化。从酸化后的水样中吸取 50mL 于比色管中，按做标准曲线的方法进行显色，用空白作参比测定吸光度，记录在表 1-3-3 中。然后在标准曲线上查出相应的铝离子含量。

表 1-3-3　数据记录表

标液用量/mL	0.00	0.50	1.00	1.50	2.00	样品 25.00
含 Al^{3+} 量/μg	0.00	0.50	1.00	1.50	2.00	
吸光度(A)						

（3）计算

按照下面的公式计算 Al^{3+} 含量

$$\rho_{Al^{3+}} = \frac{c_x}{V}$$

式中　c_x——查得的 Al^{3+} 含量，μg；

V——吸取得水样的体积，mL。

三、给您提个醒

注意氯仿有毒，操作时应在通风橱内进行。同时，氯仿见光会分解为有毒的光气，使用中要避免在阳光下操作。

四、请您想一想

① Fe^{3+} 也能和铝试剂生成稳定的配合物。在本方法中采用了哪些办法消除 Fe^{3+} 的干扰？

② pH 值对显色的影响？

3.2.6　磷钼蓝法测定水中磷酸盐

依据标准 GB/T 6913—2023《锅炉用水和冷却水分析方法　磷酸盐的测定》。

在酸性条件下，正磷酸盐与钼酸铵溶液反应生成黄色的磷钼盐锑络合物，用抗坏血酸还原成为磷钼蓝，其最大吸收波长在 710nm，用工作曲线法定量。

一、培训准备

（1）理论准备

了解分光光度计的使用常识；掌握磷钼蓝法测定水中磷酸盐的方法。

（2）仪器准备

分光光度计、比色皿(1cm)、容量瓶(50mL)、移液管、吸量管。

（3）试剂准备

硫酸溶液：1+1。

钼酸铵溶液 26g/L：称取 13g 钼酸铵，精确至 0.5g，称取 0.35g 酒石酸锑钾，精确至 0.01g，溶于 200mL 水中，加入 230mL 硫酸溶液，混匀，冷却后用水稀释至 500mL，混匀，储存于棕色瓶中(有效期 2 个月)。

抗坏血酸溶液 100g/L：溶解(10±0.5)g 抗坏血酸于(100±5)mL 水中，摇匀，储存于棕色瓶中，在冰箱中可稳定放置 2 周。

10μg/mL 磷酸盐标准溶液(以 PO_4^{3-} 计)。

二、操作步骤

(1) 标准曲线的绘制

在 6 个 50mL 容量瓶中，用吸量管分别加入磷酸盐标准溶液 0.00mL、1.00mL、3.00mL、5.00mL、7.00mL、9.00mL，用蒸馏水稀释到约 40mL。加入钼酸铵溶液 2.0mL，抗坏血酸溶液 1.0mL，然后用蒸馏水稀释到刻度摇匀，于室温下放置 10min。

在 710nm 下，用空白作为参比，测量各溶液的吸光度，填入表 1-3-4，然后以磷酸根的质量为横坐标，以吸光度为纵坐标，绘制标准曲线。

(2) 样品测量

吸取过滤后的水样 10mL 于 50mL 容量瓶内，用蒸馏水稀释到约 40mL。然后按做标准曲线的方法进行发色，用空白作参比测定吸光度，填入表 1-3-4。然后在标准曲线上查出相应的磷酸根含量。

表 1-3-4 数据记录表

标液用量/mL	0.00	1.00	3.00	5.00	7.00	9.00	样品 25.00
含 PO_4^{3-} 量/μg	0.00	10.0	30.0	50.0	70.0	90.0	
吸光度(A)							

(3) 计算

按照下面的公式计算 PO_4^{3-} 含量

$$\rho_{PO_4^{3-}} = \frac{c_x}{V}$$

式中 c_x——查得的 PO_4^{3-} 含量，μg；

V——吸取得水样的体积，mL。

三、给您提个醒

① 抗坏血酸溶液要放置在冰箱内保存。

② 注意控制显色的酸度。过大则显色变慢，过小则钼蓝稳定性较差。

四、请您想一想

① 本方法所测定的为样品中的正磷酸盐。如果要测定样品中的总无机磷酸盐，应该如何操作？

② 温度对显色反应有何影响？在这个试验中，温度控制在多少℃为宜？

第 4 章　色 谱 分 析

4.1　仪器结构与操作

4.1.1　色谱仪工作条件的检查

使用色谱仪进行分析之前，应该首先确认色谱仪的工作状态。最基础的色谱工作状态包括载气压力、进样口温度、进样垫、柱箱温度、色谱柱、检测器以及数据处理机等。每一个色谱工作者都应养成在分析样品前，先检查色谱仪状态的习惯。

一、培训准备

(1) 理论准备

掌握色谱的基本结构和分析原理；掌握色谱仪和数据处理机的基本使用方法。

(2) 仪器准备

带有 FID(氢火焰离子化检测器)/注射器进样口的色谱仪、工作站。

(3) 建议参数

柱前压　200kPa；	氢气压力　50kPa；	空气压力　50kPa；
进样口温度　120℃；	柱箱温度　80℃；	检测器温度　160℃。

二、操作步骤

(1) 色谱气体情况检查

在工作站或色谱仪面板上，检查所有气体压力或流量，确认实际压力或流量与色谱仪设定值一致，包括载气(如 N_2、He 等)和辅助气(空气、氢气等)。

(2) 进样口检查

在工作站或色谱仪面板上，检查进样口温度设定值和实际温度是否一致，检查隔垫吹扫气路设定值和实际值是否一致，检查分流情况是否正常。

检查进样口胶垫是否密封完好。

(3) 柱箱检查

在工作站或色谱仪面板上，检查柱箱温度设定值和实际温度是否一致，检查载气压力或流量与设定值是否一致。

(4) 检测器检查

在工作站或色谱仪面板上，检查 FID 火焰情况，检查检测器温度设定值和实际值是否一致，检查检测器空气、尾吹等各路气体流量与设定值是否一致。

(5) 检查工作站

检查工作站在用方法是否是正确的分析方法，检查工作站与色谱仪连接是否正常，检查基线电平是否在合适范围内，检查工作站(或色谱仪上)Ready 灯是否准备好。

(6) 记录与判断

将检查结果记录在表 1-4-1 中。

表 1-4-1　试验结果记录表

检查项目	设定值	实际值	检查项目	设定值	实际值

根据所检查的色谱仪数据情况，判断色谱仪是否工作正常。

三、给您提个醒

现代色谱仪各项参数一般都可以从色谱仪面板或者工作站两个地方查看，在数据连接正常的情况下，检查一处即可。

四、请您想一想

① 如果色谱仪配备了其他检测器和附属设备，如 TCD、FPD 等，会有哪些检查项目与带有 FID 的色谱仪不同？

② 如果色谱仪是老式非数字控制色谱仪，您需要检查哪些工作状态？

③ 很多色谱仪上有状态按钮，从这里可以看到所有未就绪的参数情况。您知道您所用的色谱仪，这个按钮或类似的按钮在哪里吗？

4.1.2　色谱仪参数的设置和变更

色谱仪可能因误操作等原因，导致参数实际设定值与方法规定的数值发生偏离。通过检查，发现色谱仪状态有问题时，应该及时合理地对主要参数进行变更，恢复色谱仪正常的状态。

一、培训准备

（1）理论准备

了解色谱的基本结构和分析原理；掌握色谱仪的简单操作方法。

（2）仪器准备

带有 FID（氢火焰离子化检测器）/注射器进样口的色谱仪、工作站。

（3）建议参数

柱前压　200kPa；　　氢气压力　50kPa；　　空气压力　50kPa；

进样口温度　120℃；　　柱箱温度　80℃；　　检测器温度 160℃。

二、操作步骤

（1）色谱气源情况检查与调整

检查所有气体压力情况，确认实际压力与方法要求的设定值是否一致。若不一致需进行调整，包括载气（如 N_2、He 等）和辅助气（空气、氢气等）。

（2）进样口检查与调整

检查进样口温度设定值和方法要求是否一致，并对不一致的进行调整。

（3）柱箱检查与调整

检查柱箱温度设定值和方法要求是否一致，并对不一致的进行调整。

（4）检测器检查与调整

检查检测器温度、气体压力或流量的设定值和方法要求是否一致，并对不一致的进行调整。

注意：在现代数控色谱仪上，参数调整应该从工作站上进行调整，并将修正后的参数存盘后发送到色谱仪。直接在色谱仪面板上调整参数是不正确的。

(5) 记录

将检查变更结果记录在表 1-4-2 中。

表 1-4-2 试验条件变更记录表

检查项目	原设定值	实际值	新设定值	改后实际值	备注

三、请您想一想

① 更改不同的设定值后，色谱仪的稳定时间是不同的。哪些设定值改变以后，需要的稳定时间比较长？

② 色谱仪的工作参数是可以存盘到相应文件的，您知道怎么把当前色谱参数保存到一个备份文件中，并复制到其他目录下进行保存吗？

③ 从备份参数文件可以快速恢复色谱仪各项参数设定值从当前值到备份值，您知道如何调用色谱备份参数文件吗？

4.1.3 升温程序的建立

在很多情况下，色谱仪需要程序升温。合适的升温程序可以缩短分析时间，减小保留时间长的组分的峰宽，从而提高检测灵敏度。在毛细管色谱上，程序升温被广泛应用。

一、培训准备

(1) 理论准备

了解程序升温的基本原理；掌握色谱仪的程序升温应用。

(2) 仪器准备

色谱仪、工作站。

二、操作步骤

(1) 分析方法的阅读

仔细阅读分析方法中的升温曲线，确认各个升温程序参数，如图 1-4-1 所示。

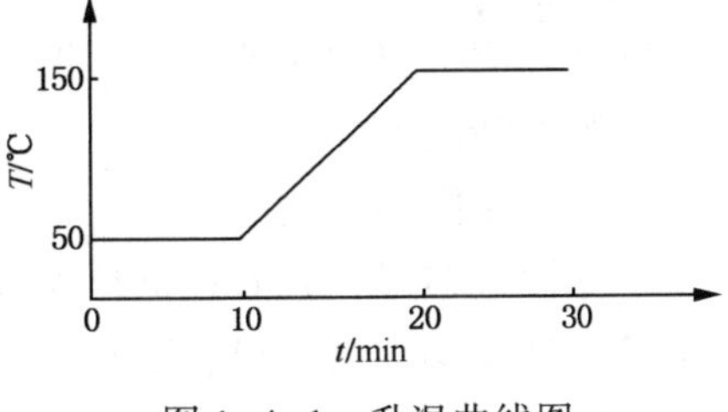

图 1-4-1 升温曲线图

(2) 建立升温程序

根据从曲线图得到的参数，重新设定色谱仪柱箱的升温程序。

通常，柱箱温度设定界面在仪器控制界面下的柱箱温度控制页面中。试着找到并改变它，将其设置为图中的温度程序。

(3) 运行检查

运行升温程序，选择合适的时间监视检查色谱仪温度，确认升温情况是否符合设定。

在很多先进色谱仪中，输出信号可以选择柱箱温度。试着让色谱仪输出柱箱温度信号，并据此判断柱箱升温情况是否与设定情况一致。将升温程序检查结果记录在表 1-4-3 中。

表 1-4-3 升温程序检查记录表

检查时间	设定温度	实际值	检查时间	设定温度	实际值

三、给您提个醒

如果色谱仪设定有其他时间程序，也将在按下[START]时同时被执行。

相同的色谱柱，在不同样品的情况下可能设定的升温程序也是不同的。在实际工作中，可以根据样品的分离情况，适当调整程序升温的各个设定值。

四、请您想一想

对于不同型号的色谱仪，允许的最大升温速度和升温阶数是不同的。您所应用的色谱仪，允许值是多少？

4.1.4 色谱气路图的绘制

色谱气路图是说明色谱载气和色谱样品组分在色谱仪内流动经历的示意图，如图1-4-2所示。通过它可以快速了解色谱仪的气路连接方式和色谱样品组分分离流程。每台调试完成，开始正式使用的色谱仪，都应留有绘制清晰的色谱气路图供查阅。

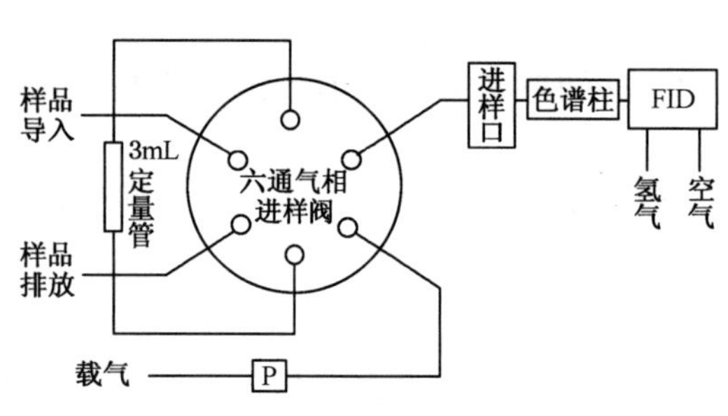

图 1-4-2 普通 FID 六通气相进样色谱气路图

一、培训准备

（1）理论准备

了解色谱的基本结构和分析原理；掌握色谱气路图的阅读、绘制方法。

（2）仪器准备

色谱仪。

二、操作步骤

（1）色谱气源检查

确认色谱仪供气气源数量和种类，以及气体纯化过程。

（2）色谱主机检查

确认色谱气路中主要部件情况，包括进样口方式、阀门、色谱柱数目、色谱柱的连接情况、检测器情况等。

（3）气路图的绘制

根据检查结果，查看色谱仪实际管路连接，绘制色谱气路图。气源、压力或流量控制、定量管、进样阀、进样口、吹扫气路、辅助气路、色谱柱、检测器等主要部件绘制应清晰明确，位置正确。

三、给您提个醒

① 现代色谱仪定量管是安装在阀箱内的，还有一些部件可能也无法直接从色谱仪外部看到。

② 对于复杂气路色谱，绘制完成色谱气路图时，可以参考色谱仪原配气路图进行对比，或者根据分析具体应用情况，与现场色谱仪上能够看到的部件进行对比，分析确定无法看到的部分部件。

四、请您想一想

① 阅读图 1-4-3 所示十通阀预切气路，判断十通阀处于不同位置时各色谱柱内载气的流动方向，确认预切的实现方式。

② 阅读图 1-4-4 所示六通阀气路，这里的六通阀起到了什么作用？

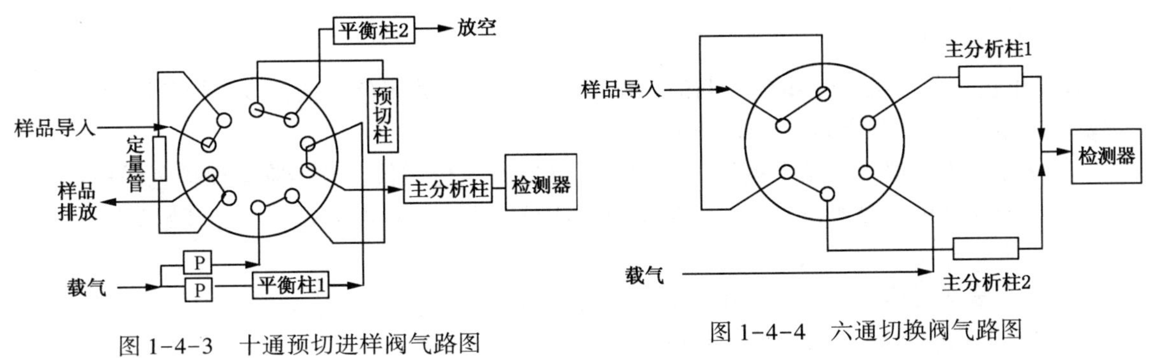

图 1-4-3　十通预切进样阀气路图　　　　图 1-4-4　六通切换阀气路图

4.1.5　色谱仪的开机和停机操作

色谱仪是一个精密的大型分析仪器，在操作中应注意加以保护，避免误操作给仪器带来损害。在开机、关机及各种特殊情况下，采用合理的操作方法，可以有效地延长色谱仪主机和色谱柱等部件的使用寿命。

一、培训准备

(1) 理论准备

了解色谱的基本结构和分析原理；掌握色谱仪的开机和停机操作方法。

(2) 仪器准备

带有 FID(氢火焰离子化检测器)/进样口的色谱仪、工作站。

二、操作步骤

(1) 色谱仪的正常开机操作

按照下面的步骤进行开机操作：

① 检查色谱仪载气气源压力是否已经正常；

② 检查色谱仪各电源开关是否均处于关闭状态；

③ 打开色谱仪总电源开关；

④ 打开色谱仪工作站电脑开关，待工作站电脑启动后，运行色谱仪工作站软件，检查工作站与色谱仪是否正常连接；

⑤ 在工作站上调用准备好的分析方法，检查相关参数是否正确，并下传至色谱仪；

⑥ 等待色谱仪各个部位状态就绪；

⑦ 各部位状态均已经就绪后，通过工作站对 FID 进行点火；

⑧ 点火成功后，检查色谱基线状态是否正常；

⑨ 检查工作站数据处理方法是否正确。

(2) 色谱仪的正常关机操作

按照下面的步骤进行关机操作：

① 在工作站上调用事先准备好的关机方法，并下传至色谱仪；

② 确认 FID 氢气供给是否正确切断，火焰已经熄灭；

③ 确认色谱仪柱箱、检测器、进样口等温度设定值正确，并开始降温；

④ 等待各个色谱仪部位降温到合理温度后，关闭色谱仪工作站软件，关闭色谱仪工作站电脑；

⑤ 关闭色谱仪主机电源开关；

⑥ 切断各路载气供给。

(3) 紧急停机

在发生色谱供气停止或供电中断的情况下，都应紧急关闭色谱仪，以保护色谱仪。当发生载气供气停止时，按照以下步骤处理：

① 立即在色谱仪工作站上调用关机程序，并下传至色谱仪，开始降温保护色谱柱；

② 检查氢气供给是否正确停止，FID 是否已经熄灭，柱箱温度是否已经开始降温；

③ 设法立即恢复载气供给；

④ 若无法恢复载气供给，按正常关机步骤关机。

当发生供电中断时，按照以下步骤处理：

① 马上关闭色谱仪电源开关；

② 马上关闭工作站电源开关；

③ 关闭氢气等危险气体供给，防止发生泄漏，产生危险；

④ 保持惰性载气供给，打开柱箱门使色谱仪降温，确认温度已经降到合理值后，停止载气供给；

⑤ 供电恢复平稳后，按正常开机步骤开机。

三、给您提个醒

① 色谱仪工作站上应该备有设置好的关机方法，以备必要时调用，方法中应注意设置好 FID 熄火、TCD 关闭桥流、柱箱温度降温、进样口温度降温、检测器温度降温等各项关机应注意的事项，并存储在合理目录下，以便可以非常方便地进行调用。

② 长时间关闭的色谱仪，刚刚打开氢气供给的时候，可能因管线内充满空气而出现点火困难，可以在管线末端进行放气，或进行充泄压置换后，再多进行几次点火。

③ 工作站软件时刻与色谱仪进行数据通信，与色谱仪失去连接就会报错，开关工作站软件时应保证色谱仪已经处于开机状态。因此开色谱仪时应先开色谱仪主机电源，再运行工作站软件；关闭色谱仪时应先关闭工作站软件，再关闭色谱仪主机电源。

四、请您想一想

为什么一般都要在色谱仪降温后才停止载气的供给？

4.2 数据处理

4.2.1 色谱峰面积的测量

现代色谱仪并不需要手动测量峰面积，但掌握与色谱峰有关的各项术语和测量峰面积的方法，有助于理解数据处理机或工作站的工作模式，明确各个峰计算参数的实际意义和如何设定合理的数值。

一、培训准备

(1) 理论准备

了解色谱分析基本原理及与色谱图相关的术语知识，掌握色谱峰面积的测量方法。

(2) 仪器准备

色谱仪、工作站、直尺。

(3) 其他准备

乙醇/乙酸乙酯/乙酸丙酯混合样品(或其他三组分，可完全分离、面积接近的样品)。

参考色谱图(图 1-4-5)。

二、操作步骤

① 正确地将样品进样到色谱仪，获得峰形良好的色谱图，记录各组分峰的积分面积。

② 标注峰起点、保留时间、峰高、半峰宽等，了解这些术语在谱图上的实际意义。

③ 在工作站上放大谱图，利用谱图标尺，采用三角形法测量并计算色谱峰面积，记录在表 1-4-4 中。

④ 计算三组分手动测量数据和工作站积分数据的面积比，粗算手动测量的偏差。

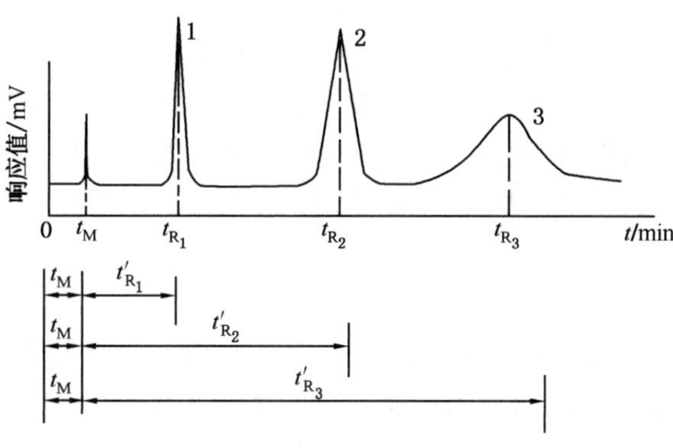

图 1-4-5 色谱图

t_M—死时间；t_R—峰的保留时间；t'_R—峰的调整保留时间

表 1-4-4 试验结果记录

	色谱峰 1	色谱峰 2	色谱峰 3	2/1	3/1
积分值					
手动测量值					
相对偏差					

三、请您想一想

手动测量峰面积还有哪些其他方法？怎么测量？

4.2.2 工作站积分参数的设置

工作站的类型很多，但绝大多数采用一阶导数法判断峰起始。对于这样的数据处理机，尽管不同型号的参数名称不同，却都有着相类似的处理方法。

通常这类主要使用两个参数进行色谱峰起点终点识别并进行积分计算，即数据处理时间间隔参数：峰宽 Width(部分型号此参数为半峰宽等)；峰起始阈值参数：阈值 Slope(部分工作站可能用其他名称，甚至对峰起点和终点可设置不同的阈值)。

一、培训准备

(1) 理论准备

了解工作站数据采集和峰处理基本常识；掌握工作站简单操作方法。

(2) 仪器准备

色谱仪、工作站。

(3) 样品准备

乙醇/乙酸乙酯/乙酸丙酯混合样品(或其他三组分，可完全分离、面积接近的样品)。

二、操作步骤

(1) 准备

查看工作站说明书，了解各个参数的意义和设置界面、设置方法。

(2) 数据采集试验

确认工作站上数据采集的参数设置页面(一般在检测器控制页面下)，试着在数据采集间隔(或采集频率)下分析样品，查看色谱图和积分值的变化情况。试验完成后恢复原来的设定值。

（3）峰处理参数试验

找到数据处理参数页面，找到积分参数设置的位置，查看峰宽 Width（采样频率）、阈值 Slope（斜率）、漂移 Drift、最小峰面积 Min. Area，加倍时间 T. Dbl 和停止时间 Stop. TM 等参数的设定键位置，确认并抄下原有的设定值。试着调用已有的分析谱图，通过改变这些参数的值，特别是峰宽和阈值，查看并记录改变后的峰面积积分结果。最终恢复这些参数的原有设定值。

（4）计算参数试验

找到并检查工作站上原有的结果计算方法，尝试改变计算方法为内标法，试着输入内标物质量 IS. WT 和样品质量 SPL. WT 的值。尝试改变计算方法为百分比法（归一化法）。最终恢复这些参数的原有设定值。

三、给您提个醒

① 保存原有的分析方法时，在保存色谱仪工作参数的同时，也保存了这些峰处理参数。因此，可以通过调用保存好的分析方法，快速恢复这些参数值为原始值。

② 改变参数后，按下了方法保存按钮，则当前参数就会被保存到当前分析方法中，替换掉原有参数值。

四、请您想一想

① 如果在改变参数后，不慎按下了方法保存按钮，应该如何快速恢复参数值？

② 如何才能在不知道方法是否被人更改了的时候，快速恢复自己原来调试好的参数值？

4.2.3 面积归一化法在色谱分析中的应用

面积归一化法是色谱分析最常用的计算方法，它可以有效地减少进样量偏差带来的误差，同时也可以在没有标准样品的情况下得到分析结果。掌握了面积归一化法，可以进一步加强对其他归一化法的掌握。

一、培训准备

（1）理论准备

掌握面积归一化法的原理及面积归一化法的应用。

（2）仪器准备

色谱仪、工作站。

（3）样品准备

色谱未知样品。

二、操作步骤

（1）检查、确认色谱仪状态。

（2）分析未知样品 3 次，通过工作站找到并在表 1-4-5 中记录各组分峰面积，然后手动用面积归一化法（部分色谱工作站称为百分比法）计算各组分含量。

表 1-4-5 试验记录

组分名称		第 1 次	第 2 次	第 3 次	含量平均值
组分 1	面 积				
	含 量				
组分 2	面 积				
	含 量				
组分 3	面 积				
	含 量				

三、请您想一想

① 要具备什么条件才可以采用面积归一化法定量？

② 带校正因子的面积归一化法和面积归一化法有什么异同？

4.2.4 色谱工作曲线的绘制

工作曲线法是色谱外标法定量的一个具体应用。当选用原点作为一个标定点，并选用一个标准样品作为另一个标定点时，就成为一个最简单的单点外标法应用。采用多个标准样品的多点标定的工作曲线法可以在一定程度上消除本底等干扰因素。正确绘制工作曲线是得到正确分析结果的前提条件。如果能够得到不同含量的多个标准样品，采用工作曲线法可以有效地提高分析精度。

一、培训准备

(1) 理论准备

掌握外标法的原理及外标法的计算公式。

(2) 仪器准备

带有 FID(氢火焰离子化检测器)/进样口的色谱仪、工作站。

(3) 其他准备

色谱标准样品 1、色谱标准样品 2。

标准曲线示例见图 1-4-6。

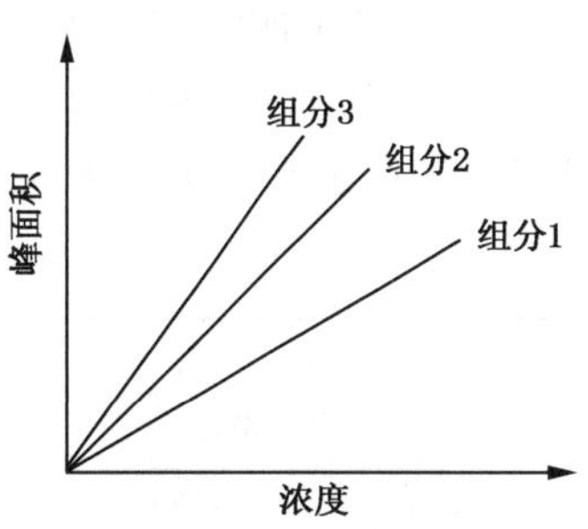

图 1-4-6　工作曲线图

二、操作步骤

① 检查色谱仪，确认色谱仪状态。

② 分析标准样品 1 连续 3 次，在表 1-4-6 中记录峰面积，并计算平均值。

③ 分析标准样品 2 连续 3 次，在表 1-4-6 中记录峰面积，并计算平均值。

④ 绘制标定曲线，并推导计算公式。

表 1-4-6　试验记录

	第 1 次	第 2 次	第 3 次	平均值
标准样品 1				
标准样品 2				

三、请您想一想

① 工作曲线可以采用峰高或者峰面积作为纵坐标，如何选择？

② 在您的工作站上，如何利用工作站快速标定工作曲线？

③ 在您的工作站上，如何直接修改组分的外标法工作曲线斜率(校正因子)？

4.3 受限空间气体含量的测定

受限空间气体含量是装置大修期间最重要的分析项目，样品通常通过气袋采集，并在色谱仪上进行分析。正确测定受限空间气体中的总烃含量和氧气含量对于装置检修安全非常重要，是化验室人员必须掌握的分析项目。要做好受限空间气体含量的测定，必须熟练掌握色谱仪的使用，以及气袋气体进样方法。

一、培训准备

(1) 仪器准备

色谱仪、工作站。

(2) 样品准备

受限空间气体样品气袋。

(3) 其他准备

二、操作步骤

① 从工作站调用正确的测定方法，并下载方法到色谱仪。

② 在控制菜单下启动单次运行，输入正确的样品 ID。如果需要，按下“preRUN”(或“预运行”)按钮，使色谱仪进入分析前准备状态。

③ 将样品气袋连接到色谱仪进样口端，拧开气袋旋钮，挤压气袋并观察积泡器出泡情况，挤压气袋至少 30s。停止挤压气袋，待积泡器停泡后，确认色谱仪处于“ready”(或“就绪”)状态，按动色谱仪上“start”键，完成进样操作。之后，拧紧气袋旋钮。

④ 待第 1 次测定结束后，重复②③操作，完成第 2 次样品平行测定。

⑤在工作站上进行数据处理。放大色谱图，确认色谱峰定性正确，定量方法正确，色谱峰积分参数正确，确认无误后记录测定结果。测定结果记录到表 1-4-7 中。

表 1-4-7 试验结果记录

	第 1 次	第 2 次	平均值
氧气含量/%(体积分数)			
可燃气含量/%(体积分数)			

三、给您提个醒

① 不同厂家不同型号色谱仪操作可能不同，具体操作需要根据实际色谱仪使用要求进行调整。

② 进样操作过程中要做好个人安全防护。

四、请您想一想

① 气袋的进样操作为什么一定要在积泡器停泡之后才能开始？

② 这个测定的色谱定量方法是哪种方法？能采用其他方法吗？

③ 进行数据处理时要注意哪几个关键点？

第5章　油品分析

5.1　密度测定

密度是石油产品的基本理化性质之一，密度的测定方法有密度计法(GB/T 1884—2000)、U形振动管法(SH/T 0604—2000)等。

5.1.1　密度计法测定液体石油产品密度

一、培训准备

(1) 理论准备

掌握液体石油产品性能基础知识和密度的定义，以及测定原理。

(2) 仪器准备

密度计量筒、密度计(技术要求见表1-5-1)、恒温浴、温度计(技术要求见表1-5-2)。

表1-5-1　密度计技术要求

型　　号	单　　位	密度范围	每支单位	刻度间隔	最大刻度误差	弯月面修正值
SY-02	kg/m^3(20℃)	600~1100	20	0.2	±0.2	+0.3
SY-05		600~1100	50	0.5	±0.3	+0.7
SY-10		600~1100	50	1.0	±0.6	+1.4

表1-5-2　温度计技术要求

范围/℃	刻度间隔	最大误差范围	范围/℃	刻度间隔	最大误差范围
-1~38	0.1	±0.1	-20~102	0.2	±0.15

二、操作步骤

(1) 测定

① 把试样转移到量筒中。

② 除去试样表面上形成的所有气泡。

③ 用温度计做垂直旋转运动搅拌，使整个量筒中试样的密度和温度达到均匀。记录温度精确到0.1℃。

④ 把合适的密度计放入液体中，达到平衡位置时放开，让密度计自由地漂浮，要注意避免弄湿液面以上的干管。

⑤ 对透明低黏度液体，将密度计压入液体中约两个刻度，再放开。

⑥ 要有充分的时间让密度计静止，并让所有气泡升到表面。

⑦ 读取密度计刻度值，读数精确到最近刻度间隔的1/5刻度值。

⑧ 记录密度计读数后，立即小心地取出密度计，并用温度计垂直地搅拌试样。记录温度精确到0.1℃，如这个温度与开始试验温度相差大于0.5℃，应重新读取密度计和温度计读数，直至温度变化值稳定在±0.5℃范围以内。

(2) 计算

① 对观察到的密度计读数作有关修正后，记录到0.1kg/m^3。

② 按不同试验油品，用 GB/T 1885 中的表 59A、表 59B 或表 59D 把修正后的密度计读数换算到 20℃下标准密度。

（3）报告

密度最终结果报告到 0.1kg/m³(0.0001g/cm³)，20℃。

三、给您提个醒

密度计在使用前必须全部擦拭干净，擦拭后不要再握最高分度线以下各部，以免影响计数。

四、请您想一想

① 把密度计放入样品量筒时应怎样正确操作？

② 密度计法的适用范围是什么？

③ 如何正确读数？

④ 测量过程中对温度有哪些要求？

⑤ 用密度计测定黏度大的石油产品密度时该怎么测量更好？

5.1.2 U 形振动管法测定原油和石油产品密度

一、培训准备

（1）理论准备

掌握液体石油产品性能基础知识及 U 形振动管法的测定原理。

（2）仪器准备

密度测定仪、均化器。

（3）试剂准备

过硫酸铵、标定液体。

二、操作步骤

（1）准备

样品应符合以下要求：轻组分损失最小；样品温度高于按 GB/T 3535—2006 测定的样品倾点 20℃。

（2）测定

① 当试样管用环境空气充满时，检查密度计读数，并与标定时达到的标准值进行比较，确认密度计读数在其最小有效数字±1 范围内。如果读数超差，应重新标定密度计。

② 用合适的注射器把试样注入试样管中，按说明书中要求充满试样管。当进行重油馏分试验时，应把注射器加热到高于倾点 20℃以上。

③ 当密度计显示的密度读数稳定在 0.1kg/m³或振动周期达到五位有效数字时，记录显示的数字，试样管的温度值精确至 0.1℃。

④ 如果试样中含有很细的悬浮水滴，当达到热平衡后，立即观察密度。

（3）计算

如果密度计显示的是振动周期，由观察到的试样管的振动周期，按制造厂说明书计算样品的密度。

首先按下列公式进行玻璃密度计膨胀系数修正，再把密度换算到标准温度下的密度。

当标准温度为 20℃时

$$系数=1-0.000023(t-20)-0.00000002(t-20)^2$$

式中　t——试验温度，℃。

由观察密度乘以该系数的倒数得到修正后密度。

当标准温度为15℃时

$$系数=1-0.000023(t-15)-0.00000002(t-15)^2$$

式中　t——试验温度，℃。

由观察密度乘以该系数的倒数得到修正后密度。

（4）报告

密度最终测定结果精确至0.1kg/m³。

三、给您提个醒

样品的采样方法及注意事项。

四、请您想一想

① 本方法的适用范围是什么？

② 当使用水和空气时应符合哪些条件？

③ 本方法对试验样品有什么要求？

④ 本方法对试验温度有什么要求？

5.2　水分测定

在石油及石油产品中，水的存在有三种形式：悬浮水、乳化水和溶解水。石油产品水含量测定方法包括蒸馏法(GB/T 260—2016)、卡尔·费休试剂法等。本节主要介绍蒸馏法。

一、培训准备

（1）理论准备

掌握液体石油产品性能基础知识及水分的测定原理。

（2）仪器准备

水分测定器(图1-5-1)。

（3）试剂准备

溶剂、无釉瓷片、浮石。

二、操作步骤

（1）试验

① 根据试样类型，量取适量的试样，准确至±1%，按要求转入蒸馏瓶中。

② 对流动的液体试样，用量筒量取适量的试样。用一份50mL和两份25mL选好的抽提溶剂，分次冲洗量筒，将试样全部转移到蒸馏瓶中。在试样倒入蒸馏瓶后或每次冲洗后，应将量筒完全沥净。

③ 按图1-5-1组装蒸馏装置，通过估算样品中的水含量，选择适当的接收器，确保蒸汽和液体相接处的密封。冷凝管及接收器需清洗干净，以确保蒸出的水不会粘到管壁上，而全部流入接收器底部。在冷凝管顶部塞入松散的棉花，以防止大气中的湿气进入。在冷凝管的夹套中通入循环冷却水。

④ 加热蒸馏瓶，调整试样沸腾速度，使冷凝管中冷凝液的馏出速率为2~9滴/s。继续蒸馏至蒸馏装置中不再有水(接收器内除外)，接收器中的水体积在5min内保持不变。如果冷凝管上有水环，小心提高蒸馏速率，或将冷凝水的循环关掉几分钟。

⑤ 待接收器冷却至室温后，用玻璃棒或聚四氟乙烯棒，或其他合适的工具将冷凝管和接收器壁黏附的水分拨移至水层中。读出收集水的体积，精确至刻度值。

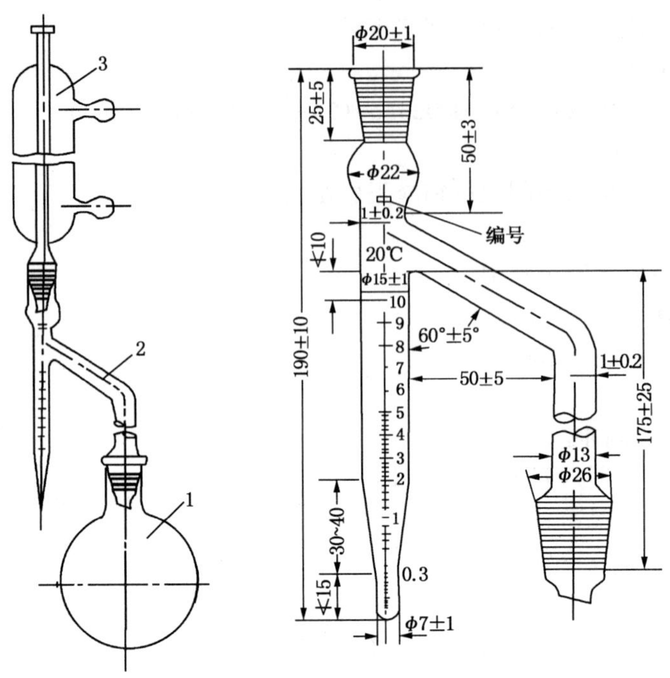

图 1-5-1　水分测定器

1—圆底烧瓶；2—接收器；3—冷凝管

（2）计算

根据试样的量取方式，按下式计算水在试样中的体积分数 φ(%)或质量分数 w(%)。

$$\varphi=\frac{V_1}{V_0}\times100\%$$

$$\varphi=\frac{V_1}{m/\rho}\times100\%$$

$$w=\frac{V_1\rho_{水}}{m}\times100\%$$

式中　V_0——试样的体积，mL；

V_1——测定试样时接收器中的水分，mL；

m——试样的质量，g；

ρ——试样 20℃ 的密度，g/cm^3；

$\rho_{水}$——水的密度，取值为 1.00g/cm^3。

注：试样中如果存在挥发性水溶性物质，也会以水的形式测定出来。

（3）报告

① 报告水含量结果以体积分数或质量分数表示。

② 对 100mL 或 100g 的试样，若使用 2mL 或 5mL 的接收器，报告水含量的测定结果精确至 0.05%；若使用 10mL 或 25mL 的接收器，则报告结果精确至 0.1%。

③ 使用 10mL 精密锥形接收器时，水含量小于或等于 0.3%时，报告水含量的测定结果精确至 0.03%；水含量大于 0.3%时，则报告结果精确至 0.1%。试样的水含量小于 0.03%，结果报告为“痕迹”。

在仪器拆卸后接收器中没有水存在，结果报告为“无”。

三、给您提个醒

试样必须有代表性，测定前要混合均匀。

四、请您想一想

① 蒸馏法是一种常量测定法，测定含水量的下限是多少？

② 仪器的正确装配方法是什么？

③ 该试验对溶剂有哪些要求？

④ 回流速度的控制与终点判断的关系如何？

⑤ 如何正确读数？

⑥ 加入溶剂的作用是什么？

5.3 颜色测定

石油产品的颜色主要是由强染色能力的中性胶质所致。通常直馏汽油、直馏柴油和航煤是无色透明的。二次加工的油品的颜色，主要是由不饱和烃和非烃氧化聚合所生成的胶质所致。测定石油产品颜色的方法主要有石油产品颜色测定法(GB/T 6540—1986)、芳烃酸洗试验法(GB/T 2012—1989)、赛波特比色计法(GB/T 3555—2022)。

5.3.1 石油产品颜色测定

一、培训准备

(1) 理论准备

掌握液体石油产品性能基础知识及颜色测定原理。

(2) 仪器准备

比色仪、试样容器、试样容器盖。

(3) 试剂准备

稀释剂。

二、操作步骤

(1) 准备

① 将样品倒入试样容器至 50mm 以上的深度，观察颜色。如果试样不清晰，可加热，在加热温度下测其颜色。

② 将石油蜡(包括软蜡)样品，加热到高于蜡熔点 11~17℃，并在此温度下测定其颜色。

(2) 试验步骤

① 把蒸馏水注入试样容器 1 内，至 50mm 以上的高度，将试样容器 1 放在比色计的格室内；再将装试样的试样容器 2 放进另一格室内，盖上塞子。

② 接通光源。确定和试样颜色相同的标准玻璃比色板号，当不能完全相同时，就采用相邻颜色较深的标准玻璃比色板号。

(3) 报告

① 与试样颜色相同的标准玻璃比色板号作为试样颜色的色号。

②如果试样的颜色居于两个标准玻璃比色板之间，则报告较深的玻璃比色板号，并在色号前面加“小于”。

③ 如果试样用煤油稀释，则在报告混合物颜色的色号后面加上“稀释”两字。

④ 当试样的颜色深于 8 号时，则报告“大于 8 号”。

三、给您提个醒

注意作稀释剂的煤油的颜色。

四、请您想一想

① 本方法适用于哪些石油产品?

② 样品应如何处理?

③ 如何正确报告结果?

5.3.2 芳烃酸洗比色的测定

一、培训准备

(1) 理论准备

掌握酸洗比色相关知识及芳烃的相关性质。

(2) 仪器准备

具塞比色管、水浴。

二、操作步骤

(1) 准备

配制储备稀酸溶液、硫酸溶液、储备重铬酸钾溶液、标准比色液。

(2) 试验步骤

① 将经过滤的试样注入比色管,至下刻度线。盖上塞子,置于(20±1)℃的水浴中。用一个合适的容器,放入一定量的95%硫酸,置于水浴中,直至其达到水浴的温度。然后再将95%硫酸注入比色管中,使内含物的液面达到上刻度线。盖好塞子,剧烈振荡比色管(120±5)s。

② 将比色管放回水浴,静置(600±5)s,然后立即在良好的光线下,将比色管中酸层颜色与上述比色管中的标准比色液相比较,记录对应的标准比色液中重铬酸钾含量(表1-5-3)。目测比色时,比色管后面最好衬有白纸,以免受外界光线的影响。

表1-5-3 标准比色液配制表

标准比色液中重铬酸钾含量/(g/L)	储备重铬酸钾溶液加入量/mL	储备稀酸溶液加入量/mL	标准比色液中重铬酸钾含量/(g/L)	储备重铬酸钾溶液加入量/mL	储备稀酸溶液加入量/mL
0.05	1.00	99	0.70	14.00	86
0.10	2.00	98	0.80	16.00	84
0.15	3.00	97	0.90	18.00	82
0.20	4.00	96	1.00	20.00	80
0.25	5.00	95	1.50	30.00	70
0.30	6.00	94	2.00	40.00	60
0.40	8.00	92	3.00	60.00	40
0.50	10.00	90	4.00	80.00	20
0.60	12.00	88	5.00	100.00	0

(3) 报告

报告结果有四种:浅于产品标准规定的标准比色液;等于产品标准规定的标准比色液;深于产品标准规定的标准比色液,但在精密度的误差范围以内;深于产品标准规定的标准比色液。根据以上四种结果,报告所测样品属于哪类。

三、给您提个醒

配制比色液时,应特别注意,不得沾染有机物质或其他有色杂质。

四、请您想一想

① 标准比色液应如何配制?

② 目测比色有何要求？

③ 如何正确报告结果？

5.3.3 赛波特比色计法测定石油产品色度

一、培训准备

(1) 理论准备

掌握石油产品颜色的相关知识及赛波特比色计法的测定原理。

(2) 仪器准备

赛波特比色计。

二、操作步骤

(1) 准备

当试样浑浊时，可用多层的定性滤纸过滤，直至透明。

(2) 试验步骤

测定精制轻质油品和白油的色度。

① 先用部分试样冲洗试样管，并使管中试样完全流出，将试样缓慢注满试样管。如有气泡，要用玻璃棒将其排出。

② 用一片整厚标准色板与试样比色。如试样颜色浅于标准色板，则调换半厚标准色板代替整厚标准色板进行比色；若试样的液柱高度在刻度 6.25 处的颜色比一片整厚标准色板深，则换成两片整厚标准色板。

表 1-5-4 赛波特颜色号与试样的液柱高度对照表

标准色板	试样的液柱高度		赛波特颜色号	标准色板	试样的液柱高度		赛波特颜色号
	in	mm			in	mm	
半厚板 1 片	20.00	508	+30	整厚板 2 片	6.25	158	+7
	18.00	457	+29		6.00	152	+6
	16.00	406	+28		5.75	146	+5
	14.00	355	+27		5.50	139	+4
	12.00	304	+26		5.25	133	+3
					5.00	127	+2
整厚板 1 片	20.00	508	+25		4.75	120	+1
	18.00	457	+24		4.50	114	0
	16.00	406	+23		4.25	107	-1
	14.00	355	+22		4.00	101	-2
	12.00	304	+21		3.75	95	-3
	10.75	273	+20		3.625	92	-4
	9.50	241	+19		3.50	88	-5
	8.25	209	+18		3.375	85	-6
	7.25	184	+17		3.25	82	-7
	6.25	158	+16		3.125	79	-8
					3.00	76	-9
整厚板 2 片	10.50	266	+15		2.875	73	-10
	9.75	247	+14		2.75	69	-11
	9.00	228	+13		2.625	66	-12
	8.25	209	+12		2.50	63	-13
	7.75	196	+11		2.375	60	-14
	7.25	184	+10		2.25	57	-15
	6.75	171	+9		2.125	53	-16
	6.50	165	+8				

③ 选定标准色板后，调整试样的液柱高度，使试样的颜色深于标准色板，按表1-5-4中试样的液柱高度排放试样，排放至表1-5-4中选定的标准色板所对应的最接近的试样的液柱高度。如试样仍然较深，则排放至表1-5-4中规定的试样的下一个液柱高度进行比色，重复这一操作，直至试样的颜色与标准色板最接近。确定这点后再排放试样至表1-5-4中规定的试样的下一个液柱高度。当试样的颜色确认无疑地浅于标准色板时，记录试样的上一个液柱高度相对应的赛波特颜色号。

（3）报告

报告所记录的颜色号应注明“赛波特颜色号××”。如果试样经过滤，需写明“试样过滤”字样。

三、给您提个醒

当一根玻璃管破损时，需更换一对颜色匹配的玻璃管。

四、请您想一想

① 本方法适用于哪些石油产品？

② 仪器校正应如何进行？

③ 本方法对结果的重复性有什么要求？

5.4 苯结晶点测定

一、培训准备

理论准备

掌握苯的基础知识及结晶点的定义和测定原理。

二、操作步骤

（1）准备

① 在小试管口上装一软木塞，在软木塞中间打一个孔，将温度计插入孔中，在插温度计的孔旁再打一个小孔，将搅拌器杆穿过小孔中。

② 在大试管口上装一软木塞，软木塞中间打一与小试管相配的孔，将小试管插入孔中，直插至管口与软木塞上边缘齐平，并使两管中心线相重合。

③ 在冷浴中装好碎冰。

（2）测定

① 将混合均匀的试样倾入小试管中至刻线，用滴管加入蒸馏水一滴，剧烈摇动半分钟，把带有温度计和搅拌器的软木塞插入小试管，并调节温度计4.0~4.4℃处的刻线与软木塞的上边缘齐平，温度计的水银球在试管的中心，温度计水银球的下边缘距小试管底约8~10mm。

② 把装好试样和温度计的小试管直接插入预先装好碎冰的冷浴中，在不断搅拌下冷却小试管内的试样至6℃时，立即从冷浴中取出，擦干小试管外壁上的水迹，迅速将其插入大试管中，再一并插入冷浴，继续冷却。

③ 继续不断搅拌试样，注意观察温度读数待温度下降至一最低点，然后又升高至一最高点，并在最高点恒定不少于30s，随后又继续下降。记录最高点的恒定温度，此点温度即为含水试样结晶点。读取温度时，读准至0.01℃。

④ 测定的试样是含水的苯，将测得的结果按下式补正，换算成不含水试样结晶点报出。

$$t = t_0 + \Delta t_1 + \Delta t_2 + 0.09$$

其中 $$\Delta t_2 = 0.00016H(t_0 - t_B)$$

式中 t——不含水试样结晶点,℃;

t_0——观察所得读数,℃;

Δt_1——温度计本身校正值，按校正表进行补正,℃;

Δt_2——汞柱外露部分的温度校正值,℃;

0.09——含水试样换算为不含水试样的校正值,℃;

t_B——由辅助温度计观察所得在软木塞以上汞柱中段附近的温度,℃;

H——温度计露出在软木塞外面部分的汞柱高度，以温度数表示,℃。

(3) 报告

取平行测定两个结果的算术平均值，作为测定结果。

三、给您提个醒

Δt_2小于0.01℃时可以不进行Δt_2的补正，或注明有必要修正时则进行补正。

四、请您想一想

① 如何正确装配仪器?

② 如何正确读数?

③ 如何对结果进行校正?

④ 本方法对结果的重复性有什么要求?

5.5 馏程测定

蒸发性能是液体燃料的重要特性之一，它对油料的储存、输送和使用均有重要影响。油料的蒸发性能通常是通过馏程、蒸气压等指标体现出来。馏程的测定方法有苯类产品馏程测定法(GB/T 3146.1—2010)、蒸发温度测定法(GB/T 6536—2010)、石油产品减压蒸馏测定法(GB/T 9168—1997)等。

5.5.1 苯类产品馏程的测定

一、培训准备

(1) 理论准备

掌握液体石油产品性能基础知识、馏程的定义及测定原理。

(2) 仪器准备

蒸馏瓶、单球分馏管、冷凝管、牛角管、异径量筒、灯罩、石棉环、水银温度计、电炉。

二、操作步骤

(1) 准备

① 试样用固体氢氧化钾脱水不少于5min，用异径量筒准确量取试样100mL，注入蒸馏瓶中。注入蒸馏瓶时试样温度应保持在(20±3)℃。

② 把蒸馏瓶装上单球分馏管，并将温度计插入单球分馏管内，使水银球的中心与单球分馏管球部中心相重合。单球分馏管的支管用软木塞与冷凝管的内管相连接，支管的一半插入冷凝管内。

③ 把石棉环放在灯罩上，蒸馏瓶放在环上，冷凝管固定于铁架上，冷凝管的末端与入

口的落差为100mm，并借助软木塞与牛角管连接，插至牛角管的弯部，牛角管下放置异径量筒，管的尖端插入异径量筒内的深度不应少于25mm，并应保持在标线以上，牛角管尖端须与异径量筒壁接触。

（2）测定

① 记录大气压和室温。加热至初馏点的时间控制为5~10min。在整个蒸馏过程中，流速保持在4~5mL/min。

② 第一滴流出液自冷凝管末端滴下时的温度为初馏点。

③ 调节冷凝管的冷凝水，使异径量筒中的馏出液温度为(20±3)℃。

④ 当馏出液达到96mL时撤火，注意温度上升，其最高温度即为终馏点，撤火3min后，将异径量筒中的馏出液倒入蒸馏瓶中，再倒回异径量筒，测其总体积与100mL之差，记为蒸馏损失。蒸馏损失大于1%时，须对仪器的各连接部分进行检查，使其严密后重新进行试验。

⑤ 当异径量筒中馏出液的体积达到技术标准所指定的百分数时，就立即读记馏出温度。

⑥ 观察所记的温度按下式进行补正，即

$$t=t_0+\Delta t_1+\Delta t_2+\Delta t_3$$

其中

$$\Delta t_2=0.00016H(t_0-t_B)$$

$$\Delta t_3=k(760-P)$$

式中 t——补正后的正确温度，℃；

t_0——观察所得读数，℃；

Δt_1——温度计本身校正值，按校正表进行补正，℃；

Δt_2——水银柱外露部分的温度校正值，℃；

Δt_3——大气压影响的补正值，℃；

t_B——由辅助温度计观察所得露在软木塞以上汞柱中段附近的温度，℃；

H——温度计软木塞上露出在外面部分的汞柱高度，以温度数表示，℃；

P——为试验时所在地点的大气压力换算到标准状况下的大气压，Pa。

k 值的计算公式见表1-5-5。

表1-5-5 k 值的计算公式

物　质	P 在79980~106640Pa时的计算公式
苯	$k=0.0427+0.000025(760-P\div133.3)$
甲苯	$k=0.0463+0.000027(760-P\div133.3)$
3℃、5℃、10℃混合二甲苯	$k=0.0493+0.000029(760-P\div133.3)$
乙苯	$k=0.0490+0.000028(760-P\div133.3)$
邻二甲苯	$k=0.0497+0.000029(760-P\div133.3)$
间二甲苯	$k=0.0490+0.000029(760-P\div133.3)$
对二甲苯	$k=0.0492+0.000029(760-P\div133.3)$

（3）报告

取平行测定两个结果的算术平均值，作为试样的馏程测定结果。

三、给您提个醒

控制好升温速度，防止突沸。

四、请您想一想

① 如何正确装配仪器？

② 对蒸馏速度的控制有何要求？

③ 如何对测定结果进行校正？

④ 本方法对结果的重复性有何要求？

5.5.2 石油产品馏程的测定

本节主要介绍石油产品馏程测定法(蒸发温度法)。

一、培训准备

(1) 理论准备

掌握馏程测定的意义和用途及初馏点、终点或终馏点、干点、蒸发百分数的定义。

(2) 仪器准备

蒸馏烧瓶、冷凝器和冷浴、金属罩或围屏、加热器、蒸馏烧瓶支架和支板、量筒、温度测量元件。

二、操作步骤

(1) 准备

① 确定与被测样品相应组的特性，见表 1-5-6。当试验步骤与所属组有关时，在条文的开头应标记出组的顺序号。

表 1-5-6 组的特性

	0 组	1 组	2 组	3 组	4 组
样品特性 馏分类型 蒸气压，37.8℃/kPa(GB/T 8017 方法) 蒸馏，初馏点/℃ 终馏点/℃	天然汽油	≥65.5 ≤250	<65.5 ≤250	<65.5 ≤100 >250	<65.5 >100 >250

② 按 GB/T 4756 和表 1-5-7 所述进行取样。

表 1-5-7 取样

	0 组	1 组	2 组	3 组	4 组
取样瓶的温度/℃	0~4	0~10			
储存样品的温度/℃	0~4	0~10	0~10	室 温	室 温
如果样品含有水	重新取样	重新取样	重新取样	高于倾点 11℃ 进行干燥	高于倾点 11℃ 进行干燥

③ 按表 1-5-8 要求，选择被测样品所需的蒸馏烧瓶、蒸馏烧瓶支板和温度计。

表 1-5-8 仪器的准备

蒸馏烧瓶/mL	100 或 125	125	125	125	125
蒸馏温度计	低温范围	低温范围	低温范围	低温范围	低温范围
蒸馏烧瓶支板孔径/mm	32	38	38	50	50
开始试验时的温度/℃	0~4	13~18	13~18	13~18	不高于室温
蒸馏烧瓶和温度计	不高于室温	不高于室温	不高于室温	不高于室温	—
蒸馏烧瓶支板和金属罩					
量筒和 100mL 试样/℃	0~4	13~18	13~18	13~18	13 至室温

④ 冷浴中介质的液面必须高于冷凝器的最高点。

⑤ 用缠在一根铜丝上的一块软布擦洗冷凝管内的残存液。

⑥ 0 组、1 组、2 组、3 组和 4 组：将温度计紧密地装在取样瓶的颈部，并将样品的温度达到规定的温度。

⑦ 用量筒取 100mL 试样倒入蒸馏瓶中。

⑧ 当用温度计时，水银球应位于蒸馏烧瓶颈部的中央，毛细管的低端与蒸馏烧瓶的支管内壁底部的最高点齐平。

⑨ 将蒸馏烧瓶的支管紧密地装在冷凝管上。将蒸馏烧瓶调整在垂直位置，并使蒸馏烧瓶的支管伸入冷凝管内 25~50mm。

⑩ 将取试样的量筒不经干燥，放入冷凝管下端的量筒冷却浴内，使冷凝管的下端位于量筒的中心，并伸入量筒内至少 25mm，但又不低于 100mL 刻线。

⑪ 记录室温和大气压力。

（2）测定

① 将装有试样的蒸馏烧瓶加热，加入少量沸石，按表 1-5-9 要求调节加热速度。

表 1-5-9　在试验过程中的条件

	0 组	1 组	2 组	3 组	4 组
冷浴的温度/℃	0~1	0~1	0~4	0~4	0~60①
量筒周围浴的温度/℃	0~4	13~18	13~18	13~18	试样温度±3
开始加热到初馏点的时间/min	2~5	5~10	5~10	5~10	5~15
初馏点到 5%回收体积的时间/s	—	60~75	60~75	—	—
初馏点到 10%回收体积的时间/min	3~4	—	—	—	—
从 5%回收体积到蒸馏烧瓶中残留物为 5mL 的冷凝平均速率/(mL/min)	—	4~5	4~5	4~5	4~5
从 10%回收体积到蒸馏烧瓶中残留物为 5mL 的冷凝平均速率/(mL/min)	4~5	—	—	—	—
从蒸馏烧瓶中残留物为 5mL 到终馏点时的时间/min	3~5	3~5	3~5	不大于 5	不大于 5

① 适合的冷浴温度应该取决于试样的蒸馏馏分和蜡含量。应该使用满意操作允许的最低温度。

② 观察和记录初馏点。

③ 调整加热，使从初馏点到 5%或 10%回收体积的时间符合表 1-5-9 规定。

④ 继续调整加热，使从 5%或 10%回收体积到蒸馏烧瓶中 5mL 残留物的冷凝平均速率是每分钟 4~5mL。

⑤ 从初馏点到蒸馏结束这个间隔内，观察和记录用于计算和报告试验结果所需的所有数据。体积要精确至 0.5mL（手动）或 0.1mL（自动），温度要精确至 0.5℃（手动）或 0.1℃（自动）。

0 组：记录初馏点、终馏点和从 10%~90%每 10%回收百分数或回收体积的倍数的温度计读数。

1 组、2 组、3 组和 4 组：记录初馏点、终馏点或干点，或后两种情况，和 5%、15%、85%、95%回收百分数或回收体积及从 10%~90%每 10%回收百分数或回收体积的倍数的温度计读数。

⑥ 当蒸馏烧瓶中的残留液体约为 5mL 时，5mL 液体残留物到终馏点的时间应符合表 1-5-9规定的范围。

⑦ 记录终馏点或干点，并停止加热。

⑧ 在冷凝管继续有液体滴入量筒时，每隔 2min 观察一次冷凝液的体积，直至两次连续观察的体积一致为止。测量体积，并记录。根据所用的仪器，精确至 0. 5mL 或 0. 1mL，报告最大回收百分数。

⑨ 待蒸馏烧瓶已冷却后，将其内容物倒入 5mL 量筒中。

0 组：将量筒冷却至 0～4℃，记录量筒中的液体体积，精确至 0. 1mL，作为残留百分数。

1 组、2 组、3 组和 4 组：记录量筒中的液体体积，精确至 0. 1mL，作为残留百分数。

⑩ 最大回收百分数和残留百分数之和是总回收百分数。从 100%减去总回收百分数得出损失百分数。

（3）计算

① 根据所用仪器要求，记录所有的回收百分数，精确至 0. 5%或 0. 1%。温度计读数精确至 0. 5℃或 0. 1℃。报告大气压力精确至 0. 1 kPa。

② 除特殊规定外，温度计在读数时都应该修正到 101. 3kPa 条件。报告应包括观察的大气压力。

在计算中，观察到的温度计读数应该加上修正值 C(℃)。该值可按以下公式进行计算，然后对每点温度进行修正。

$$C = 0.0009(101.3 - P_k)(273 + t)$$

式中　P_k——试验时大气压力，kPa；

t——观察到的温度计读数,℃。

根据所用的仪器，对温度计读数时的压力条件进行修正，并将修正的结果修约精确至 0. 5℃或 0. 1℃后，才能用于以后的计算和报告。

③ 在温度计读数修正到 101. 3kPa 压力时，真实的(修正后的)损失 L_e(%)也应该按下式修正到 101. 3kPa 条件下，即

$$L_e = AL + B$$

式中　L——从试验数据计算得出的损失百分数,%；

A 和 B——常数。

（4）报告

① 修正后的损失不应该用于计算蒸发百分数。

② 对汽油或其他属于第 1 组或蒸发损失大于 2. 0%的产品，最好是报告温度计读数与蒸发百分数之间的关系。其他产品，则可以报告温度计读数与蒸发百分数或回收百分数(或回收体积)之间的关系。

③ 在规定的温度计读数报告蒸发百分数时，将每个规定的温度计读数的回收百分数加上观察的损失百分数。

蒸发百分数 P_e(%)按下式计算为

$$P_e = P_r + L$$

式中　P_r——回收百分数,%；

L——从试验数据计算得出的损失百分数,%。

④ 报告规定的蒸发百分数时的温度计读数，可以采用计算法或图解法，并在报告中注明。

三、给您提个醒

必须按方法要求严格控制蒸馏速度，这是测定馏程操作中最重要的一项，否则会影响测定结果的精确度。

四、请您想一想

① 本方法适用于哪些石油产品？

② 本方法对结果的重复性有什么要求？

③ 本方法对结果的校正与换算有什么要求？

5.5.3 石油产品减压馏程的测定

一、培训准备

(1) 理论准备

掌握液体石油产品性能基础知识、减压蒸馏的定义及测定原理。

(2) 仪器准备

真空蒸馏仪(图 1-5-2)、蒸馏烧瓶、真空夹套蒸馏柱组合件(图 1-5-3)、铂电阻温度计(PRT)传感器和有关的信号及操作装置、接收器、真空计、压力调节系统、冷阱、低压空气或二氧化碳源、低压氮气源、安全屏或安全罩、冷却剂循环系统。

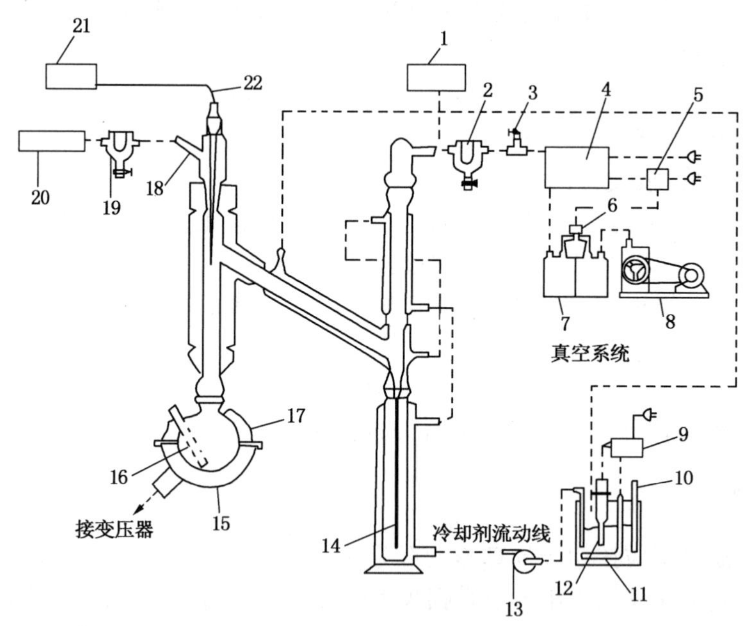

图 1-5-2 真空蒸馏仪的组装

1，20—真空计；2，19—冷阱；3—充压接头；4—压力调节系统；5，9—继电器；6—电磁阀；7—平衡罐；8—真空泵；10—温度计；11—循环液加热器；12—温度调节器；13—循环泵；14—滴链；15—加热套；16—温度计套管；17—保温层；18—温度传感器或真空接头；21—数字温度指示器；22—铂电阻温度计传感器

二、操作步骤

(1) 准备

① 本试验需要稍多于 200mL 的试样。

② 将脱水后的 200mL 试样装在蒸馏烧瓶中。

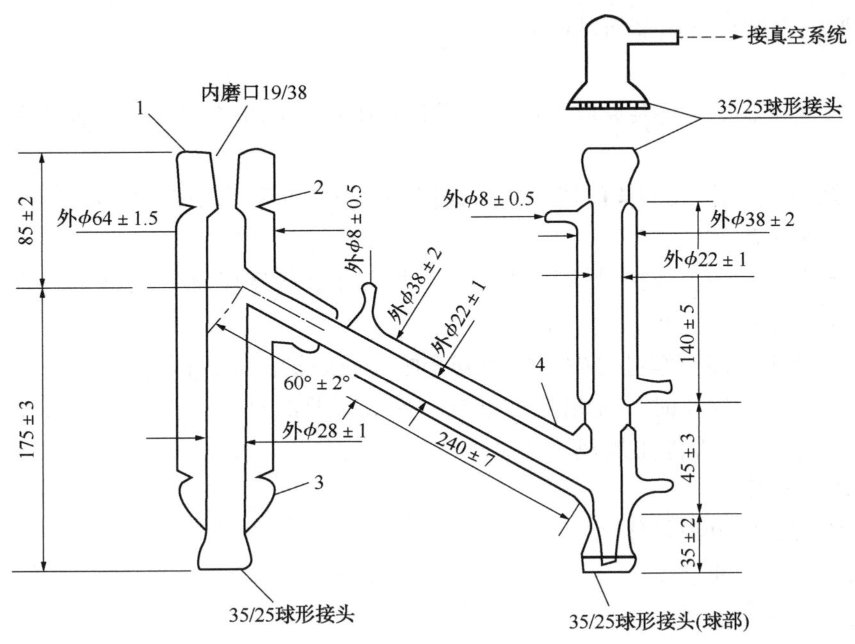

图 1-5-3 真空夹套蒸馏柱组合件

1—蒸馏头；2—膨胀室；3—真空夹套(镀银，有 2~3mm 宽窗口)；4—冷凝器

③ 在接收器温度下，用方法 GB/T 1884 测得样品的密度。

④ 样品在装进蒸馏烧瓶前应完全呈液态。

(2) 测定

① 调整冷凝器冷却液的温度，使其至少比试验中观测的最低蒸气温度低 30℃。

② 根据样品的密度确定相当于 200mL 试样的质量，精确到 0.1g。称量试样并加入蒸馏烧瓶中，加入少量沸石。

③ 用极少量适当的硅润滑脂涂蒸馏仪器的球形接头。

④ 将蒸馏烧瓶的温度计套管底部放一些硅油，将温度传感器插入底部。

⑤ 启动真空泵，观察蒸馏烧瓶中泡沫标记的容积。如果试样起泡，则可使仪器压力稍微增加直到泡沫退去为止。

⑥ 将仪器抽真空，达到蒸馏所要求的压力为止。

⑦ 压力达到要求后，接通加热器并尽快加热蒸馏烧瓶。一旦蒸馏烧瓶颈部出现蒸气或回流液体，则调整加热速度，使馏出物以 6~8mL/min 的均匀速度流出。

⑧ 当接收器收集初馏点和 5%、10%、20%、30%、40%、50%、60%、70%、80%、90%、95%各回收体积以及终点的馏出物时，记录相应的蒸气温度、时间和压力。如果在蒸馏终点之前观察到液体温度达 400℃或蒸气达到最高温度，则记录蒸气温度和总回收体积，同时停止蒸馏。

⑨ 将蒸馏烧瓶的加热器降低 5~10cm。用温和的空气流或二氧化碳流冷却蒸馏烧瓶和加热器。

⑩ 将安装在真空系统前的冷阱的温度恢复到室温，回收、测量并记录在冷阱内收集的轻质产品的体积。

⑪ 移去接收器，并放置另一个接收器。移去蒸馏烧瓶，再放置一个已装入适量清洗溶

剂的蒸馏烧瓶，在常压下蒸馏清洗装置。

(3) 计算

将观察的蒸气温度读数换算成常压等同温度(AET)。如果有争议，应使用公式。

(4) 报告

报告在接收器中与回收液体的体积百分数相对应的常压等同温度，以摄氏温度取至整数。

三、给您提个醒

① 减压蒸馏装置的各连接处应极其紧密，要有良好的密闭性。在整个测定过程中，残压尽可能保持不变。

② 在进行减压蒸馏操作过程中，应戴安全眼镜或防护面罩，以防意外。

③ 进行减压蒸馏操作时，应先开真空泵，抽成必要的真空，再加热。若在试验过程中真空泵突然停止，应立即停止加热。

四、请您想一想

① 本方法的适用范围是什么?

② 对仪器有什么要求?

③ 如何正确装配仪器?

④ 样品的处理方法是什么?

⑤ 对压力和蒸馏速度的控制有哪些要求?

⑥ 结果应如何换算和校正?

⑦ 本方法对测得结果的重复性有什么要求?

5.6 酸值测定

油品中酸性物质的含量，随原油的性质和油品精制程度不同而变化。当有水分存在时，低分子有机酸会产生强烈的电化腐蚀。经腐蚀生成的金属盐类聚集在油中会堵塞燃油系统，影响发动机的正常运转；还会加速润滑油的氧化变质。

一、培训准备

(1) 理论准备

掌握液体石油产品性能基础知识及酸值的定义及测定原理。

(2) 仪器准备

锥形烧瓶、长约300mm球形回流冷凝管、2mL微量滴定管、水浴。

(3) 试剂准备

氢氧化钾、95%乙醇(分析纯)、碱性蓝6B。

二、操作步骤

(1) 测定

① 用锥形烧瓶称取试样8~10g，称准至0.2g。

② 在另一只锥形烧瓶中，加入95%乙醇50mL，装上回流冷凝管。在不断摇动下，将95%乙醇煮沸5min，除去溶解于95%乙醇内的二氧化碳。在煮沸过的95%乙醇中加入0.5mL碱性蓝6B溶液，趁热用0.05mol/L氢氧化钾乙醇溶液中和，直至溶液由蓝色变成浅红色为止。对未中和就已呈现浅红色的乙醇，若要用它测定酸值较小的试样时，可事先用0.05mol/L稀盐酸若干滴，中和乙醇恰好至微酸性，然后再按上述步骤中和直至溶液由蓝色

变成浅红色为止。

③ 将中和过的95%乙醇注入装有已称好试样的锥形烧瓶中，并装上回流冷凝管。在不断摇动下，将溶液煮沸5min。在煮沸过的混合液中，加入0.5mL的碱性蓝6B溶液，趁热用0.05mol/L氢氧化钾乙醇溶液滴定，直至95%乙醇层由蓝色变成浅红色为止。对于在滴定终点不能呈现浅红色的试样，允许滴定达到混合液的原有颜色开始明显地改变时作为终点。在每次滴定过程中，自锥形烧瓶停止加热到滴定达到终点所经过的时间不应超过3min。

(2) 计算

按下式计算试样的酸值X，用mg KOH/g的数值表示，即

$$X = V \cdot T/G$$

$$T = 56.1 \times N$$

式中 V——滴定时所消耗氢氧化钾乙醇溶液的体积，mL；

G——试样的质量，g；

T——氢氧化钾乙醇溶液的滴定度，mg KOH/mL；

56.1——氢氧化钾物质的量；

N——氢氧化钾乙醇溶液的物质的量浓度，mol/L。

(3) 报告

取重复测定两个结果的算术平均值，作为试样的酸值。

三、给您提个醒

① 所用乙醇的纯度要合乎要求，必要时应加以提纯处理，以除去所含的酸、醛和其他干扰物。

② 各次测定所加指示剂的量要相同，不能加太多，以免引起滴定误差。

四、请您想一想

① 95%乙醇的作用是什么，对其有何要求？

② 滴定过程如何控制？

③ 滴定终点如何正确判定？

④ 本方法对结果的重复性有什么要求？

5.7 针入度测定

石油蜡的针入度是表示其在外力作用下耐剪切性能的指标，间接反映蜡的抗变形性和黏结性能。

一、培训准备

(1) 理论准备

掌握石油蜡性能基础知识及针入度的定义及测定原理。

(2) 仪器准备

针入度计(图1-5-4)、计时器、标准针(图1-5-5)、滑杆、试样成型器、水浴、温度计和黄铜板。

二、操作步骤

(1) 准备

将蜡样加热至其冷凝点以上约17℃。充分搅拌使蜡样均匀，并使气泡逸出。在保持

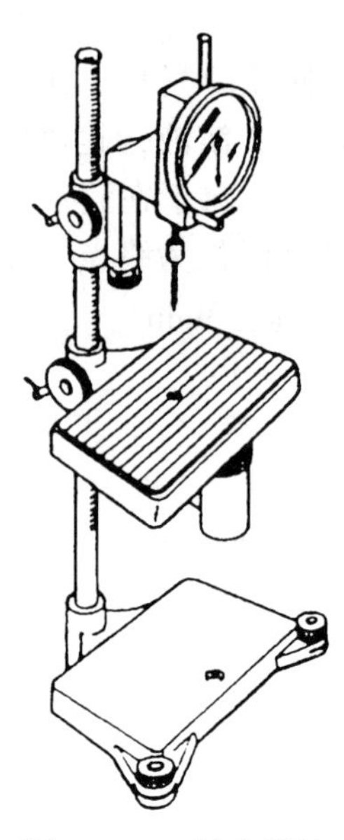
图 1-5-4 针入度计

(23.9±2.2)℃的试验箱内，将黄铜板置于两个软木塞上，然后用等体积甘油和水混合物润湿黄铜板的上表面。将成型器放在成型板上，然后将蜡样倒入成型器内，使其形成凸弯月面。将其在(23.9±2.2)℃的温度下冷却1h。然后从成型器顶部刮去凸出的蜡，从黄铜板上取下，将与黄铜板接触的蜡表面朝上，在试验温度±0.1℃的水浴中放置1h。

(2) 测定

① 将针入度计基底转向背后，使针入度计的头部置于水浴边缘，并置于支承试样的多孔试验架的上方。可将一小水浴置于针入度计台架上，保持小水浴中的水温在试验温度±0.1℃，每次测定前，用方法(GB/T 4985—2021 石油蜡针入度测定法)中所规定的温度计测量小水浴温度，温度计露出部分校正值等于或超过0.05℃时需加校正值。

② 将装有试样的成型器置于小水浴中，使与黄铜板接触的光滑面朝上，并要确保试验过程中成型器和小水浴不晃动。水面调至高于试样上表面25mm，将试样保持在试验温度±0.1℃内。

③ 加50g重物于标准针上，使针及其附件的总质量为(100±0.15)g，检查释放机构是否卡杆，指示器应在“零”位。按针入度计不同类型调节指示器组件或调节台，调到针尖几乎触及蜡的表面，并将位置固定。

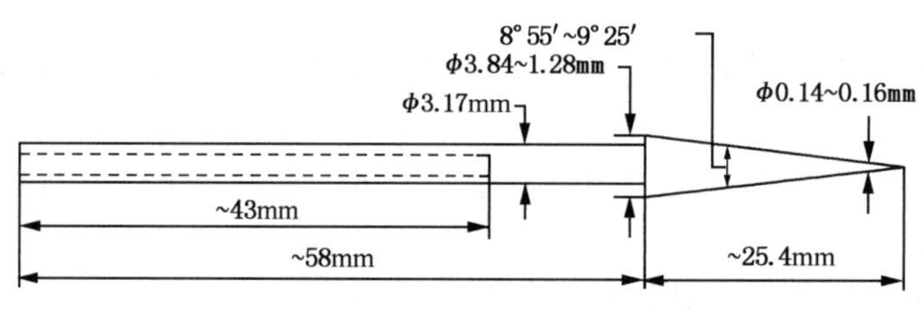

图 1-5-5 标准针

④ 微调使标准针尖恰好接触试样的蜡表面，观察标准针尖投影有助于准确调整。确定水浴温度在规定范围内后，释放滑杆并持续(5±0.1)s，用自动计时器或0.1分度的秒表计时。用秒表计时，应在试验前开动秒表，当表的秒针走到某一刻度时释放滑杆，到5s时立即卡住滑杆。轻轻压下指示器杆直至被滑杆顶住为止，并由指示器刻度盘读出针入度值。

⑤ 在距成型器边缘至少3.2mm的圆周上，取约相等间隔(不少于12.7mm)的四个点进行测定，每个点测定前用清洁的干布顺针尖方向仔细擦拭，以除去所有附着的蜡，并按要求定位标准针，然后再进行测定。

(3) 报告

取四个点的测定值的算术平均值作为测定结果，精确到0.1mm，同时报告试验温度。

三、给您提个醒

使用合适的水浴将试样温度控制在试验要求的温度。

四、请您想一想

① 样品处理及测定时对温度有何要求？

② 测定时对仪器的调整有何要求？

③ 本方法的适用范围是什么？

④ 本方法对结果的重复性有什么要求？

第 6 章　塑 料 分 析

6.1　塑料特性及表征

塑料是人们利用化学方法，人工合成出来的一种与天然树脂类似的有机高分子聚合物，主要包括聚乙烯树脂、聚丙烯树脂、聚苯乙烯树脂、聚氯乙烯树脂和聚氨酯树脂等几大类。

塑料具有质量轻、比强度高、耐腐蚀性好等独特的优异性能，有些品种还具有光、电、磁、声和生物机能。一般来说，塑料的质量只有钢材的 1/5 到 1/7，比钢铁要轻得多，聚乙烯、聚丙烯塑料比水还要轻。虽然钢铁等一些传统材料与塑料相比，在强度、刚度、耐温等方面占有显见的优势，但是塑料耐腐蚀性好，相对密度小，比强度与比刚度大，摩擦系数小，耐磨，绝缘性好，易成型加工，复合能力强等优良的综合性能，大大提高了它的使用价值。

评价塑料性能的测试项目很多，主要有密度、熔体流动速率、拉伸性能、断裂性能、外观、热性能、环境应力开裂、光学性能等等。

6.2　塑料性能测定

6.2.1　塑料拉伸性能的测定

塑料的拉伸性能是其力学性能中最重要、最基本的性能之一。拉伸性能的各项指标的高低很大程度决定了该种塑料树脂的使用场合。

塑料拉伸性能的好坏，可以通过拉伸试验来检验，如拉伸强度、拉伸断裂应力、拉伸屈服应力、断裂伸长率等，从这些测试值的高低，可以对塑料树脂的拉伸性能作出评价。

塑料拉伸性能测定的基本原理为：沿试样纵向主轴恒速拉伸，直到断裂或应力(负荷)或应变(伸长)达到某一预定值，测量在这一过程中试样承受的负荷及其伸长。

一、培训准备

(1) 理论准备

了解标距(L_0)、试验速度(V)、拉伸应力(σ)、拉伸屈服应力(σ_y)、拉伸断裂应力(σ_B)、拉伸强度(σ_M)、$x\%$应变拉伸应力(σ_X)、屈服拉伸应变(ε_y)、断裂拉伸应变(ε_B)、拉伸强度拉伸应变(ε_M)、拉伸标称应变(ε_t)、断裂标称应变(ε_{tB})、拉伸强度标称应变(ε_{tM})、拉伸弹性模量(E_t)、泊松比(μ)的定义。

(2) 仪器准备

符合 GB/T 16825. 1—2022、GB/T 12160—2019 和 GB/T 1040. 1 中规定的试验机。

符合 GB/T 1040. 1 规定的测量试样宽度和厚度的仪器。

二、操作步骤

(1) 试验环境

应在与试样状态调节相同环境下进行试验，除非有关方面另有商定，例如在高温或低温下试验。

（2）试样尺寸

在每个试样中部距离标距每端5mm以内测量宽度b和厚度h。宽度b精确至0.1mm，厚度h精确至0.02mm。

记录每个试样宽度和厚度的最大值和最小值，并确保其在相应材料标准的允差范围内。

计算每个试样宽度和厚度的算术平均值，以便用于其他计算。

（3）夹持

将试样放到夹具中，务必使试样的长轴线与试验机的轴线成一条直线。当使用夹具对中销时，为得到准确对中，应在紧固夹具前稍微绷紧试样，然后平稳而牢固地夹紧夹具，以防止试样滑移。

（4）预应力

试样在试验前应处于基本不受力状态。但在薄膜试样对中时可能产生这种预应力，特别是较软材料由于夹持压力，也能引起这种预应力。

在测量模量时，试验初始应力

$$|\sigma_0| \leqslant 5 \times 10^{-4} E_t$$

与此相对应的预应变应满足$\varepsilon_0 \leqslant 0.05\%$。

当测量相关应力(如：$\sigma = \sigma_y$、σ_M或σ_B)时，应满足

$$\sigma_0 \leqslant 10^{-2}\sigma$$

（5）引伸计的安装

平衡预应力后，将校准过的引伸计安装到试样的标距上并调正，如果需要装上纵向应变规时，其精度应为对应值的1%或更优。用于测量模量时，相当于应变精度为20×10^{-6}(20微应变)。应变规表面处理和黏结剂的选择应以能显示被试材料的所有性能为宜。如需要，测出初始距离(标距)。如要测定泊松比，则应在纵轴和横轴方向上同时安装两个伸长或应变测量装置。

如果使用光学引伸计，特别是对于薄片和薄膜，应在试样上标出规定的标线，标线与试样的中点距离应大致相等，两标线间距离的测量精度应达到1%或更优。

标线不能刻划、冲刻或压印在试样上，以免损坏受试材料，应采用对受试材料无影响的标线，而且所划的相互平行的每条标线要尽量窄。

测定拉伸标称应变ε_t，用夹具间移动距离表示试样自由长度的伸长。

（6）试验速度

根据有关材料的相关标准确定试验速度，如果缺少这方面的资料，可根据GB/T 1040.1中规定与有关方面商定。

测定弹性模量、屈服点前的应力/应变性能及测定拉伸强度和最大伸长时，可能需要采用不同的速度。对于每种试验速度，应分别使用单独的试样。

测定弹性模量时，选择的试验速度应尽可能使应变速率接近每分钟1%标距。GB/T 1040.1与受试材料相关的部分给出了适用于不同类型试样的试验速度。

（7）数据的记录

记录试验过程中试样承受的负荷及与之对应的标线间或夹具间距离的增量，此操作最好采用能得到完整应力/应变曲线的自动记录系统。

根据应力/应变曲线，见图1-6-1，或其他适当方法，测定有关应力和应变。

对于超出可接受破坏判据以外的诸种破坏，按如下方法处置：

① 应废弃在肩部断裂或塑性变形扩展到整个肩宽的哑铃形试样，并另取试样重新试验。

② 当试样在夹具内出现滑移或在距任一夹具 10mm 以内断裂，或由于明显缺陷导致过早破坏时，由此试样得到的数据不应用来分析结果，应另取试样重新实验。

③ 由于这些数据的变化是受试材料性能变化的函数，因此，无论数据怎样变化，不应随意舍弃数据。

(8) 结果计算和表示

① 应力计算：

根据试样的原始横截面积计算应力值为

$$\sigma = \frac{F}{A}$$

式中 σ——拉伸应力，MPa；

F——所测的对应负荷，N；

A——试样原始横截面积，mm^2。

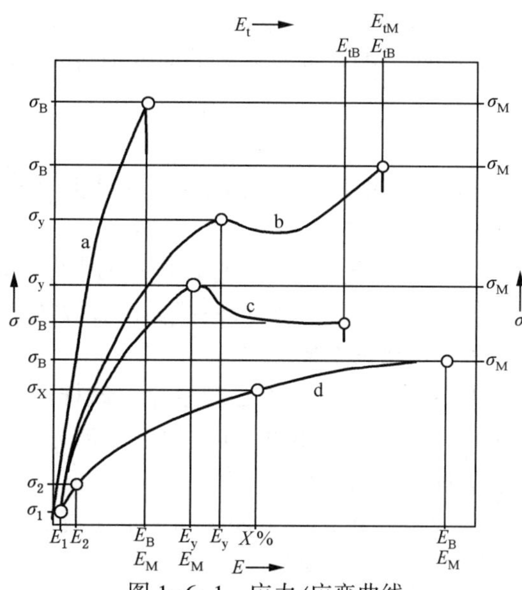

图 1-6-1 应力/应变曲线

曲线 a—脆性材料；曲线 b 和 c—有屈服点的韧性材料；曲线 d—无屈服点的韧性材料，曲线 d 上($\varepsilon_1=0.0005$；$\varepsilon_2=0.0025$)仅表示：通过(σ_1，ε_1)和(σ_2，ε_2)，计算拉伸模量 E_t时所用的两个点。

② 应变计算：

根据标距计算应变值为

$$\varepsilon = \frac{\Delta L_0}{L_0}$$

$$\varepsilon(\%) = \frac{\Delta L_0}{L_0} \times 100$$

式中 ε——应变，用无量纲的比值或百分数表示；

L_0——试样的标距，mm；

ΔL_0——试样标记间长度的增量，mm。

根据夹具间的初始距离计算拉伸标称应变值为

$$\varepsilon_t = \frac{\Delta L}{L}$$

$$\varepsilon_t(\%) = \frac{\Delta L}{L} \times 100$$

式中 ε_t——拉伸标称应变，用无量纲的比值或百分数表示；

L——夹具间的初始距离，mm；

ΔL——夹具间距离的增量，mm。

③ 模量计算：

根据两个规定的应变值计算拉伸弹性模量为

$$E_t = \frac{\sigma_2 - \sigma_1}{\varepsilon_2 - \varepsilon_1}$$

式中 E_t——拉伸弹性模量，MPa；

σ_1——应变值 $\varepsilon_1=0.0005$ 时测量的应力，MPa；

σ_2——应变值 $\varepsilon_2=0.0025$ 时测量的应力，MPa。

④ 泊松比：

根据两个相互垂直方向的应变值计算泊松比为

$$\mu_n = -\frac{\varepsilon_n}{\varepsilon}$$

式中 μ_n——泊松比，以法向 $n=b$(宽度)或 h(厚度)上的无量纲比值表示；

ε——纵向应变；

ε_n——$n=b$(宽度)或 h(厚度)时的法向应变。

⑤ 计算中应力和模量保留三位有效数字，应变和泊松比保留两位有效数字。

三、给您提个醒

① 对注塑试样，不必测量每个试样的尺寸。每批测量一个试样就足以确定所选试样类型的相应尺寸(见 GB/T 1040 的有关部分)。使用多型腔模具时，应确保型腔之间的试样尺寸偏差不超过 0.25%。

② 从片材或薄膜上冲压出来的试样，可认为冲模中间平行部分的平均宽度与试样的对应宽度相等。在周期性的比对验证测量基础上，方可采用这种方法。

③ 如果多数的破坏出现在可接受破坏判据以外时，可用统计学分析得出数据。但一般认为最后的试验结果可能是过低的。在这种情况下，最好用哑铃形试样重复试验，以减少不可接受试验结果的可能性。

④ 实验室一般配备两种引伸计分别用于测定拉伸断裂应变和拉伸模量。测量拉伸模量的引伸计(微量引伸计)，其测量精度比测量拉伸断裂应变的引伸计高，使用时应注意按照正确的方法使用，避免损坏微量引伸计。

⑤ 根据受试试样选择合适的力学传感器。在调整夹具间距离或试验机横梁移动时，绝对要防止夹具相碰而造成传感器的损坏。

四、请您想一想

① 该试验对于试验机有何要求？

② 该试验对于试样有何要求？

③ 影响试验结果准确度的主要因素有哪些？

6.2.2 塑料弯曲性能的测定

塑料弯曲性能的测定原理为：把试样支撑成横梁，使其在跨度中心以恒定速度弯曲，直到试样断裂或变形达到预定值，测量该过程中对试样施加的压力。

一、培训准备

(1) 理论准备

了解弯曲应力、断裂弯曲应力、弯曲强度、在规定挠度时的弯曲应力、挠度、规定挠度、弯曲应变、断裂弯曲应变、弯曲强度下的弯曲应变、弯曲模量、硬质塑料的定义。

(2) 仪器准备

符合 GB/T 9341—2008 规定的塑料弯曲性能测试试验机及制样设备、测微计和游标卡尺或等效量具。

二、操作步骤

(1) 试样要求

推荐试样尺寸是(单位，mm)：长度 $l=80.0\pm2$；宽度 $b=10.0\pm0.2$；厚度 $h=4.0\pm0.2$。对于任一试样，其中部 1/3 的长度内各处厚度与厚度平均值的偏差不应大于 2%，相应的宽度偏差不应大于3%，试样截面应是矩形且无倒角。

试样可以采用模压、注塑或机加工进行制备，要求所制备的试样不可扭曲，表面应相互垂直或平行，表面和棱角上应无刮痕、麻点、凹陷和飞边，应对照直尺、矩尺和平板，目视检查试样是否符合上述要求，并用游标卡尺测量。

试验前，应剔除测量或观察到的有一项或多项不符合上述要求的试样，或将其加工到合适的尺寸和形状。

在每一试验方向上至少应测试五个试样。

试样在跨度中部1/3外断裂的试验结果应予作废，并应重新取样进行试验。

除非另有商定外，试样应按其材料标准的规定进行状态调节，若无相关标准，应从GB/T 2918—2018中选择最合适的条件进行状态调节。

（2）操作步骤

① 试验应在受试材料标准规定的环境中进行，若无类似标准，应从GB/T 2918—2018中选择最合适的环境进行试验，另有商定的除外。

② 测量试样中部的宽度 b，精确到0.1mm；厚度 h，精确到0.01mm，计算一组试样厚度的平均值 $\bar{h}$。剔除厚度超过平均厚度允差±0.5%的试样，并用随机选取的试样来代替。

调节跨度 L，使之符合下式

$$L = (16 \pm 1)\bar{h}$$

并测量调节好的跨度，精确到0.5%。

除下列情况外，都应用上式计算跨度。

对于较厚且单向纤维增强的试样，为避免剪切时分层，在计算两支撑点间距离时，可用较大的 $L/\bar{h}$ 比。

对于较薄的试样，为适应试验设备的能力，在计算跨度时用较小的 $L/\bar{h}$ 比。

对于软性的热塑性塑料，为防止支座嵌入试样，可用较大的 $L/\bar{h}$ 比。

③ 按受试材料标准规定设置试验速度，若无类似标准，应从表1-6-1中选一速度值，使应变速率尽可能接近1%/min，这一试验速度使每分钟产生的挠度近似为试样厚度值的0.4倍。

表1-6-1　试验速度推荐值

速度/(mm/min)	允差/%	速度/(mm/min)	允差/%
1①	±20	50	±10
2	±20	100	±10
5	±20	200	±10
10	±20	500	±10
20	±10		

① 厚度在1~3.5mm之间的试样，用最低速度。

④ 把试样对称地放在两个支座上，并于跨度中心施加力。

⑤ 记录试样过程中施加的力和相应挠度，若可能，应用自动记录装置来执行这一操作过程，以便得到完整的应力/应变曲线图。

根据力/挠度或应力/挠度曲线或等效的数据来确定相关应力、挠度和应变值。

（3）结果计算和表示

① 弯曲应力

$$\sigma_f = 3FL/2bh^2$$

式中　σ_f——弯曲应力，MPa；

F——施加的力，N；

L——跨度，mm；

b——试样宽度，mm；

h——试样厚度，mm。

② 弯曲模量

先根据给定的弯曲应变 $\varepsilon_{f_1}=0.0005$ 和 $\varepsilon_{f_2}=0.0025$，按下式计算相应的挠度

$$s_i=\varepsilon_{f_i}L^2/6h \qquad (i=1,\ 2)$$

式中　s_i——单个挠度，mm；

ε_{f_i}——相应的弯曲应变，即上述的 ε_{f_1} 和 ε_{f_2} 值；

L——跨度，mm；

h——试样厚度，mm；

再根据下式计算弯曲模量

$$E_f=(\sigma_{f_2}-\sigma_{f_1})/(\varepsilon_{f_2}-\varepsilon_{f_1})$$

式中　σ_{f_1}——挠度为 s_1 时的弯曲应力，MPa；

σ_{f_2}——挠度为 s_2 时的弯曲应力，MPa。

三、给您提个醒

① 所有计算弯曲性能的公式仅在线性应力/应变区间(或弹性比例区间)才是准确的，因此对大多数塑料仅在小挠度时才是准确的。

② 某些产品规范要求从厚度大于规定上限的板材上制取试样时，可采用机械加工方法，仅从单面加工到标准厚度。此时，通常是把试样的未加工面与两个支座接触，中心压头把力施加到试样的机加工面上。

③ 选择不同的模量计算公式，测试结果可能出现显著差异。GB/T 9341—2008 中使用的公式是杨氏模量的近似结果，在实际测试时应按要求选择正确的计算公式。

四、请您想一想

① 当不采用推荐试样尺寸时，对其他试样的尺寸有何要求？

② PE、PP 试样的状态调节要求是什么？

③ 弯曲试验摆放试样时，试样与压头的接触力(预试验力)应如何控制？该力过大对试验结果有何影响？

6.2.3　热塑性塑料熔体质量流动速率的测定(手动切割法)

一、培训准备

(1) 理论准备

掌握热塑性塑料性能基础知识和熔体流动速率的定义、测定原理及熔体流动速率仪结构。

(2) 仪器准备

熔体流动速率测定仪(图 1-6-2)、秒表、电子天平。

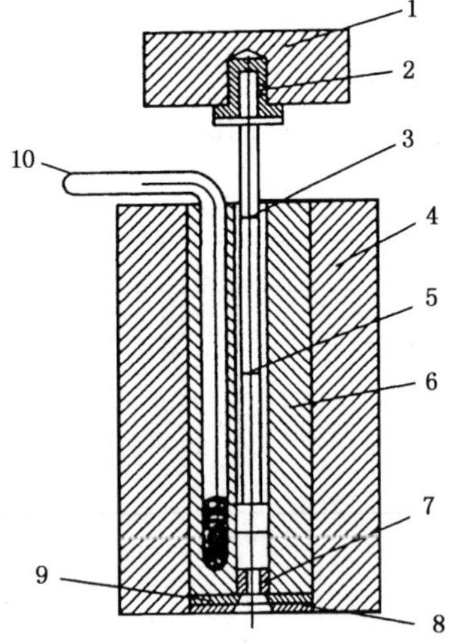

图 1-6-2　测定熔体流动速率的典型装置

1—可卸负荷；2—绝热体；3—上参照标线；4—绝热体；5—下参照标线；6—铜筒；7—口模；8—绝热板；9—口模挡板；10—控制温度计

（3）试剂准备

硅油 SAG-47 或其他符合需要的清洗剂，如乙醇等。

二、操作步骤

（1）设定试验条件

根据不同测定材料的特性，选择相应的试验温度和条件，见表 1-6-2、表 1-6-3。

表 1-6-2　测定熔体流动速率的试验条件

条件/字母代号	试验温度 θ/℃	标称负荷（组合）m_{nom}/kg	条件/字母代号	试验温度 θ/℃	标称负荷（组合）m_{nom}/kg
A	250	2.16	M	230	2.16
B	150	2.16	N	230	3.80
D	190	2.16	S	280	2.16
E	190	0.325	T	190	5.00
F	190	10.00	U	220	10.00
G	190	21.6	W	300	1.20
H	200	5.00	Z	125	0.325

表 1-6-3　热塑性材料的试验条件

材　料	可选择条件/字母代号	材　料	可选择条件/字母代号
PE	D、E、G、T	ASA、ACS、AES	U
PP	M	PC	W
PS、PS-1	H	PMMA	N
ABS	U	PB	D、F
E/VAC	B、D、Z	POM	D
SAN	U	MABS	U

（2）清洗仪器

每次测试前要求仪器必须是清洁的，所以每次测试以后，都要把仪器彻底清洗。具体方法是：料筒可用布片擦净；活塞应趁热用布擦净；口模可以用紧配合的黄铜绞刀或木钉清理，也可以在约 550℃的氮气环境下用热裂解的方法清洗。但不能使用磨料及可能会损伤料筒、活塞和口模表面的类似材料。必须注意，所用的清理程序不能影响口模尺寸和表面粗糙度。

如果使用溶剂清洗料筒，要注意其对下一步可能产生的影响应是可忽略不计的。

（3）恒温

在开始做一组试验前，要保证料筒在选定的温度恒温至少 15min。

（4）加装样品

根据预先估计的样品的熔体流动速率，用手持装料杆将 3～8g 样品装入料筒并压实样品，对于氧化降解敏感的材料，装料时应尽可能避免接触空气，并在 1min 内完成装料过程。根据材料的流动速率，将加负荷或未加负荷的活塞放入料筒。

（5）测试

在装料完成后 5min，温度应恢复到所设定的温度，如果原来没有加负荷或负荷不足，应把选定的负荷加到活塞上。让活塞在重力作用下下降，直到挤出没有气泡的细条。根据材料的实际黏度，这个现象可能在加负荷前或加负荷后出现，这个操作时间不应超过 1min。

如需外力清除多余试样，应保证外力清除操作完成2min后再开始正式试验。用切断工具切断挤出物，并丢弃。然后让负荷在重力作用下继续下降，当下标线到达料筒的顶面时，开始用秒表计时，同时用切断工具切断挤出物并丢弃。

然后，逐一收集一定时间间隔的挤出物切段，每条切段的长度应不短于10mm，最好为10~20mm。

当活塞杆的上标线到达料筒顶面时停止切割，丢弃有肉眼可见气泡的切段。冷却后，将保留的切段(至少3个)逐一称量，准确到1mg，计算它们的平均质量，如果单个称量值中最大值和最小值之差超过平均值的15%，则舍弃该组数据，并用新样品重做试验。

从装料到切断最后一个样条的时间不应超过25min。

(6) 计算

用下列公式计算熔体质量流动速率

$$MFR(\theta,\ m_{nom}) = t_{ref} \cdot m/t$$

式中 MFR——熔体流动速率，g/10min；

θ——试验温度,℃；

m_{nom}——标称负荷，kg；

m——切段的平均质量，g；

t_{ref}——参比时间(600s)，s；

t——切段的时间间隔，s。

取三位有效数字表示结果，小数点后最多保留两位小数，并记录所使用的试验条件。

三、给您提个醒

① 在熔体流动速率测定过程中，影响测定结果准确度的因素很多。例如，取样的正确性、样品的装填、温度控制的精度、砝码负荷的校正、样条切割方式、样条称重、天平的准确度、筒体的清洁度、孔嘴尺寸的准确度等，所以为保证测定结果的准确度，在整个测定过程中，应严格按照要求进行测定。

② 每次开机或定期应使用相应的熔体流动速率标准样品(标样)检查仪器的工作状态。如标样的测试值超出标样的定值区间，应停止测试并查找原因。

③ 日常操作中，影响测试结果的主要原因是仪器的清洁程度。应保证仪器和试样接触的各部分的光洁，每次测试都要仔细清洁仪器。

④ 测试时，料筒、活塞、口模的温度很高，注意防止烫伤。

四、请您想一想

① 熔体体积流动速率如何计算？

② 在日常测定中经常采用哪些手段来避免物料和空气接触？

③ 如何对熔体流动速率测定仪进行温度校正？

6.2.4 负荷变形温度的测定

一、培训准备

(1) 理论准备

了解弯曲应变、弯曲应变增量、挠度、标准挠度、弯曲应力、负荷、负荷变形温度的定义及测定负荷变形温度的典型设备及负荷变形温度测定的原理。

(2) 仪器准备

测定GB/T 1634.1中规定的负荷变形温度的典型设备和计量器具。

二、操作步骤

（1）试样

横截面为矩形的样条，其尺寸由 GB/T 1634 相关部分进行要求，其长度 l、宽度 b、厚度 h 应满足 $l>b>h$。所有试样都不应有因厚度不对称所造成的翘曲现象。每个试样中间部分(占长度的 1/3)的厚度和宽度，任何地方都不能偏离平均值的 2%以上。

按要求对试样进行检查,如果存在一个或多个不符合上述要求的缺陷,则舍弃或进行再加工。

除非另有要求，状态调节和试验环境应符合 GB/T 2918 的规定。

（2）温度要求

每次试验开始时，一般情况下加热装置的温度应低于 27℃。

（3）测量

① 对试样支座间的跨度进行检查，如果需要则调节到适当的值，记录该值，精确到 0. 5mm。

② 将试样放在支座上，使其长轴垂直于支座，将加荷装置放入热浴中，对试样施加计算的负荷，以使试样表面产生符合 GB/T 1634 有关部分规定的弯曲应力。让力作用 5min 后记录挠曲测量装置读数，或将读数调整为零。

③ 以(120±10)℃/h 的均匀速率升高热浴的温度，记下样条初始挠度净增加量达到标准挠度时的温度，即为在 GB/T 1634 有关部分规定的弯曲应力下的负荷变形温度。

标准挠度是高度(h 或 b，依试样放置方式而定)、所用跨度和 GB/T 1634 相关部分规定的弯曲应变增量的函数。

（4）计算

① 负荷的计算

$$F=\frac{2\sigma_{\mathrm{f}}\cdot b\cdot h^{2}}{3L}(\text{平放})$$

或

$$F=\frac{2\sigma_{\mathrm{f}}\cdot h\cdot b^{2}}{3L}(\text{侧立})$$

式中 F——负荷，N；

σ_{f}——试样表面承受的弯曲应力，MPa；

b——试样宽度，mm；

h——试样厚度，mm；

L——试样与支座接触线间距离(跨度)，mm。

② 标准挠度

$$\Delta s=\frac{L^{2}\cdot\Delta\varepsilon_{\mathrm{f}}}{600h}(\text{平放})$$

或

$$\Delta s=\frac{L^{2}\cdot\Delta\varepsilon_{\mathrm{f}}}{600b}(\text{侧立})$$

式中 Δs——标准挠度，mm；

L——跨度，即试样支座与试样的接触线之间的距离，mm；

$\Delta\varepsilon_{\mathrm{f}}$——弯曲应变增量,%；

h——试样厚度，mm；

b——试样宽度，mm。

三、给您提个醒

① 测量 b 和 h 时，应精确到 0.1mm，测量 L 时应精确到 0.5mm。

② 在本试验中要求试样应无扭曲，相邻表面应互相垂直。所有表面和棱角均应无划痕、麻点、凹陷和飞边。试样所有切削面都尽可能平滑，并确保任何不可避免的机加工痕迹都顺着长轴方向。

③ 仪器检定或校准时，应考虑挠度测量装置的校准。

四、请您想一想

考虑到加荷杆质量，如果使用弹簧施荷，施加在试样上的总力如何计算？

6.2.5 塑料维卡软化温度的测定

原理：当匀速升温时，测定在某一种负荷条件下，标准压针压入热塑性塑料试样表面 1mm 深时的温度。

一、培训准备

（1）理论准备

掌握 GB/T 2918 塑料试样状态调节和试验的标准环境所规定的内容。

（2）仪器准备

塑料维卡软化温度测定仪见图 1-6-3。

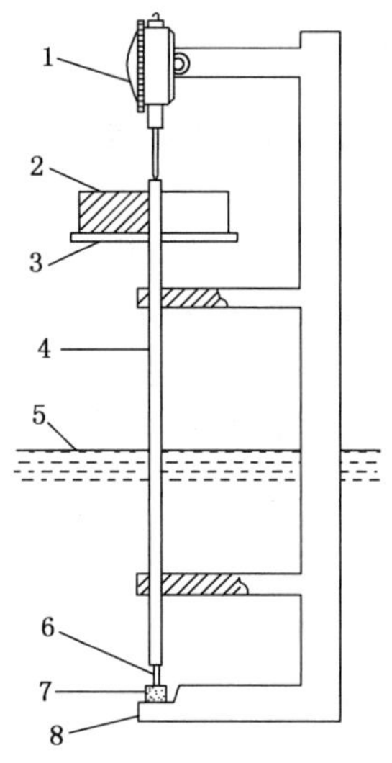

图 1-6-3 塑料维卡软化温度测定仪示意图

1—千分表；2—可更换负载；3—负荷板；4—用于支承负荷板的杆和压针头组件；5—液体表面；6—压针头；7—试样；8—试样架

二、操作步骤

（1）试样

① 每个受试样品使用至少两个试样。试样为厚 3~6.5mm，边长 10mm 的正方形或直径 10mm 的圆形，表面平整、平行、无飞边。试样应按照受试材料规定进行制备。如果没有规定，可以使用任何适当的方法制备试样。

② 如果受试样品是模塑材料（粉料或糙料），应按照受试材料的有关规定模塑成厚度为 3~6.5mm 的试样。没有规定则按照GB/T 9352、GB/T 17037.1 或 GB/T 11997 模塑试样。如果这些都不适用，可以遵照其他能使材料性能改变尽可能少的方法制备试样。

③ 对于板材，试样厚度应等于原板材厚度，但下述除外：

如果试样厚度超过 6.5mm，应根据 ISO 2818 通过单面机械加工使试样厚度减小到 3~6.5mm。另一表面保留原样。试验表面应是原始表面。

如果板材厚度小于 3mm。将至多三片试样直接叠合在一起，使其总厚度在 3~6.5mm 之间，上片厚度至少为 1.5mm。厚度较小的片材叠合不一定能测得相同的试验结果。

④ 所获得的试验结果可能与制备试样所用的模塑条件有关，虽然此依从关系并不常见。当试验的结果依赖于模塑条件时，经有关方面商定后可在试验前采用特殊的退火或预处理步骤。

（2）状态调节

除非受试材料有规定或要求。试样应按 GB/T 2918 进行状态调节。

（3）试验步骤

① 将试样水平放在未加负荷的压针头下，压针头离试样边缘不得少于 3mm，与仪器底座接触的试样表面应平整。

② 将组合件放入加热装置中，启动搅拌器，在每项试验开始时，加热装置的温度应为20～23℃，当使用加热浴时，温度计的水银球或测温仪器的传感部件应与试样在同一水平面，并尽可能靠近试详。如果预备试验表明，在其他温度开始试验，对受试材料不会引起误差，可采用其他起始温度。

③ 5min 后，压针头处于静止位置。将足量砝码加到负荷板上，以使加在试样上的总推力，对于 A_{50} 和 A_{120} 为(10±0.2)N，对于 B_{50} 和 B_{120} 为(50±1)N。然后，记录千分表的读数(或其他测量压痕仪器)或将仪器调零。

④ 以(50±5)℃/h 或(120±10)℃/h 的速度匀速升高加热装置的温度。当使用加热浴时，试验过程中要充分搅拌液体。对于仲裁试验应使用 50℃/h 的升温速率。

对某些材料。用较高升温速率(120℃/h)时，测得值可能高出维卡软化温度达 10℃。

⑤ 当压针头刺入试样的深度超过规定的起始位置(1±0.01)mm 时，记下传感器测得的油浴温度，即为试样的维卡软化温度。

(4) 计算

受试材料的维卡软化温度以试样维卡软化温度的算术平均值来表示。如果单个试验结果差的范围超过 2℃，记下单个试验结果，并用另一组至少两个试样重复进行一次试验。

三、给您提个醒

① 在维卡软化温度测试中，试样前处理对测试结果是有影响的。一般情况下，对于模压和注塑试样退火处理后，其测试结果都比原结果有不同程度的提高，这可能是冻结的高分子链得到局部调整，内应力得到进一步消除的原因。

② 注意检查压针，如果发现压针变形则应废弃。

③ 向浴槽中加注硅油时应注意使液位达到规定的高度，否则会出现硅油受热溢出或浴液高度不足的情况。

四、请您想一想

① 为何升温速度高，测试结果会偏高？

② 维卡软化温度和负荷变形温度在测试方法和仪器方面有何异同点？

6.2.6 塑料密度和相对密度试验方法(密度梯度柱法)

密度是指在规定温度下单位体积物质的质量，单位为 kg/m^3、kg/dm^3(g/cm^3)或 kg/L(mg/mL)。

一、培训准备

(1) 理论准备

掌握密度梯度柱法测定塑料密度的基本原理、状态调节方法和标准环境的要求。

(2) 仪器准备

符合 GB/T 1033.2 要求的密度梯度柱、控温装置和测高仪。

(3) 试剂准备

测定所需的浸渍液。

(4) 其他准备

浮标密度(ρ)-浮标高度(H)的工作曲线图。

二、操作步骤

(1) 试验

选用三个试样，用轻液浸润后，轻轻放入梯度柱中，一般试样放入后 30min，其高度位置趋于平衡。此时，测量其几何中心高度。若测量薄膜状试样时，高度位置稳定时间一般约为 2h 或更长(每组试样投放时间最好不少于 30min)。

(2) 试样密度计算

① 图解法：

在浮标密度(ρ)-浮标高度(H)工作曲线图上，读取试样位于梯度柱中的高度所对应的密度值，即为该试样的密度。

② 内插法：

按下式计算试样的密度

$$\rho_t = a + \frac{(x - y)(b - a)}{z - y}$$

式中 ρ_t——在高度 x 时试样的密度，g/cm^3；

x——试样高度，mm；

y，z——试样上下相邻两个标准玻璃浮标的高度，mm；

a，b——分别为两个标准玻璃浮标的密度，g/cm^3。

三、给您提个醒

① 为了保持密度梯度管内密度梯度稳定平衡，要求温度恒定，而且恒温水浴的液面要高于密度梯度液。试样必须容易确定其中心位置，无空穴或其他容易形成气泡的表面缺陷；试样打捞时必须小心，以避免破坏密度梯度液密度的线性平衡。

② 解浸渍法、比重瓶法、浮沉法和密度计法测定塑料密度的操作。

四、请您想一想

① 如何配制和标定密度梯度柱？

② 在密度梯度柱法测定塑料密度时对试样有什么要求？

③ 在测定过程中，如发现试样表面附有气泡应如何处置？

④ 在密度梯度柱法测定塑料密度时，如果密度梯度柱中的试样过多影响投样，应如何处理？

⑤ 浮标密度(ρ)-浮标高度(H)工作曲线图是如何绘制的？

⑥ 某聚乙烯树脂依据 GB/T 1845.1—2016 的规定进行命名的结果为 PE，FBNG，18D035，您从命名中得到了该产品的哪些信息？

6.2.7 透明塑料雾度的测定(雾度计法)

测定原理：透过试样而偏离入射光方向的散射光通量与透射光通量之比，用百分数表示。本方法把偏离入射光方向 2.5°以上的散射光通量用于计算雾度。

一、培训准备

(1) 理论准备

掌握雾度的定义及入射光、散射光、透射光的含义。

(2) 仪器准备

符合 GB/T 2410—2008 中规定要求的雾度仪，如图 1-6-4 所示。

二、操作步骤

(1) 试样

① 试样要求：

试样不能有影响材料性能的缺陷，也不能有对研究造成偏差的缺陷。

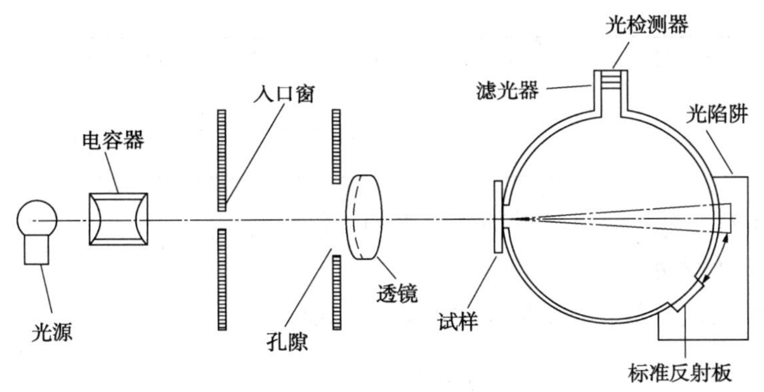

图 1-6-4　雾度计示意图

② 形状和尺寸：

试样尺寸应大到可以遮盖住积分球的入口窗，建议试样为直径 50mm 的圆片，或者是 50mm×50mm 的方片。

试样的厚度：厚度小于 0. 1mm 时，至少精确到 0. 001mm；厚度大于 0. 1mm 时，至少精确到 0. 01mm。

③ 试样检查：

试样两表面应平整且平行，无灰尘、油污、异物、划痕等，并无可见的内部缺陷和颗粒，要求测试这些缺陷对雾度的影响时除外。

④ 试样数量：

无其他特殊要求下，每组三个试样。

（2）试验条件和状态调节

① 试样状态调节：

试验前，在温度(23±2)℃和相对湿度 50%±10%的环境下，按照 GB/T 2918—2018 状态调节不少于 40h 后，进行试验。特殊情况按材料说明书或供需双方商定的条件进行状态调节。

② 试验条件：

应在与试样状态调节相同环境下进行试验。

（3）仪器校准

用雾度标准板校准仪器。

（4）试验步骤

① 打开仪器：

调节雾度计零点旋钮，使积分球在暗色时检流计的指示为零。

② 当光线无阻挡时，调节仪器检流计的指示为 100，然后按照表 1-6-4 操作，读取 T_1、T_2、T_3和 T_4。

表 1-6-4　读数步骤

检流计读数	试样是否在位置上	光陷阱是否在位置上	标准反射板是否在位置上	得到的量
T_1	不在	不在	在	入射光通量
T_2	在	不在	在	通过试样的总透射光通量

续表

检流计读数	试样是否在位置上	光陷阱是否在位置上	标准反射板是否在位置上	得到的量
T_3	不在	在	不在	仪器的散射光通量
T_4	在	在	不在	仪器和试样的散射光通量

③ 反复读取 T_1、T_2、T_3和 T_4的值使数据均匀。

(5) 结果计算和表示

① 对于每个试样，以百分数表示的雾度按下式计算：

$$H=\left(\frac{T_4}{T_2}+\frac{T_3}{T_1}\right)\times 100$$

式中 H——雾度；

T_4——仪器和试样的散射光通量；

T_3——通过试样的总透射光通量；

T_2——仪器的散射光通量；

T_1——入射光通量。

② 结果取平均值，精确到 0.1%。

③ 对于每个试样，以百分数表示的透光率按下式计算：

$$T_t=\frac{T_2}{T_1}\times 100$$

式中 T_t——透光率；

T_2——通过试样的总透射光通量；

T_1——入射光通量。

④ 结果取平均值，精确到 0.1%。

(6) 试验报告

试验报告的内容应包括如下内容：注明采用 GB/T 2410；试样来源；材料的详细鉴别说明，包括试样尺寸和制备方法等；状态调节和试验环境；试样数量；试验仪器；光源类型；单个试验结果；试验结果的平均值；试验日期。

三、给您提个醒

① 同一透明材料厚度不同，对透光率和雾度有影响。试样随厚度增加，透光率下降，雾度增加。

② 试样的表面状态对透光率和雾度均有影响，尤其对雾度影响较大。表面擦伤和污染均使雾度值增加，因此要求试样表面良好。

四、请您想一想

① 影响雾度测定准确性的因素有哪些?

② 如何计算雾度值?

6.2.8 塑料薄膜和薄片耐撕裂性能的测定(裤形撕裂法)

原理：在试样长轴方向上切缝至 1/2 处，使其切口所形成的两“裤腿”上经受拉伸试验，测试沿长轴方向撕裂试样所需的平均力，计算材料的撕裂强度。

一、培训准备

（1）理论准备

了解 GB/T 2918—2018 塑料试样状态调节和试验的标准环境的内容和 GB/T 16578.1—2008、GB/T 1040.1、GB/T 1040.3 对万能拉力机的要求，掌握撕裂力、撕裂强度的定义。

（2）仪器准备

① 拉力机：符合 GB/T 16578.1—2008 规定条件的拉力机及其配件。

② 测厚仪。

③ 裁刀：符合 GB/T 1040.3 样条型号尺寸。

二、操作步骤

（1）试样

试样的形状和尺寸如图 1-6-5 所示，试样中央的切口长度为(75±1)mm，试样应裁切得边缘光滑无缺口。建议使用低倍显微镜检查有无刻痕。特别注意试样中央切口的顶端，如果存在一个或多个不符合上述要求的缺陷，则舍弃或进行再加工。

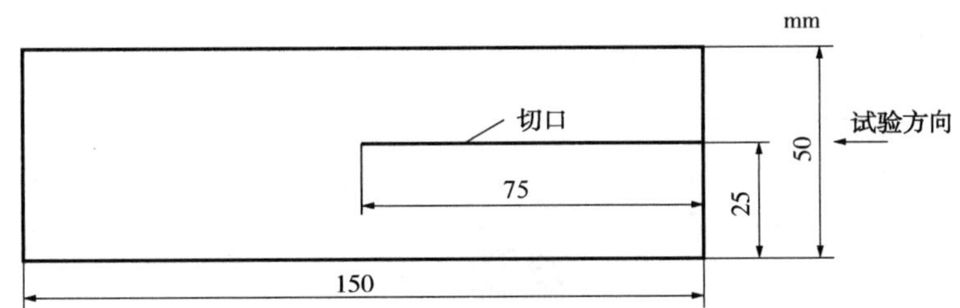

图 1-6-5　耐撕裂性能测定试样图

除非另有要求，状态调节和试验环境应符合 GB/T 2918—2018 的规定。

（2）测量厚度

测量试样的厚度，在试样切口顶端至试样另端之间等距离的三个点上测量试样厚度，取其算术平均值。

（3）装夹样条

调整拉力机两夹具间起始距离为 75mm，安装好试样的两裤腿，使试样主轴与夹具的连线中心重合(图 1-6-6)。

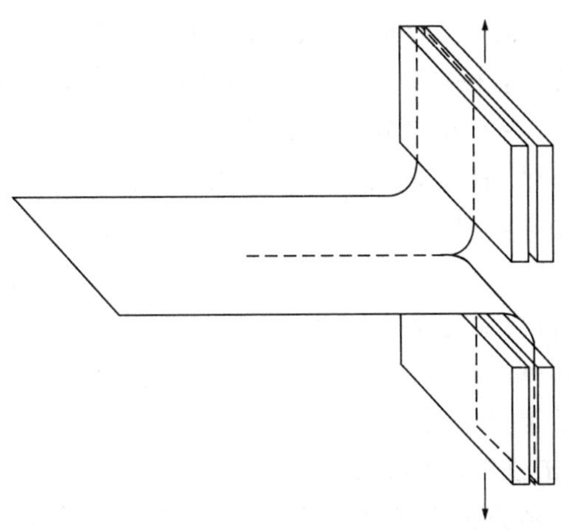

图 1-6-6　试样在夹具中的固定方法

（4）设定拉力机参数开始试验

设定所需的试验速度，启动试验机并记录使裂口扩展过试样未切口长度所需的负荷。若撕裂线偏离中心线到试样另一边，此试样应舍弃并另取试样重新试验。

（5）数据记录

拉伸试验机自动记录装置记录的负荷-时间曲线显示了依赖于受试材料特性和其厚度的变化轨迹。应舍弃撕裂时未切口长度的前 20mm 以及最后 5mm 的负荷值，取其余 50mm 未切口长度上撕裂负荷的平均值。当图形的这部分为波浪形平台时，通过波浪形曲线画一条平行于横轴的中线（图 1-6-7）。读取这一中线所对应的负荷，记作试样的撕裂力。

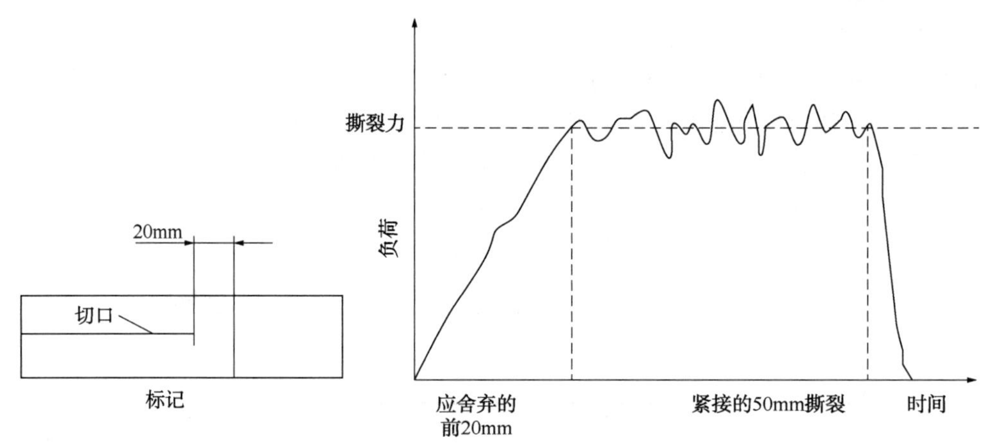

图 1-6-7　曲线平稳部分的负荷-时间图

（6）计算

$$\sigma=\frac{F_t}{d}$$

式中　σ——试样的撕裂强度，kN/m；

F_t——平均撕裂力，N；

d——试样厚度，mm。

三、给您提个醒

① 当结果不需要以撕裂强度表示时，可以直接报告撕裂力。

② 若撕裂线偏离中心线到试样另一边，则此试样应舍弃并另取试样重新试验。

③ 试验要求横向、纵向各个方向至少 5 个试样。

④ 搬动及更换传感器时要轻拿轻放，连接时销钉要插到位，防止传感器掉落砸伤人。测试安装试样时，避免气动夹具夹手。

四、请您想一想

① 影响裤型撕裂强度的因素有哪些？

② 当薄膜的撕裂力较小时，允许取用多层试样进行测试，多层试样中的某些试样可能会沿相反方向倾斜撕裂，结果会怎样？

6.2.9　塑料简支梁冲击性能的测定

原理：用已知能量的摆锤打击支撑成水平梁的试样，由摆锤一次冲击使试样破坏。冲击线位于两支座正中，若为缺口试样则冲击线应正对缺口，以冲击前、后摆锤的能量差，确定试样在破坏时所吸收的能量。然后按试样原始横截面积计算其冲击强度。

一、培训准备

(1) 理论准备

了解简支梁无缺口冲击强度(a_{cU})、简支梁缺口冲击强度(a_{cN})、侧向冲击(e)、贯层冲击(f)、垂直方向(n)、平行冲击(p)的定义。

(2) 仪器准备

符合要求的简支梁冲击试验机和测微计、量具。

二、操作步骤

(1) 试验环境

应在与试样状态调节相同环境下进行试验，除非有关方面另有商定，例如在高温或低温下试验。

(2) 试样制备

试样可以采用模压、注塑或机械加工进行制备，要求所制备的试样不可扭曲，表面应相互垂直或平行，表面和棱角上应无刮痕、麻点、凹陷和飞边，应对照直尺、矩尺和平板，目视检查试样是否符合上述要求，并用千分尺测量是否符合要求。当观察和测量的试样有一项或多项不符合要求时，应剔除该试样或将其加工到合适的尺寸和形状。

测每个试样中部的厚度 h 和宽度 b，精确至 0. 02mm。对于缺口试样，应仔细地测量剩余宽度 b_N，精确至 0. 02mm。

缺口应按 ISO 2818 进行机加工，切割刀具应能将试样加工成如图 1-6-8 所示的形状和深度，且与主轴呈直角。

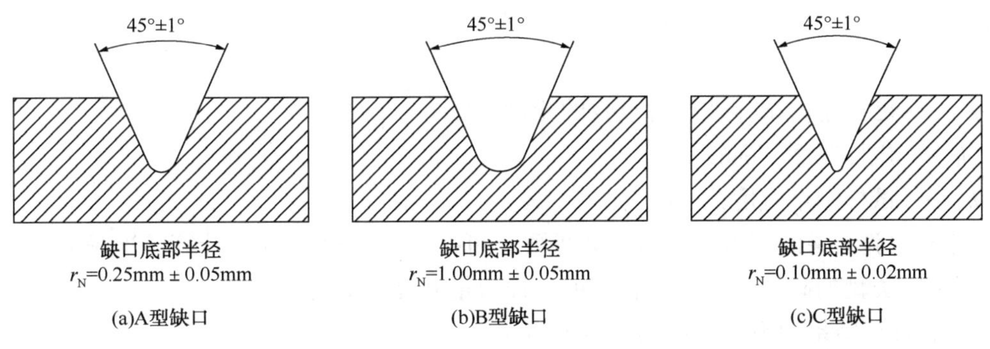

图 1-6-8　缺口类型

(3) 选择摆锤

确认摆锤冲击试验机是否达到规定的冲击速度，吸收的能量是否处在标称能量的 10%～80%的范围内。符合要求的摆锤不止一个时，应使用具有最大能量的摆锤。

(4) 修正能量损失

按照现行规定，测定摩擦损失和修正吸收的能量。

(5) 安放试样

抬起摆锤至规定的高度，将试样放在试验机支座上，冲刃正对试样的打击中心。小心安放缺口试样，使缺口中央正好位于冲击平面上。

(6) 释放摆锤

释放摆锤，记录试样吸收的冲击能量并对其摩擦损失进行修正。

(7) 数据的记录

对于模塑和挤塑材料，用下列代号字母命名四种形式的破坏：

C 完全破坏：试样断裂成两片或多片。

H 铰链破坏：试样未完全断裂成两部分，外部仅靠一薄层以铰链的形式连在一起。

P 部分破坏：不符合铰链断裂定义的不完全断裂。

N 不破坏：试样未断裂，仅弯曲并穿过支座，可能兼有应力发白。

(8) 结果计算和表示

① 无缺口试样：

无缺口试样简支梁冲击强度 a_{cU} 按下式计算，单位千焦每平方米(kJ/m²)：

$$a_{cU}=\frac{E_c}{h \cdot b}\times 10^3$$

式中 E_c——已修正的试样破坏时吸收的能量，J；

h——试样厚度，mm；

b——试样宽度，mm。

② 缺口试样：

缺口试样简支梁冲击强度 a_{cN}，按下式计算，缺口为 A、B 或 C 型，单位千焦每平方米(kJ/m²)：

$$a_{cN}=\frac{E_c}{h \cdot b_N}\times 10^3$$

式中 E_c——已修正的试样破坏时吸收的能量，J；

h——试样厚度，mm；

b_N——试样剩余宽度，mm。

③ 计算试验结果的算术平均值，如需要，可按 GB/T 3360 规定计算标准偏差。对一组试样出现不同类型的破坏，应给出相应的试样数量并计算平均值。

④ 所有计算结果的平均值取两位有效数字。

三、给您提个醒

① 对注塑试样，不一定测量每个试样的尺寸。对多腔模具，应保证每腔试样的尺寸相同，试样表面应平整、无气泡、裂纹、分层和明显杂质。缺口试样缺口处应无毛刺。

② 试验人员在测量试样尺寸及读取数据时不可避免地要造成误差，操作不当也会造成很大的误差。一种情况为试样放置不正，使缺口没有正好对准摆锤打击中心。另一种情况是放置试样时，手拿试样太紧，造成放手离开时将试样带动而没有察觉，使试样没有靠紧支座，测试结果偏高。

③ 试验过程中，禁止正对摆锤，防止被摆锤碰伤。

④ 样条冲击过程中不能用手触碰摆锤，以免造成摆锤砸伤和刀片伤人。更换摆锤时，注意砸伤。

四、请您想一想

① 该试验对于试验机有何要求?

② 该试验对于试样有何要求?

③ 影响试验结果准确度的主要因素有哪些?

6.2.10 塑料聚丙烯和丙烯共聚物热塑性塑料等规指数的测定

一、培训准备

(1) 理论准备

掌握塑料聚丙烯(PP)和丙烯共聚物热塑性塑料等规指数的定义及测定原理。

原理：将一定量的试样放在索氏萃取器中，用沸腾正庚烷回流萃取，由萃取前后试样的质量，计算不溶于正庚烷的质量分数，即为等规指数。

(2) 试剂准备

正庚烷(分析纯，无芳香成分)、丙酮(分析纯)、干冰或液氮。

(3) 仪器准备

粉碎机：能将粒料粉碎成直径为 0.3～0.6mm 或有同等效果的设备；筛子：孔径 0.3mm 和 0.6mm 各一个；萃取装置，见图 1-6-9；索氏萃取器(带圆底烧瓶)，见图 1-6-10；冷凝器，见图 1-6-11；玻璃砂芯漏斗：在室温下装满蒸馏水，其流经时间为 45～90s，见图 1-6-12；带孔玻璃漏斗，见图 1-6-13。

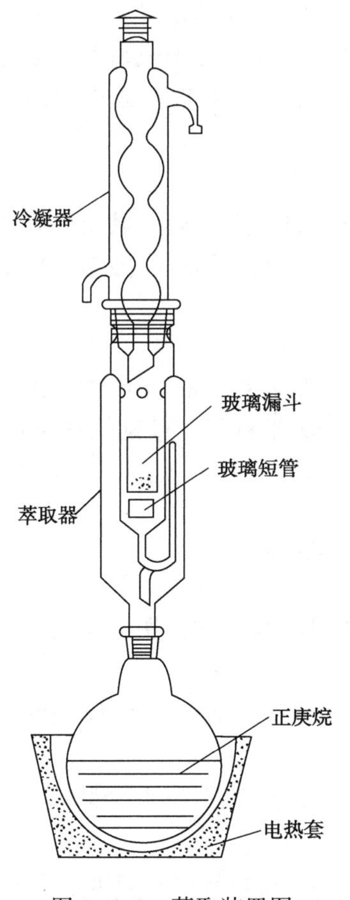

图 1-6-9 萃取装置图

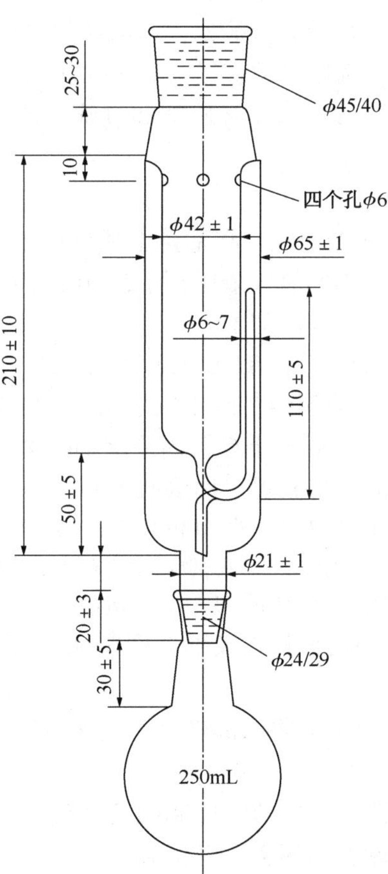

图 1-6-10 索氏萃取器

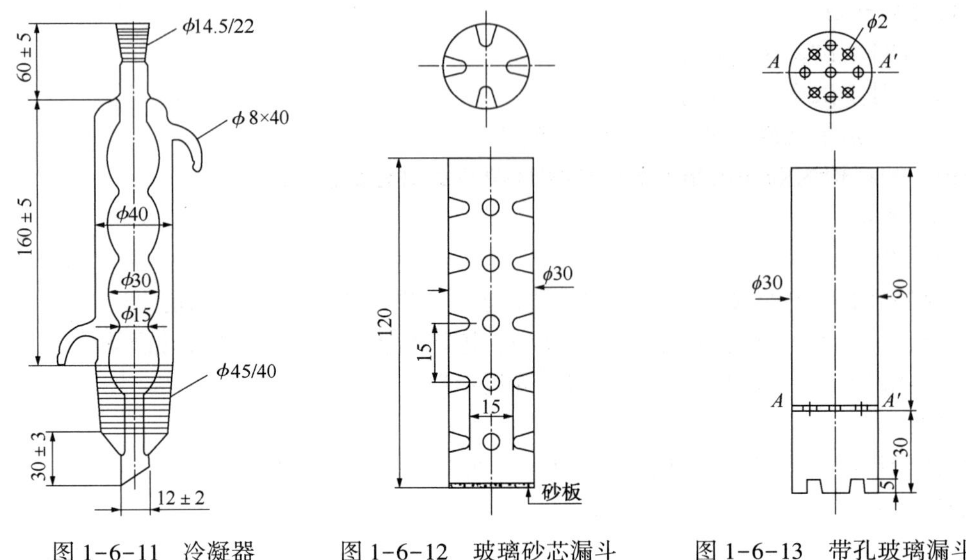

图 1-6-11　冷凝器　　图 1-6-12　玻璃砂芯漏斗　　图 1-6-13　带孔玻璃漏斗

二、操作步骤

（1）试样准备

将适量的粒料试样和适量的干冰或液氮混合，然后用粉碎机将其粉碎或研磨成小颗粒，粉碎后的试样用筛子进行筛分，选取颗粒直径为 0.3~0.6mm 的试样；对于粉料，可将试样直接进行筛分，选取颗粒直径为 0.3~0.6mm 的试样；对片、纤维或薄膜，如样品最少有一维尺寸小于 0.6mm，就不必研磨和过筛。薄膜应切成小片，对带状或小片通过熔融变成易粉碎的形状。

（2）测定

① 试样干燥及退火：将适量上述试样放在培养皿中，置于真空烘箱内，使氮气余压保持在 25kPa 或更小的氮气余压，于(140±2)℃干燥 2h。粉料试样可于(70±2)℃干燥。然后将试样置于干燥器内冷却 1h。

注：如果未充氮气与充氮气情况下的试验结果一致，可以不充氮气。

② 将洗净的玻璃砂芯漏斗或带孔玻璃漏斗和滤纸筒放在 100~105℃的烘箱内干燥 1.5h（一般即可恒量），置于干燥器内冷却 1h，然后用电子天平称量，精确到 0.1mg（为防止滤纸筒吸湿，称量时可将其置于称量瓶中）。

注 1：粒料用玻璃砂芯漏斗，PP-R 不适宜用玻璃砂芯漏斗。

注 2：粉料用玻璃砂芯漏斗，也可用装有滤纸筒的带孔玻璃漏斗。

注 3：干燥时间长短取决于漏斗是否恒量。

③ 将冷却后的试样在天平上称 5g 移入已精确称量的漏斗内，用电子天平再次称量，精确到 0.1mg。

④ 在萃取器提取阱底部横放一玻璃短管，将称好试样的漏斗置于萃取器内（测试粉料时不放玻璃短管）。

⑤ 在圆底烧瓶中，加入 200mL 正庚烷，放几粒沸石，加热至即将沸腾，装好萃取装置，接通冷却水，萃取器用棉布套保温。

⑥ 从装好萃取装置到冷凝器下端滴下第 1 滴的时间应控制在 6~10min 内，从冷凝液滴下第一滴开始计时。

⑦ 调节回流速度，使正庚烷每小时抽提(20±5)次，连续萃取24h。如果萃取6h的试验结果与抽提24h一致，可萃取6h。

⑧ 萃取结束后移去萃取器，取出漏斗置于漏斗架上，使其冷却到室温，用丙酮洗涤三次，用氮气吹，使丙酮尽量挥发(或在真空泵上将丙酮抽尽)。

⑨ 将含有残余聚合物的漏斗置于充氮真空烘箱内，在100~105℃，使氮气余压保持在25kPa或更小的氮气余压条件下干燥2h(一般即可恒量)，置于干燥器内冷却1h，然后称量，精确到0.1mg。

注：干燥时间长短取决于含有残余聚合物的漏斗是否恒量。

(3) 计算

① 等规指数按下式计算：

$$\omega_{\mathrm{II}}=\frac{m_2-m_0}{m_1-m_0}\times 100$$

式中 ω_{II}——等规指数,%；

m_0——漏斗的质量，g；

m_1——漏斗和试样的质量，g；

m_2——萃取后漏斗和试样的质量，g。

② 对于每个试剂的等规指数，进行两次测定，计算至小数点后第二位。平行测定的两个结果之差不大于0.20%。测定结果以平行测定值算术平均值表示，修约至小数点后第一位。

(4) 报告

报告应包括以下内容：注明使用标准；标明受试材料的全部资料；报告等规指数试验结果；报告试验中异常现象；注明未在标准中规定的操作内容或作为自选的操作内容；注明试验日期。

三、给您提个醒

① 试样干燥及退火时，如果未充氮气与充氮气情况下的试验结果一致，可以不充氮气。

② 测试试样时，粒料用玻璃砂芯漏斗，PP-R不适宜用玻璃砂芯漏斗；粉料用玻璃砂芯漏斗，也可用装有滤纸筒的带孔玻璃漏斗；干燥时间长短取决于漏斗是否恒量。

③ 萃取结束后，含有残余聚合物漏斗的干燥时间长短，取决于含有残余聚合物的漏斗是否恒量。

四、请您想一想

① 等规指数的测定原理是什么？

② 如何正确装配萃取仪器？

③ 等规指数对试样颗粒直径有什么要求？

④ 测试时对样品的回流速度有什么要求？

⑤ 等规指数对测得结果的重复性有什么要求？

6.2.11 塑料灰分的测定——直接煅烧法

原理：燃烧有机物并在高温下煅烧处理残留物直至恒重。

一、培训准备

(1) 理论准备

掌握GB/T 9345.1《塑料 灰分的测定 第1部分：通用方法》所规定的内容。

（2）仪器准备

① 坩埚：与试验物质不起化学作用的石英坩埚、陶瓷坩埚或铂坩埚；

② 本生灯或其他合适的加热源；

③ 马弗炉或微波炉：能控制在(600±25)℃，(700±50)℃，(850±50)℃或(950±50)℃范围内；

④ 电子天平：分度值为 0. 1mg；

⑤ 干燥器：盛有与灰分不起反应的高效干燥剂；

⑥ 称量瓶；

⑦ 通风橱。

二、操作步骤

（1）试样量

所取的试样量要足够产生 5~50mg 的灰分。对灰分量很少的塑料，必须增大试样量。当试样不能一次燃烧完时，就在一个合适的称量瓶中一次称取所需的量，然后分次把试样加入坩埚进行连续燃烧，直到全部试样烧完为止。推荐试样量见表 1-6-5。

表 1-6-5 推荐试样量

灰分近似含量(如已知道)/%	试样量/g	所得的灰分量/mg
≤0. 01	≥200	5~50
>0. 01~0. 05	100	10~50
>0. 05~0. 1	50	25~50
>0. 1~0. 2	25	25~50
>0. 2	≤10	20~50

（2）坩埚恒重

把坩埚放在马弗炉内，在试验温度下加热至恒重。将其放入干燥器内至少 1h，使其冷却至室温，并在电子天平上称量，精确到 0. 1mg。

（3）称量待测样品

称量试样的多少以能产生 5~50mg 灰分为准。如果坩埚足够大，能容纳相当于 5~50mg 灰分的试样，则可直接把试样放入坩埚内称量。对体积较大的材料可先压成小块，然后再破碎成尺寸合适的碎片。

（4）样品碳化

把试样放入坩埚中，不能超过坩埚高度的一半，然后直接在加热源上加热，使其缓慢地燃烧。燃烧不可太剧烈，以免灰分粒子损失。冷却后再加其余的试样。重复上述操作直至烧完全部试样。

（5）样品灰化

把坩埚放入已预热至规定温度的马弗炉中，煅烧 30min。

（6）冷却

把坩埚放入干燥器内冷却 1h，冷却至室温，并在电子天平上称量，精确至 0. 1mg。

（7）再次煅烧

在相同条件下，再烧 30min，直至恒重，连续两次称量结果之差不大于 0. 5mg。

（8）计算

$$灰分含量=\frac{m_1}{m_0}\times 100$$

式中　m_0——干燥试样质量，g；

m_1——所得灰分质量，g。

三、给您提个醒

① 如果预先未知灰分的近似含量，则要进行一次预测定。

② 灰分测量碳化过程中，应防止燃烧太剧烈，以免灰分粒子损失，影响测定结果。

③ 使用马弗炉时炉门应轻开轻关，取放物品应轻拿轻放。尽量减少开炉门的次数，避免炉膛内温度急冷急热，保护炉膛的完好。

④ 取放被加热的物品时，应戴防护手套，防止烫伤。

四、请您想一想

① 测定塑料灰分时，对于低灰分、松散的试样如何处理？

② 测定塑料灰分时，对于体积较大的试样如何处理？

第7章　橡胶分析

7.1　样品采集及处理

7.1.1　样品采集

一、培训准备

(1) 理论准备

掌握采样的相关知识。

(2) 仪器准备

相应的采样设备。

二、操作步骤

从预检测的批次中随机抽取样品后，按下面推荐的方法从选出的各胶包选取实验室样品：

① 从胶包上去掉外层包皮、聚乙烯包装膜、胶包涂层或其他表面物；

② 垂直于胶包最大表面切透两刀，且不得用润滑剂；

③ 从胶包中部取出一整块胶。

三、给您提个醒

① 表层如被滑石粉或其他隔离剂沾污可以去掉。

② 做仲裁检验应按此法取样；实验室样品也可从胶包任何方便的部位选。

③ 根据所要测试的项目，每个实验室样品的总量定为600~1500g。如果橡胶为屑状或粉末状，应从胶袋随机取出相同质量的胶样。

④ 实验室样品如不马上进行测试，则应放入容积不超过样品体积两倍的防潮容器或包装袋中备验。

7.1.2　样品处理方法

一、培训准备

(1) 理论准备

了解制样工具及安全制样知识；掌握橡胶样品制备标准。

(2) 仪器准备

符合 GB/T 6038 的开炼机。

二、操作步骤

(1) 化学物理测试

从实验室样品剪取(250±5)g 试料(如果是屑状胶或粉末胶，则随机取出相同质量的试料)，按 GB/T 6737 规定的热辊法测挥发分含量。从测过挥发分的胶样取料进行规定的化学实验。

有些橡胶用热辊法会黏辊，如发生这种情况改用 GB/T 24131. 1—2018 烘箱法。即使采用烘箱法测挥发分含量，在进行化学测试前仍需用热辊法干燥胶样。如果做不到这一点，则直接从实验室样品取试料。

(2) 门尼黏度

① 直接法(优先采用)。从实验室样品剪取厚度适宜的试料，测定门尼黏度。试料应尽可能不带空气，以免夹带的空气附在转子和模腔表面。屑状或粒状胶应均匀分布在转子上下。

② 过辊法。有时在测试前需用开炼机将胶压实，对某种特定的橡胶，相应的评价方法将规定是否采用过辊法，过辊应按下列步骤进行：

从实验室样品取约(250±5)g 试料，将开炼机辊距调至(1.4±0.1)mm，辊筒表面温度保持在(50±5)℃，将试料过辊 10 次(注意下面对顺丁胶、三元乙丙胶、氯丁胶和某些丁腈胶作了特别规定)。在第 2~9 次过辊时，将胶片对折，第 10 次过辊后，不对折直接下片，测门尼黏度。

顺丁胶(BR)、三元乙丙胶(EPDM)：辊筒表面温度为(35±5)℃。

氯丁胶(CR)：辊筒表面温度为(20±5)℃，辊距为(0.4±0.05)mm 过辊二次。

某些丁腈胶(NBR)：辊距为(1.0±0.1)mm，辊筒表面温度为(50±5)℃。

③ 硫化特性。从实验室样品剪取试料(如为屑状或粉末状胶，则随机取料)，按与被测胶相应的评价方法测定硫化特性。

亦可从各实验室样品取足胶样，以混炼程序初始操作步骤制备适量混合实验室样品。

④ 拉伸性能。按混炼程序操作。

三、给您提个醒

① 均匀化过程有挥发性组分损失，因而可用质量的初值和终值计算挥发分(见 GB/T 6737)。如果不立刻测挥发分，则将均匀化胶样放入容积不超过其体积 2 倍的密闭容器或用两层铝箔包紧备验。

② 在以下情况需采用“过辊法”：

橡胶多孔或极不均匀；橡胶黏度过高；半成品胶粉；炭黑母炼胶。

过辊法测出的门尼黏度值与直接法测出的可能有差异，此外过辊法的测定结果再现性较差。

四、请您想一想

不同橡胶试样采用的仪器和测试条件也不同，为什么？

7.2 混　　炼

为了提高橡胶制品的使用性能，改进工艺性能和降低生产成本，通常需要在橡胶中加入各种配合剂。混炼是将塑炼胶或具有一定可塑性的生胶与各种配合剂经机械作用使之均匀混合的工艺过程。混炼过程把橡胶与配合剂加以混合，制造性能符合要求的混炼胶，保证成品具有良好的物理机械性能和良好的工艺性能。

一、培训准备

(1) 理论准备

了解炼胶机的工作原理及各种配合剂的知识；掌握炼胶机应保持的状态。

(2) 仪器准备

炼胶机、表面温度计。

二、操作步骤

（1）开放式炼胶机混炼程序

① 除非在相应标准中另有规定，每批胶料混炼时都要包在前辊上。

② 在混炼过程中，辊筒温度始终保持在规定温度的±5℃范围内，采用精度为±1℃的表面测温计测量辊筒表面中间部位的温度。为了测量前辊筒表面温度，可以把胶料迅速地从炼胶机上取下，测定辊温之后再将胶放回。

③ 做 3/4 割刀时，其操作方法是：分别由右向左，由左向右，割取包辊胶宽度的 3/4，待辊上积胶全部通过辊筒间隙时，将割下的胶推向辊筒的左边或右边并续入，如此往返切割。左右切割一次为一刀。两次连续割刀之间允许间隔时间为 20s。

④ 当堆积胶或辊筒表面上还有明显的游离粉料时不应切割胶料，从间隙散落下来的配合剂应及时小心收集并重新混入胶料中。

⑤ 需分两个阶段混炼的胶料，在进行第二阶段混炼操作之前让混炼胶至少放置 30min 或直至胶料达到室温为止，两个阶段混炼之间最长放置时间为 24h。

⑥ 为获得压延效应，建议在取出硫化仪试样和混炼胶黏度试样之后，余下混炼胶在（50±5）℃过辊 4 次，每次过辊之后沿混炼胶纵向对折，并让胶片总以同一方向过辊，调整辊距使收缩后胶片厚度为 2.2~2.4mm，适于制备哑铃状试样的硫化胶片。若需制备环形试样的硫化胶圆片，让压出胶片厚度为 4.2~4.4mm。

⑦ 混炼后胶料质量与所有原材料总质量之差为 0.5%~1.5%。

⑧ 混炼后胶料应放在平整、干净、干燥的金属表面冷至室温，冷却后胶料应用铝箔或其他合适材料包好以防污染。

（2）密炼机混炼程序

① 密炼机混炼方法应按不同橡胶相应标准规定进行，若无现成标准可以依据，可按供需双方协议规定进行混炼。

② 开始混炼试验时，可先混炼一个与试验胶料配方相同的胶料调整密炼机的工作状态。对同一批混炼胶料、密炼机的控制条件应保持相同。

③ 密炼机排出胶料应在开放式炼胶机上压实，并在平整洁净金属表面上冷至室温。

④ 进行第二阶段混炼的胶料应按规定放置。当用开放式炼胶机进行第二阶段混炼时，应按有关标准和配方要求加入剩余配合剂，同时每批混炼胶量应减至基本配方量的四倍。当用密炼机进行第二阶段混炼时，应先将胶料切成条状投入密炼机，然后再按规定加入余下配合剂。从密炼机排出胶料应压实、冷至室温。

⑤ 欲获得具压延效应的胶片制备哑铃状试样时，应按规定下片。

⑥ 混炼后胶料的质量与所有原材料总质量之差为 0.5%~1.5%。

三、给您提个醒

① 影响混炼的技术要素主要有：辊距、辊速与速比、辊温和混炼时间。

A. 辊距：辊距过大，减弱剪切效果，配合剂不易分散；辊距过小，增大胶料过辊的剪切效果，加快混合分散速度；但同时增加生热量和升温速度，不利于分散效果。

B. 辊速和速比：辊速过小，会延长混炼时间；辊速过大，操作危险性增加。速比过小，剪切力小，配合剂不易分散；速比过大，胶料生热加快，容易发生焦烧。

C. 辊温：辊温过低，胶料流动性差，不利于配合剂和生胶的混合；辊温过高，胶料黏度降低，会降低对胶料的剪切分散效果和混炼质量，也容易产生胶料脱辊和焦烧现象。

D. 混炼时间：混炼时间过短，配合剂分散不良，胶料质量和性能差；混炼时间过长，容易发生胶烧和过炼现象，降低胶料的质量和性能。

② 开炼机使用要求：

A. 机器启动前，检查辊筒之间和胶样中有无杂物，以免损坏机器。

B. 短时间内不能多次开动和停止。

C. 胶样投入前应调好辊距，不允许边炼边调。

D. 用后清理机器上、托盘上的胶和水，保持仪器的清洁干燥。

③ 密炼机使用要求：

A. 按期换油，各润滑点按润滑规则注油。

B. 检查轴端密封有无泄漏，压紧弹簧是否松弛。

C. 检查主电机轴承和定子温升情况，检查 V 带松紧是否合适。

D. 转子两端与侧板间隙是否基本相同，与侧板是否发生摩擦。

E. 清除压砣四周粘连的滞留物。

④ 已知某些橡胶和配合剂含有少量挥发物，它们在密炼机混炼温度下可能挥发。其结果无法满足上述质量差允许界限，此时应在试验报告中注明实际质量差。

⑤ 当转子间隙达到 3.70mm 时，约增加 10%的混炼容积，当间隙超过 3.70mm 时需进行大修，否则影响混炼质量。

四、请您想一想

① 辊温如何控制？

② 割刀次数如何记录才能防止混乱？

③ 何为 3/4 割刀？相邻两刀之间相差多长时间？您所混炼的胶料一共需要做多少个 3/4 割刀？辊温过高或过低对胶料有什么影响？

④ 炼胶机前辊和后辊的转速相同或不同对胶料有什么影响？

7.3 硫　　化

通过一定的温度、压力和时间后，使橡胶大分子发生化学反应形成交联的工艺过程为硫化。硫化过程是橡胶大分子链发生化学变化形成交联的过程，在这个过程中橡胶发生了一系列的化学反应，使线形状态的橡胶变为立体网状橡胶，获得物理机械性能。

一、培训准备

(1) 理论准备

了解硫化机的基本原理，掌握硫化机应保持的状态。

(2) 仪器准备

硫化机和模具。

二、操作步骤

① 胶坯硫化前应将模具放在闭台平板上预热至规定的硫化温度±1℃范围内，并在该温度下保持 20min，连续硫化时可不再预热。硫化时每层热板仅允许放置一个模具。

② 开启平板并在尽可能短的时间内将准备好胶坯装入模具，闭合平板。当取出模具装胶坯时，应采取预防措施以免模具因接触冷金属板或暴露在空气流中而过冷。

③ 硫化时以加足压力开始至泄压这段时间作为硫化时间。硫化期间模腔压强不得少于

3. 5MPa。硫化时间允许误差为±20s。

平板一打开立即取出硫化胶片，放入室温水或低于室温水中冷却，或放在金属板上冷却10~15min，用于电学测量的胶片应放在金属板上冷却。放水中冷却的胶片擦干后在GB 2941规定的温度下保存备验。上述两种操作要仔细，以防胶片过分拉伸和变形。

④ 硫化过程中应记录实际硫化温度和时间。

三、给您提个醒

① 硫化的三个主要技术要素：硫化压力、硫化温度和硫化时间。

A. 硫化压力：硫化过程施加一定的压力，可以防止胶料气泡的产生，提高胶料的致密性；使胶料流动，充满模型；提高附着力，改善硫化胶物理性能。

B. 硫化温度：硫化温度是硫化反应的基本条件。硫化温度高，硫化速度快，生产效率高，但高温易引起橡胶分子链的裂解并导致橡胶物理性能下降。

C. 硫化时间：在一定温度、压力下，存在一段可使硫化胶具有最佳性能的时间，为正硫化时间。硫化时间太长，胶料易发生过硫；硫化时间太短，易发生欠硫。

② 硫化机操作要点：

A. 不同的硫化温度对应着不同的硫化时间。

B. 模腔内的容积与硫化试片的体积是可以计算出来的。

C. 硫化模具必须预热。

③ 硫化机维护要求：

A. 做样前检查仪表风压力表指示。

B. 检查上、下硫化板的升降和温度是否正常。

C. 检查表面控制板温度、压力、排气次数等各项参数。

D. 检查润滑油液位。

四、请您想一想

① 为什么要如实记录硫化温度和硫化时间？是否硫化温度越高，硫化时间就越短？为什么？

② 硫化压强为什么要保持在一定值以上？

7.4 橡胶特性分析

生橡胶是常温下呈现弹性的天然或合成的聚合物材料，具有高而可逆的延伸性以及阻尼性。生橡胶经过硫化形成硫化胶。硫化橡胶的主要特点是能在很宽的温度范围内保持优良的弹性，伸长率大且弹性模量小，因而不需很大的外力就能产生相当大的变形，具有很好的柔性。此外，橡胶还具有密度小、机械强度高、透气性小、透水率低、介电性能好、化学稳定性较高、容易加工等许多宝贵的性能。我们主要分析的是橡胶物理性能。

7.4.1 拉伸试验操作

一、培训准备

(1) 理论准备

了解拉力机的基本原理；掌握拉力机应保持的状态。

(2) 仪器准备

拉力机、测厚仪、冲片机、裁刀。

二、操作步骤

(1) 试样的测量

1) 哑铃状试样

用测厚计在试样的中部和试验长度的两端测量其厚度。取三个测量值的中位数计算横截面的面积。在任何一个哑铃状试样中，狭小平行部分的三个厚度值均不应超过中位数的2%。若将两组试样进行对比，每组厚度中位数不应超出两组的厚度中位数的7.5%。取裁刀狭小平行部分刀刃间距离作为试样的宽度，并按GB/T 2941—2006的规定进行测量，精确到0.05mm。

2) 环状试样

沿环状试样大致六等分处，分别测量径向宽度和轴向厚度。取6次测量的中位数，用于计算试样横截面面积。内径可用一适用的锥形测径计进行测量，精确至0.1mm。内圆周长可按下式计算：

$$L_i = \pi D$$

式中 L_i——环状试样内圆周长，mm；

D——环状试样的内径，mm。

平均圆周长可按下式计算：

$$L_m = \pi(D + W_r)$$

式中 L_m——环状试样平均圆周长，mm；

D——环状试样的内径，mm；

W_r——环状试样的径向宽度，mm。

(2) 拉伸测试

1) 哑铃状试样

将试样匀称地置于上、下夹持器上，使拉力均匀分布到横截面上。根据试验需要，可安装一个变形测定装置，开动试验机，在整个试验过程中，连续监测试验长度和力的变化，按试验项目的要求进行记录和计算并精确到±2%。

对于1型和2型试样，夹持器移动速度应为(500±50)mm/min，对于3型和4型试样，速度应为(200±20)mm/min。

如果试样在狭小平行部分之外发生断裂，则该试验结果应予以舍弃，并应另取一试样重复试验。

扯断永久变形的测量与计算如下：

测扯断永久变形时，应将断裂后的试样放置3min，再把断裂的两部分吻合在一起，用精度为0.05mm的量具测量吻合后的两条平行标线间的距离，并可按下式计算扯断永久变形值为

$$S_b = \frac{100(L_t - L_0)}{L_0}$$

式中 S_b——扯断永久变形，%；

L_t——试样断裂后，放置3min对起来的标距，mm；

L_0——初始试验长度，mm。

2) 环状试样

将试样以最小的张力置于两个滑轮上。开动试验机，在整个试验过程中，连续监测两滑

轮之间距离和力值的变化。按试验项目的要求进行记录和计算，精确到±2%。

对于 A 型试样，可动滑轮的移动速度应为(500±50)mm/min；对于 B 型试样，速度应为(100±10)mm/min。

三、给您提个醒

① 在试验前，试片不能有任何受力和损伤，否则会影响试验结果。

② 裁刀和裁片机应符合如下要求：

试验用的所有裁刀和裁片机应符合 GB/T 2941—2006 的规定。制备哑铃状试样用的裁刀尺寸、规格，应符合表 1-7-1 的要求，裁刀狭小平行部分任一点宽度偏差不应超过 0. 05mm。

表 1-7-1　哑铃状试样尺寸表　　mm

尺　　寸	1 型	2 型	3 型	4 型
A. 总长度(最短)	115	75	50	35
B. 端部宽度	25. 0±1. 0	12. 5±1. 0	8. 5±0. 5	6. 0±0. 5
C. 狭小平行部分长度	33. 0±2. 0	25. 0±1. 0	16. 0±1. 0	12. 0±0. 5
D. 狭小平行部分宽度		4. 0±0. 1	4. 0±0. 1	2. 0±0. 1
E. 外过渡边半径	14. 0±1. 0	8. 0±0. 5	7. 5±0. 5	3. 0±0. 1
F. 内过渡边半径	25. 0±2. 0	12. 5±1. 0	10. 0±0. 5	3. 0±0. 1

注：为确保试样端部与夹持器接触，有助于避免“肩部断裂”，可使总长度稍大些。

③ 测厚计应符合如下要求：

测量哑铃状试样厚度和测量环状试样轴向厚度所用的测厚计应符合 GB/T 2941—2006 方法 A 中的规定。

测量环状试样的径向宽度的测厚计，除压足和基板应与环状试样曲面的曲率相吻合外，其他如前所述。

④ 锥形测径计应符合如下要求：

经校准的锥形测径计或其他适用的仪器可用于测量环状试样的内径。应采用误差不超过 0. 01mm 的仪器来测量直径。支撑被测量环的工具应能避免使所测量的尺寸发生任何明显变化。

⑤ 拉力试验机应符合如下要求：

拉力试验机应符合 GB/T 16491—2022 的规定，其测力精度应为 B 级。

对于非标准温度下的试验，拉力试验机应配备有一个合适的恒温箱。高于或低于正常温度的试验，应符合 GB/T 16491—2022 的要求。

四、请您想一想

① 对试片工作部分标线宽度应有什么要求？

② 为什么试验要有温度、湿度的要求？

7. 4. 2　门尼试验操作

门尼黏度计是根据溶液的流体力学原理设计的。在规定的试验条件下，使转子在充满橡胶的圆柱形模腔内转动，测定橡胶对转子转动所施加的转矩。橡胶试样的门尼黏度以橡胶对转子转动的反作用力矩表示，单位为门尼单位。

一、培训准备

（1）理论准备

了解门尼机的认知，掌握门尼机应保持的状态。

（2）仪器准备

门尼机。

二、操作步骤

① 把模腔和转子预热到试验温度，并使其达到稳定状态，门尼黏度计在带转子空载转动时，记录仪或刻度盘上的门尼值读数应在 0±0.5 范围内。

② 打开模腔，将转子插入胶片的中心孔内，并将转子放入黏度计模腔中，再将未打孔的胶片准确地放在转子上面，迅速关闭模腔。

③ 测试低黏度或发黏胶料时，可在试样和模腔表面间衬以厚度为 0.02~0.03mm 的热稳定薄膜，如聚酯薄膜，以便清除测试后试样。这种薄膜的使用可能会影响测试结果。

④ 关闭模腔，开始计时，将胶料预热 1min 时，转动转子，测试时间按相关标准规定。如果门尼黏度值不是连续记录的，则在规定的读数时间前每隔 30s 观察标尺的数值，并将这期间的最低值作为该试样的门尼值。读数精确到 0.5 门尼单位。

三、给您提个醒

试样测试前在标准实验室温度下状态调节至少 30min，均匀化后的样品应在 20h 内进行测量。

门尼机应及时清理，橡胶残留物放置时间过长易塑化黏附模腔。

门尼机应定期校正。零点校准后，从零开始，每 20 个门尼值校正一点，直至满量程。

门尼试验仪器应符合如下要求：

① 门尼黏度计应经过权威部门校验合格。

② 门尼黏度计由转子、模腔、加热控温装置和转矩测量系统组成。仪器的主要机构见图 1-7-1，主要尺寸见表 1-7-2。

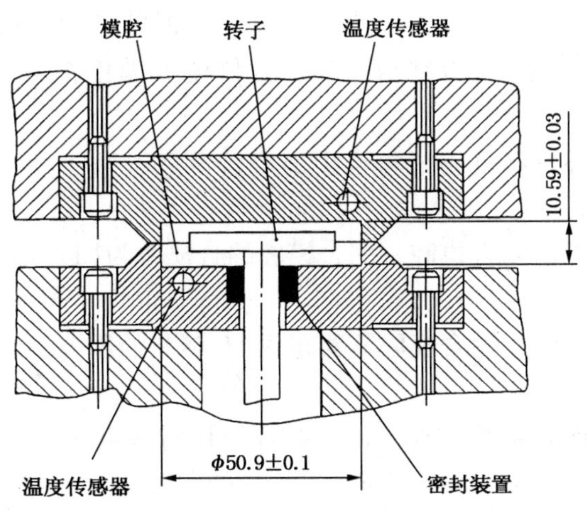

图 1-7-1　圆盘剪切黏度计

表 1-7-2　转子主要尺寸表

名　　称	尺寸/mm	
转子直径	大	小
	38. 10±0. 03	30. 48±0. 03
转子厚度	5. 54±0. 03	
模腔直径	50. 9±0. 1	
模腔深度	10. 59±0. 03	

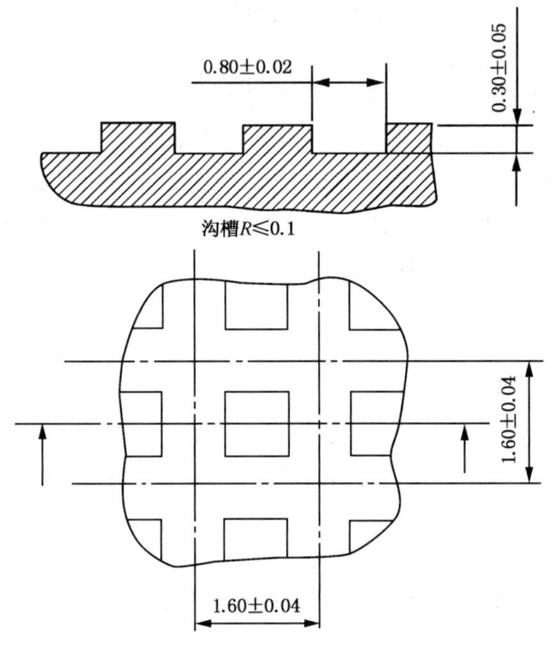

图 1-7-2　带有矩形断面沟槽的转子

转子应符合如下要求：

① 为防止打滑，转子平面刻有两组相互垂直的横断面为矩形的沟槽。转子侧面也有与轴线平行的沟槽，其深度、宽度及中心线距离与平面上的沟槽相同，具体尺寸见图 1-7-2。

② 转子转动速度为(2. 00±0. 02) r/min。

③ 试验中一般使用大转子，但试样的黏度较高时，允许使用小转子。小转子与大转子所得的试验结果是不相等的。但是在比较橡胶性能时，却能得出相同的结论。

模腔由上下模所组成。模腔平面和侧面有与转子平面和侧面尺寸相同的沟槽。也可以使用带有放射状 V 形沟槽的模腔，以防止打滑。

加热控温装置应符合如下要求：

① 加热控温系统应使模腔的温度保持在试验温度±0. 5℃范围内。

② 试样放入模腔后，加热装置应在 4min 内使模腔温度恢复至试验温度的±0. 5℃范围内。

③ 测温装置的温度显示精度应精确至 0. 25℃。

合模力应符合如下要求：

① 可用气动或其他方法闭合模腔。闭合模腔的合模力为(11. 5±0. 5) kN。并在试验过程中始终保持这一状态。

② 当试样的黏度较高时，闭合模腔需要超过 11. 5kN 的压力，但至少在转子启动前 10s，压力应降到(11. 5±0. 5) kN。

③ 无论用哪种方法闭合模腔，校准仪器时都应该将厚度不大于 0. 04mm 的软纸放置上下模闭合面上。当模腔闭合时，软纸上应压有均匀的印痕，若印痕不均匀，表明仪器调整不当或闭合面磨损，上下模变形等。其中任何一种情况存在，都可能引起试验误差。

转矩测量应按下面方法进行：

转子转动所需的转矩记录或指示在以门尼单位为分度的线性标尺上。当转子空载运转时读数应为零，当向转子杆施加(8. 30±0. 02) N · m 的转矩时读数应为 100. 0±0. 5。因此，一个门尼单位相当于0.083N·m的转矩。标尺应能够精确至0.5个门尼单位。当关闭模腔转子空载运转时，读数与零点之差应小于0.5个门尼单位。

如果黏度计装配有转子弹出弹簧，则应打开模腔进行零位校准，以防转子顶压到上模腔。黏度计应在测试温度下进行校准，适合于大多数黏度计的校准方法如下：将易弯曲的金属丝一端固定在特制的转子上，另一端悬挂经标定的校准砝码，使标尺上的读数校准至100。在校准期间，转子以0.209rad/s速度转动，并且模体应达到规定的测试温度。

四、请您想一想

① 所测定胶料如果没有完全包裹转子，对测定结果会有什么影响？

② 量程校正偏大或偏小，对测定结果会有什么影响？

7.4.3 熔体流动速率的测定

一、培训准备

(1) 理论准备

了解熔体流动速率测定仪的基本原理；掌握熔体流动速率测定仪应保持的状态。

(2) 仪器准备

熔体流动速率测定仪、电子天平。

二、操作步骤

① 将仪器调至水平。

② 清洁仪器，在装好标准口模并插入活塞后，开始升温。当升到规定温度后，恒温至少15min。

③ 根据试样的预计流动速率按表1-7-3称取试样并加入料筒。

表1-7-3 试样加入量与切样时间间隔

熔体流动速率/(g/10min)	料筒中试样质量/g	挤出料条切断时间间隔/s
>0.1，≤0.15	3~5	240
>0.15，≤0.4	3~5	120
>0.4，≤1	4~6	40
>1，≤2	4~6	20
>2，≤5	4~8	10
>5	4~8	5

试样加入时用活塞压紧，并在1min内加完，将活塞留在料筒里，根据选定的试验条件加负荷。

④ 试样经4min预热，炉温应恢复到规定温度，用手压使活塞降到下环形标记距料筒口5~10mm为止，这个操作的时间不应超过1min。待活塞下降至下环形标记和料筒口相平时，切除已流出的样条，并按表1-7-3规定的切样时间间隔开始正式切取。保留连续切取的无气泡样条三个。当活塞下降到上环形标记和料筒口相平时，停止切取。

⑤ 样条冷却后，置于天平上，分别称重。

三、给您提个醒

① 如果试样熔体的流动速率高于10g/10min，则预热时试样会有较大的损失。在这种情况下，预热期间可以不加砝码或加较小的砝码，在4min预热结束时换成所需的砝码。

② 易氧化降解的试样，在装料前，须用氮气吹扫料筒、熔体流动速率在 25g/10min 以上者，可采用内径小的标准口模、样条长度最好在 10～20mm 之间，但以切样时间间隔为准。

③ 若所切样条中的质量的最大值和最小值之差超过其平均值的 10%，则试验重做。

④ 每次试验后，必须用纱布擦净标准口模表面，活塞和料筒，模孔用直径合适的黄铜丝或木钉趁热将余料顶出后用纱布擦净。

⑤ 定期用标准样品对仪器进行校正。

四、请您想一想

除去样品本身的因素外，操作中什么原因会导致测定结果偏大？操作中什么原因会导致测定结果偏小？

7.4.4 橡胶硬度的测定

一、培训准备

(1) 理论准备

掌握硬度计应保持的状态。

(2) 仪器准备

硬度计。

二、操作步骤

① 将试样放在平整、坚硬的表面上，尽可能快速地将压足压到试样上或反之把试样压到压足上。应没有振动，保持压足和试样表面平行以使压针垂直于橡胶表面，当使用支架操作时，最大速度为 3.2mm/s。

② 加弹簧试验力使压足和试样表面紧密接触，当压足和试样紧密接触后，在规定的时刻读数。对于硫化橡胶标准弹簧试验力保持时间为 3s，热塑性橡胶则为 15s。如果采用其他的试验时间，应在试验报告中说明。未知类型橡胶当作硫化橡胶处理。

③ 在试样表面不同位置进行 5 次测量取中值。对于邵氏 A 型、D 型和 AO 型硬度计，不同测量位置两两相距至少 6mm；对于 AM 型，至少相距 0.8mm。

三、给您提个醒

使用支架固定硬度计或在压针轴上用砝码加力使压足和试样接触，或两种方法兼用可以提高测量准确度。对于邵氏硬度计，A 型推荐使用 1kg 砝码，D 型推荐使用 5kg 砝码加力。

四、请您想一想

所用硬度计适合测定什么范围的硬度值？

7.4.5 橡胶硫化特性评价

一、培训准备

(1) 理论准备

了解硫化仪的基本原理；掌握硫化仪应保持的状态。

(2) 仪器准备

硫化仪、炼胶机。

二、操作步骤

① 随着模腔的关闭，两个模子的温度应能达到测试温度并保持稳定，对于圆盘振荡硫

化仪，圆盘应处在正确的位置并保持稳定。装入试样前，应对力或转矩的测量设备进行必要的调零和量程选择。

② 装载试样和闭合模腔应尽快完成。在装入试样后应立即关闭模腔，从打开到关闭的时间不应超过20s。

③ 硫化时间应在模腔完全闭合时开始记录。活动模或圆盘应在模腔关闭时或关闭前启动。

④ 在取出硫化试样后，如果模腔温度偏差保持在设定值±0.3℃范围内，则可立即装入另一试样。否则应闭合模腔，使温度重新达到设定值。

三、给您提个醒

① 部分胶料的沉积物可能黏附在模腔和圆盘上，这可能会影响最终的转矩值。可通过使用标准胶料来检查这种情况是否发生。如果胶料沉积物太多，可用柔软磨料轻轻磨去，或者用超声波清洗，或者用无腐蚀性的清洗剂清洗。清洗应非常小心，应遵循制造厂的建议。如果用清洗剂，清洗后的前两个试样应作废。可用天然胶料来清除残余物。有些情况下可使用保护膜来防止沉积物淤积。对于模腔密封型的双锥形无转子硫化仪，推荐使用保护膜(聚酯保护膜厚度<0.03mm)。

② 必须及时更换密封垫。

③ 试样内温度分布在变形区域，允许误差不应超过试样平均温度的±1.0℃。

④ 设定温度由用于控温的温度传感器确定。设定温度与平均试样温度的差值不超过2℃。

四、请您想一想

① 开模后，为什么开关模腔时间不超过20s？模腔温度在测定中的作用是什么？

② 硫化仪允许的温度波动值是多少？

7.5 橡胶试样的环境调节及标准试验条件

试验之前将橡胶试样直接暴露在标准温度和湿度下，经过一个规定的时间，以改善试验结果的重复性。

一、培训准备

(1) 理论准备

了解橡胶试样调节的必要性及标准试验条件的相关标准。

(2) 环境准备

整洁平滑的停放试片的台面，不会被阳光直射。

二、操作步骤

(1) 标准试验条件

标准温度：(23±2)℃[亚热带地区可为(27±2)℃]。

标准湿度：温度在标准温度时，应为50%±5%(27℃时，为65%±5%)。

高低温试验的优选温度值(℃)如下：

-80、-70、-55、-40、-25、-10

40、55、70、85、125、150、175、200、225、250、275、300

（2）环境调节

样品应按下述时间要求进行调节：

混炼后硫化前调节时间：2~24h。

硫化后试验前调节时间：16~96h。如无特殊规定，试验应在橡胶试样的调节及标准试验条件下进行。

三、给您提个醒

试样调节是在不受阳光直射、不受任何外力作用的前提下进行的。

四、请您想一想

标准试验条件的最大允许误差是多少？

高级工篇

第 1 章　化 学 分 析

1.1　容量仪器校正

容量分析仪器主要是滴定管、移液管和容量瓶，由于温度的变化、试剂的浸蚀等原因，它们的真实容积与器壁上所标示的容积并非完全一致。因此，在要求较高的分析工作中，必须对其进行容积校准。校准的方法有绝对校准法和相对校准法。

1.1.1　滴定管的校正(称量法)

滴定管的校准常用绝对校准法(称量法)，它是用电子天平称量容量仪器量入或量出的纯水的质量，由于不同温度下水的密度是已知的，所以根据纯水的密度就能够计算出容量仪器的实际体积。

一、培训准备

(1) 理论准备

掌握滴定管的使用方法和校正方法。

(2) 仪器准备

50mL 酸式滴定管、50mL 带磨口塞的锥形瓶、温度计、电子天平。

二、操作步骤

① 清洗滴定管。

② 将干净并且外部干燥的 50mL 带磨口塞的锥形瓶在天平上称量，准确至小数点后第三位。

③ 滴定管充水至最高标线以上约几毫米处，慢慢将液面准确地调至零位，全开旋塞，流出口应无阻塞，当液面流至距被检分度线上约 5mm 处时，关闭旋塞，等待 30s，然后在 10s 内将液面准确地调至被检分度线上。

④ 重复上述②、③操作步骤，称量滴定管中从 0~20mL，0~30mL 刻度间水的质量。

⑤ 用试验温度下水的密度除每次得到水的质量，即可得到滴定管各部分的实际容积。

⑥ 重复校正一次。两次相应区间的水质量相差应小于 0.020g，求出其平均值。

三、给您提个醒

① 测量试验水温时，须将温度计插入水中 5~10min 后才读数，读数时温度计下端水银球应仍浸在水中。严格来说，必须使用分度值为 0.1℃ 的温度计。

② 滴定管的实际容积与它所标示的容积存在的差值必须符合一定标准，见表 2-1-1。

表 2-1-1　常用滴定管的容量允差(摘自 GB/T 12805—2011)

项　目		标称总容量/mL					
		2	5	10	25	50	100
分度值/mL		0.02	0.02	0.05	0.1	0.1	0.2
容量允差(±)/mL	A	0.010	0.010	0.025	0.05	0.05	0.10
	B	0.020	0.020	0.050	0.10	0.10	0.20

③ 由质量换算成容积时，需考虑三方面的影响：A. 水的密度随温度的变化；B. 温度对玻璃器具容积胀缩的影响；C. 在空气中称量时空气浮力的影响。为了方便计算，将上述三种因素综合考虑，得到一个总校准值见表 2-1-2。

表 2-1-2　在不同温度用蒸馏水充满 20℃ 1L 玻璃容器时水的质量

温度/℃	质量/g	温度/℃	质量/g	温度/℃	质量/g
10	998. 39	19	997. 34	28	995. 44
11	998. 33	20	997. 18	29	995. 18
12	993. 24	21	997. 00	30	994. 91
13	998. 15	22	996. 80	31	994. 64
14	998. 04	23	996. 60	32	994. 34
15	997. 92	24	996. 38	33	994. 06
16	997. 78	25	996. 17	34	993. 75
17	997. 64	26	995. 93	35	993. 45
18	997. 51	27	995. 69	36	993. 12

四、请您想一想

① 校正时为什么锥形瓶和水的质量只准确到小数点后第三位？

② 锥形瓶磨口部位是否可以沾到水？

③ 校准滴定管时，为什么每次都要从 0. 00mL 开始？

1. 1. 2　移液管的校正(称量法)

移液管是定量分析中常用量具，移液管容积的准确性对定量分析的结果准确性有至关重要的影响。因此，移液管必须经过准确的校正。

一、培训准备

(1) 理论准备

掌握移液管的使用方法，了解移液管的校正方法。

(2) 仪器准备

25mL 移液管、50mL 具塞锥形瓶、温度计、电子天平。

二、操作步骤

① 清洗移液管。

② 将干净并且外部干燥的 50mL 带磨口塞的锥形瓶在天平上称量，准确至小数点后第三位。

③ 按移液管的使用方法吸取已测温的纯水，调节液面至刻度。放入已称重的锥形瓶中，盖上瓶塞，再称出它的质量。两次质量之差即为放出水的质量。

④ 用试验温度时的密度除每次量取水的质量，即可得到移液管的实际容积。

⑤ 重复校正一次。两次测定的水质量相差应小于 0. 020g。

三、给您提个醒

① 移液管或吸量管直立，并将流液口轻靠接水器壁，此时接水器约倾斜 30°，在保持不动的情况下流出并计时。

② 校准移液管时，水自标线流至口端不流时再等待 15s。

③ 移液管的实际容积与它所标示的容积存在的差值必须符合一定标准见表 2-1-3。

表 2-1-3　常用移液管的容量允差(摘自 GB/T 12808—2015)

标称容量/mL		2	5	10	20	25	50	100
容量允差(±)/mL	A	0.010	0.015	0.020	0.030	0.030	0.050	0.080
	B	0.020	0.030	0.040	0.060	0.060	0.100	0.160

四、请您想一想

如果在 24℃时，称得 25mL 移液管中至刻度线时放出水的质量为 24.902g，那么该移液管在 20℃时的真实体积及校准值应该是多少?

1.1.3　容量瓶的校正(相对校准法)

相对校准法是相对比较两容器所盛液体体积的比例关系。在实际工作中，容量瓶与移液管常常配套使用，如将一定量的物质溶解后在容量瓶中定容，用移液管取出一部分进行定量分析。因此，重要的不是知道所用容量瓶和移液管的绝对体积，而是容量瓶与移液管的容积比是否正确，如用 25mL 移液管从 250mL 容量瓶中移出液体的体积是否是容量瓶体积的 1/10，一般只需要做容量瓶和移液管的相对校准。

一、培训准备

(1) 理论准备

了解移液管和容量瓶的相对校正方法。

(2) 仪器准备

25mL 移液管、250mL 容量瓶。

二、操作步骤

① 用洗净校准后的 25mL 移液管吸取蒸馏水，注入洁净并干燥的 250mL 容量瓶中。

② 平行移取 10 次。

③ 观察溶液弯月面下缘是否与刻度线相切，若不相切，应另作记号。

④ 待容量瓶沥干后再校准一次，连续两次试验相符后，用一平直的窄纸条贴在与弯月面相切之处，并在纸条上刷蜡或贴一块透明胶布以保护此标记。以后使用的容量瓶与移液管即可按所贴标记配套使用。

三、给您提个醒

配套使用的移液管和容量瓶，可采用相对校准法，用作取样的移液管，则必须采用绝对校准法。

容量瓶的实际容积与它所标示的容积存在的差值必须符合一定标准，见表 2-1-4。

表 2-1-4　常用容量瓶的容量允差(摘自 GB/T 12806—2011)

标称容量/mL		5	10	25	50	100	200	250	500	1000	2000
容量允差(±)/mL	A	0.02	0.02	0.03	0.05	0.10	0.15	0.15	0.25	0.40	0.60
	B	0.04	0.04	0.06	0.10	0.20	0.30	0.30	0.50	0.80	1.20

四、请您想一想

① 进行容量器皿校准时，应注意哪些问题?

② 某 250mL 容量瓶，其实际容量比标示值小 1.0mL，若称取试样约 0.5g，溶解后转入此容量瓶定容，并移取 25mL 进行滴定，则由试样引入的相对误差为多少?

1.2 滴定分析

1.2.1 基准物质的选择与处理

基准物质都可用直接法配制标准溶液。在电子天平上准确称取一定量已干燥的“基准物质”溶于水后，转入已校正的容量瓶中用水稀释至刻度，摇匀，即可计算出其准确浓度。

一、培训准备

(1) 理论准备

掌握基准物质具备的条件和应用规则。

(2) 试剂准备

相关基准物质。

二、操作步骤

① 根据标定对象的性质，参照表 2-1-5，选择合适的基准物质。

② 按照基准物质应用的要求，处理基准物质。

③ 用基准物质标定标定对象。

表 2-1-5 常用基准物质的干燥条件和应用

基准物质		干燥后组成	干燥条件	标定对象
名称	分子式			
碳酸氢钠	$NaHCO_3$	Na_2CO_3	270~300℃	酸
碳酸钠	Na_2CO_3	Na_2CO_3	270~300℃	
硼砙	$Na_2B_4O_7 \cdot 10H_2O$	$Na_2B_4O_7 \cdot 10H_2O$	放在含有 NaCl 和蔗糖饱和溶液的干燥器中	
碳酸氢钾	$KHCO_3$	K_2CO_3	270~300℃	
草酸	$H_2C_2O_4 \cdot 2H_2O$	$H_2C_2O_4 \cdot 2H_2O$	室温空气干燥	碱或 $KMnO_4$
邻苯二甲酸氢钾	$KHC_8H_4O_4$	$KHC_8H_4O_4$	105~110℃	碱
重铬酸钾	$K_2Cr_2O_7$	$K_2Cr_2O_7$	120℃	还原剂
溴酸钾	$KBrO_3$	$KBrO_3$	130℃	
碘酸钾	KIO_3	KIO_3	130℃	
铜	Cu	Cu	用 2% 乙酸、水、乙醇依次洗涤后，放在干燥器中保存 24h 以上	
三氧化二砷	As_2O_3	As_2O_3	在室温下于干燥器中保存	氧化剂
草酸钠	$Na_2C_2O_4$	$Na_2C_2O_4$	130℃	氧化剂
碳酸钙	$CaCO_3$	$CaCO_3$	110℃	EDTA
锌	Zn	Zn	用 1+3 盐酸、水、乙醇依次洗涤后，放干燥器中保存 24h 以上	
氧化锌	ZnO	ZnO	800~900℃	
氯化钠	NaCl	NaCl	500~600℃	$AgNO_3$
氯化钾	KCl	KCl	500~600℃	
硝酸银	$AgNO_3$	$AgNO_3$	280~290℃	氯化物

三、给您提个醒

烘干后的基准物质，除说明者外，均应放在硅胶干燥器中备用。

四、请您想一想

直接标定法、间接标定法、比较法有何异同？

1.2.2 工业硫酸中硫酸含量的测定

硫酸是重要的化学工业产品，广泛应用于化工、轻工、制药、国防科研等部门中。同时，硫酸又是基本工业原料，在国民经济中占有重要地位。

一、培训准备

（1）理论准备

了解混合指示剂的变色原理及变色范围，掌握酸碱中和反应原理及强碱强酸滴定曲线。

（2）仪器准备

碱式滴定管(50mL)、锥形瓶(250mL)、带磨口塞小称量瓶、电子天平。

（3）试剂准备

0.5mol/L NaOH 标准溶液、甲基红-次甲基蓝指示剂。

二、操作步骤

① 称量干燥处理好的带磨口塞的小称量瓶。

② 用小称量瓶称取约 0.7g 试样，小心移入盛有 50mL 水的 250mL 锥形瓶中，冷至室温。

③ 于上述试液中加入 2~3 滴甲基红-次甲基蓝混合指示剂，用 NaOH 标准溶液滴定至溶液呈灰绿色为终点。

④ 平行测定 3 次。

三、结果计算

试样中 H_2SO_4的质量分数为

$$\omega_{H_2SO_4} = \frac{cV \times M_{\frac{1}{2}H_2SO_4}}{m \times 1000} \times 100\%$$

式中 $\omega_{H_2SO_4}$——试样中 H_2SO_4的质量分数；

c——NaOH 标准溶液浓度，mol/L；

V——消耗 NaOH 标准溶液体积，mL；

m——试样质量，g；

$M_{\frac{1}{2}H_2SO_4}$——$\frac{1}{2}H_2SO_4$ 的摩尔质量，g/mol。

四、给您提个醒

① 甲基红-次甲基蓝混合指示剂的变色点为 pH=5.4，也可选用甲基橙和甲基红指示剂。标定 NaOH 标准溶液采用的指示剂最好和测定时采用相同的指示剂，以消除系统误差。

② 硫酸具有强烈的腐蚀性，能灼烧皮肤，操作时要小心，并戴防护面具。

③ 硫酸稀释时会放出大量的热，使得试样溶液温度变高，需冷却后才能进行滴定分析。

五、请您想一想

硫酸试样的称取量由哪些因素决定？

1.2.3 天然水总硬度的测定

水硬度主要指水中含有可溶性钙盐和镁盐的多少。水硬度的测定是水的质量控制的重要指标之一。总硬度是指水中 Ca^{2+}、Mg^{2+}的总含量，钙盐的含量表示水的钙硬度，镁盐的含量表示水的镁硬度。

一、培训准备

（1）理论准备

了解常用水硬度的表示方法及金属指示剂的变色原理，掌握水硬度测定的原理和方法。

（2）仪器准备

酸式滴定管(50mL)、锥形瓶、移液管。

（3）试剂准备

EDTA 标准溶液(0.02mol/L)、NH_3-NH_4Cl 缓冲溶液(pH=10；27g NH_4Cl 溶于适量水中，加浓氨水 175mL，用水稀释至 500mL)、NaOH 溶液(4mol/L)、盐酸溶液(1∶1)、三乙醇胺(200g/L)、Na_2S 溶液(20g/L)、钙指示剂(取 0.5g 钙指示剂与 50g NaCl 充分碾匀)、铬黑 T[取 0.5g 铬黑 T，加 20mL 三乙醇胺，用水(或乙醇)稀释至 100mL]。

二、操作步骤

（1）总硬度的测定

① 用 50mL 移液管移取水样 50.00mL，置于 250mL 锥形瓶中。

② 加 1~2 滴盐酸酸化(用刚果红试纸检验变蓝紫色)，煮沸数分钟以除去 CO_2。

③ 冷却后，加入 3mL 三乙醇胺溶液，5mL 氨性缓冲溶液，1mL Na_2S 溶液，3 滴铬黑 T 指示剂，立即用 EDTA 标准溶液滴定至溶液由红色变为纯蓝色即为终点。

④ 记下 EDTA 标准溶液的体积。

⑤ 平行测定 3 次。

（2）钙硬度的测定

① 用 50mL 移液管移取水样 50.00mL，置于 250mL 锥形瓶中。

② 加入刚果红试纸(pH=3~5，颜色由蓝变红)一小块。加入盐酸酸化至试纸变蓝紫色为止。

③ 煮沸 2~3min，冷却至 40~50℃，加入 4mol/L NaOH 溶液 4mL，再加少量钙指示剂，以 EDTA 标准溶液滴定至溶液由红色变为蓝色即为滴定终点。

④ 记下 EDTA 标准溶液的体积。

⑤ 平行测定 3 次。

三、结果计算

分别按下面的公式计算总硬度和钙硬度。

总硬度：
$$\rho_{CaO}=\frac{c_{EDTA}V_{EDTA}M_{CaO}}{V}\times 1000$$

钙硬度：
$$\rho_{Ca^{2+}}=\frac{c_{EDTA}V_{EDTA}M_{Ca^{2+}}}{V}\times 1000$$

式中 c_{EDTA}——EDTA 标准溶液的浓度，mol/L；

V_{EDTA}——滴定时消耗的 EDTA 标准溶液所消耗的体积，mL；

V——水样的体积，mL；

M_{CaO}——CaO 的摩尔质量，g/mol；

$M_{Ca^{2+}}$——Ca^{2+}的摩尔质量，g/mol。

四、给您提个醒

① 加入 Na_2S 后，若生成的沉淀较多，应将沉淀过滤。

② 硬度较大的水样，在加缓冲溶液后常析出 $CaCO_3$、$Mg(OH)_2$、$MgCO_3$微粒，使滴定终点不稳定。遇此情况，可于水样中加适量稀盐酸溶液，振摇后，再调至近中性，然后加缓冲溶液，则终点稳定。

③ 铬黑 T 与 Mg^{2+}显色的灵敏度高，与 Ca^{2+}显色的灵敏度低，当水样中 Ca^{2+}含量很高而镁含量很低时，往往得不到敏锐的终点。可以在水样中加入少许 Mg-EDTA，利用置换滴定法的原理来提高终点变色的敏锐性，或者改用酸性铬蓝 K 作指示剂。

④ 如果水样中 HCO_3^-、H_2CO_3含量较高，终点变色不敏锐，可以经过酸化并煮沸后再测定或者采用返滴定法。

五、请您想一想

① 如何计算镁硬度？

② 若某试液中仅含 Ca^{2+}，能否用铬黑 T 作指示剂？如果可以，如何测定？

③ 结合本试验，说明配位滴定为什么要使用缓冲溶液？

④ 用 EDTA 法测定水的硬度时，哪些离子的存在有干扰？如何消除？

1.2.4 水试样中氯离子含量的测定(莫尔法)

自来水中 Cl^-的定量检测，最常用的方法是莫尔法。该法的应用比较广泛，生活饮用水、工业用水、环境水质检测以及一些药品、食品中氯的测定都使用莫尔法。

一、培训准备

(1) 理论准备

掌握莫尔法的方法原理、莫尔法的测定条件。

(2) 仪器准备

酸式滴定管(50mL)、锥形瓶、移液管。

(3) 试剂准备

$AgNO_3$标准溶液(0.1mol/L)、5% K_2CrO_4水溶液。

二、操作步骤

① 吸取水样 50mL 置于 250mL 锥形瓶中，加入 5%K_2CrO_4溶液 1.5mL，在充分摇动下，用 $AgNO_3$标准溶液滴定至溶液呈微砖红色，即为终点，记下 $AgNO_3$溶液的体积。

② 平行测定 3 次。

③ 按下面的公式计算氯离子含量

$$\omega_{Cl^-} = \frac{c_{AgNO_3} V_{AgNO_3} M_{Cl^-}}{V_{水}} \times 100\%$$

式中 ω_{Cl^-}——水样中氯的质量分数；

c_{AgNO_3}——$AgNO_3$标准溶液的浓度，mol/L；

V_{AgNO_3}——滴定时消耗 $AgNO_3$标准溶液体积，mL；

M_{Cl^-}——Cl^-的摩尔质量，g/mol；

$V_{水}$——水样的体积，mL。

三、给您提个醒

测定氯离子的方法中，溶液酸度的控制是关键，本滴定最适宜在 pH 为 6.5~10.5 的介质中进行；若试液中有 NH_4^+存在，则介质的 pH 应保持在 6. 5~7. 2。

四、请您想一想

① 测定过程中，可能有哪些离子干扰氯的测定？如何消除干扰？

② 用莫尔法能否测定 I^-、SCN^-？为什么？

③ 如何用佛尔哈德法测定氯含量？

1. 2. 5　水质化学需氧量(*COD*)的测定

化学需氧量又称化学耗氧量，简称 *COD*，是度量水体受还原性物质(主要是有机物)污染程度的综合性指标。它是指水体中还原性物质所消耗的氧化剂的量，换算成氧的质量浓度表示(O_2，mg/L 表示)，*COD* 值越高，说明水体受污染越严重。

一、培训准备

(1) 理论准备

掌握高锰酸钾返滴定法测定化学需氧量的基本原理和方法。

(2) 仪器准备

棕色酸式滴定管(50mL)、锥形瓶、移液管、电子天平。

(3) 试剂准备

高锰酸钾标准溶液 $c_{\frac{1}{5}KMnO_4}=0.01mol/L$，$Na_2C_2O_4$(基准试剂：105~110℃下烘干)，硫酸溶液 $c_{\frac{1}{2}H_2SO_4}=6mol/L$。

二、操作步骤

(1) 草酸钠标准溶液的配制

① 在电子天平上准确称取基准物质 $Na_2C_2O_4$约 1. 70g，放于小烧杯中，加少量水使之溶解后，定量转入 250mL 容量瓶中，用水稀释至刻度，充分摇匀。

② 移取上述溶液 25. 00mL 放于 250mL 容量瓶中，用蒸馏水稀释定容，摇匀。

(2) 化学耗氧量的测定

① 取水样 100. 00mL，加入 7. 5mL 硫酸溶液。

② 自滴定管准确加入高锰酸钾溶液 10. 00mL(V_1)。

③ 在沸水中加热 10min，使其还原性物质充分被氧化，趁热加入 15. 00mL 草酸钠标准溶液，摇匀。

④ 保持温度在 75 ~ 85℃，立即用高锰酸钾标准溶液滴至浅粉色，保持 30s 不褪即为终点。

⑤ 记录消耗高锰酸钾标准溶液的体积(V_2)。

(3) $KMnO_4$校正系数 *K* 的测定

在上面滴定完的溶液中，加入 15. 00mL 草酸钠标准溶液，立即用高锰酸钾标准溶液滴至浅粉色，保持 30s 不褪即为终点。记录消耗的高锰酸钾标准溶液的体积(V_3)。则每毫升 $KMnO_4$标准溶液相当于 $Na_2C_2O_4$标准溶液的体积(mL)为 $K=15.0/V_3$。

(4) 结果计算

按下面的公式计算草酸钠标准溶液的浓度为

$$c_{\frac{1}{2}Na_2C_2O_4}=\frac{m_{Na_2C_2O_4}\times\frac{25}{250}}{M_{\frac{1}{2}Na_2C_2O_4}\times 250\times 10^{-3}}$$

式中　$c_{\frac{1}{2}Na_2C_2O_4}$——草酸钠标准溶液的浓度，mol/L；

$m_{Na_2C_2O_4}$——称取的基准物质 $Na_2C_2O_4$ 的质量，g；

$M_{\frac{1}{2}Na_2C_2O_4}$——以 $\frac{1}{2}Na_2C_2O_4$ 为基本单元的 $Na_2C_2O_4$ 的摩尔质量，g/mol。

按下面的公式计算化学需氧量：

$$COD_{O_2,\ mg/L}=\frac{[(V_1+V_2)K-15.00]c_{\frac{1}{2}Na_2C_2O_4}\times 8}{100}\times 1000$$

式中 V_1+V_2——测定水样时用去 $KMnO_4$ 标准溶液总体积，mL；

15.00——测定水样时，加入的 $Na_2C_2O_4$ 标准溶液体积，mL；

$c_{\frac{1}{2}Na_2C_2O_4}$——草酸钠标准溶液浓度，mol/L；

8——以 $\frac{1}{4}O_2$ 为基本单元时 O_2 的摩尔质量，g/mol。

三、给您提个醒

工业污水中有许多是 $KMnO_4$ 难以氧化的有机物，分析结果误差大，不适合采用高锰酸钾法，应采用重铬酸钾法测定。

四、请您想一想

① 哪些因素影响 *COD* 测定的结果？为什么？

② 如何用重铬酸钾法测定 *COD*？

1.2.6 石灰石中钙的测定

石灰石中的主要成分是 $CaCO_3$，优质石灰石含 CaO 约 45%~53%。此外，还含有 SiO_2、Fe_2O_3、Al_2O_3 及 MgO 等杂质。测定钙的方法很多，快速的方法是配位滴定法，较精确的方法是采用高锰酸钾法。它是将 Ca^{2+} 沉淀为 CaC_2O_4，将沉淀过滤并洗净后，溶于稀 H_2SO_4 溶液，再用 $KMnO_4$ 标准溶液滴定与 Ca^{2+} 相当的 $C_2O_4^{2-}$，根据所用 $KMnO_4$ 的体积和浓度计算试样中钙和氧化钙的含量。

一、培训准备

（1）理论准备

掌握 $KMnO_4$ 间接滴定法测定石灰石中钙含量的原理和方法。

（2）仪器准备

酸式滴定管（50mL）、锥形瓶、移液管、容量瓶、电子天平。

（3）试剂准备

6mol/L 盐酸溶液、1mol/L H_2SO_4 溶液、2mol/L HNO_3 溶液、3mol/L 氨水溶液、0.25mol/L 和 0.1mol/L $(NH_4)_2C_2O_4$ 溶液、0.02mol/L $KMnO_4$ 溶液。

二、操作步骤

（1）试样溶解和沉淀

① 准确称取石灰石 0.5~1.0g，置于 250mL 烧杯中，滴加少量水使试样润湿，盖上表面皿，缓缓滴加 6mol/L 盐酸溶液 10mL，同时不断摇动烧杯。

② 待停止发泡后，小心加热煮沸 2min，冷却后，仔细将全部物质转入 250mL 容量瓶中，加水至刻度，摇匀。

③ 准确吸取 50mL 上述溶液两份，分别放入 400mL 烧杯中，加入 0.25mol/L $(NH_4)_2C_2O_4$ 溶液 15~20mL（若有沉淀生成，应在搅拌下滴加 6mol/L 盐酸溶液至沉淀刚好溶解，注意

勿多加)。

④ 加入蒸馏水使体积稀释至100mL，加热至70~80℃，在不断搅拌下以1~2滴/s的速度加入3mol/L氨水溶液至明显嗅到氨味为止。

⑤ 继续在水浴上加热30min，同时用玻璃棒搅拌。

(2) 沉淀的过滤和洗涤

① 溶液冷却后，用中速滤纸(或玻璃砂芯漏斗)以倾泻法过滤。

② 用冷的0.1mol/L$(NH_4)_2C_2O_4$溶液洗涤沉淀3~4次，再用蒸馏水洗涤至溶液中不含$C_2O_4^{2-}$为止(可用1mol/L $CaCl_2$溶液检验)。

(3) 沉淀的溶解和滴定

① 过滤和洗涤后，将带有沉淀的滤纸铺在400mL烧杯内壁上，用50mL 1mol/L H_2SO_4溶液把沉淀从滤纸上洗入烧杯，然后稀释至100mL，在水浴上加热至70~80℃。

② 先滴加1滴$KMnO_4$溶液后搅拌，使其褪色，再继续用$KMnO_4$溶液滴定至溶液呈粉红色。

③ 然后把滤纸放入溶液中用玻璃棒搅拌，如果溶液褪色，继续用$KMnO_4$标准溶液滴定至刚出现粉红色，并在30s内不消失，即为终点。

④ 记下所消耗$KMnO_4$标准溶液体积V。

⑤ 平行测定3次。

(4) 结果计算：

$$\omega_{Ca} = \frac{\frac{5}{2}c_{KMnO_4}V_{KMnO_4}M_{Ca} \times 10^{-3}}{m_{样} \times \frac{50.00}{250.00}} \times 100\%$$

式中 ω_{Ca}——石灰石中钙的质量分数；

c_{KMnO_4}——$KMnO_4$标准溶液的浓度，mol/L；

V_{KMnO_4}——滴定消耗$KMnO_4$标准溶液的体积，mL；

M_{Ca}——Ca的摩尔质量，g/mol；

$m_{样}$——石灰石试样的质量，g。

三、给您提个醒

溶液的pH应控制在3.5~4.5之间，这样既可使CaC_2O_4沉淀完全，又不致生成$Ca(OH)_2$或$[Ca(OH)]_2C_2O_4$沉淀。

四、请您想一想

① 洗涤CaC_2O_4沉淀时，为什么要先用$(NH_4)_2C_2O_4$作洗涤液，然后再用蒸馏水洗？

② 滤纸为什么最后要放入烧杯中搅拌？如褪色，为什么还要滴加$KMnO_4$溶液？

③ 试样完全溶解的标志是什么？若试样溶解不完全，对分析结果有何影响？

④ 还可以用什么方法测定石灰石中钙含量？

第 2 章　电化学分析

2.1　仪 器 安 装

2.1.1　pH 计的安装

实验室用酸度计型号很多，但其结构均由两部分组成，即电极系统和高阻抗毫伏计。实验室内酸度计的安装，则主要是进行安装位置、安装环境、设备安装条件、仪器安装程序等的选择和设计。

一、培训准备

（1）理论准备

了解酸度计的构造及酸度计部件特征，掌握酸度计部件功能。

（2）仪器准备

pH 计(pHs-2 型酸度计或其他型号)、酸度计装箱单、酸度计开箱验收单、酸度计使用说明书、必要工具。

（3）试剂准备

0.05mol/L 邻苯二甲酸氢钾、0.025mol/L 磷酸二氢钾、0.025mol/L 磷酸氢二钠、0.01mol/L 硼砂、已知 pH 的待测溶液。

二、操作步骤

① 仪器开箱，按照 pHs-2 型酸度计装箱单检查仪器零部件是否齐全、是否存在损坏现象。

② 阅读 pHs-2 型酸度计使用说明书。

③ 选择适宜的实验室环境(温度、湿度等)。

④ 检查供电电源是否符合要求。

⑤ 根据仪器质量及外形尺寸选择适宜的试验台，预先考虑并准备好仪器使用和维护所需要的活动空间。

⑥ 将主机平稳地放置在试验台上。

⑦ 安装好电极支架和电极夹，正确地连接仪器电源线路。

⑧ 将电极安全地放置在电极夹上，正确连接电极导线与电极接线柱。

⑨ 接通仪器电源，按下列步骤进行仪器调试：

检查仪器显示是否正常；

检查各旋钮是否正常工作；

检查仪器稳定性能是否符合要求；

检查仪器测量过程中，精密度和准确度是否符合要求。

⑩ 填写 pHs-2 型酸度计开箱验收单。

三、给您提个醒

电极安装一定要在仪器安装基本完成后进行，以防止电极损坏。

调试仪器过程中，经过标定的仪器，遇到下列情况之一，必须重新标定：

① 溶液温度与标定时不同；

② 定位调节器有变动；

③ 换了新电极；

④ 测定浓酸或浓碱之后。

四、请您想一想

① 为什么装箱单应在调试完成后填写？

② 除了测定 pH 外，pHs-2 型酸度计还有哪些测定功能？如何进行验收调试确认？

2.1.2 电导率仪的安装

电导法测量仪器通常由电导池(包括电导电极和溶液)、测量电源、测量电路、放大器、线形检波器(包括温度补偿器)、指示器和直流电源等部分组成。本章节所介绍的 DDS-11A 型电导率仪是一种分压直读线性电导率测量仪，这里主要介绍其安装与调试。

一、培训准备

(1) 理论准备

了解电导率仪的构造及电导率仪部件特征；掌握电导率仪部件功能。

(2) 仪器准备

电导率仪(DDS-11A 型或其他型号)、电导率仪装箱单、电导率仪开箱验收单、电导率仪使用说明书、必要工具。

(3) 试剂准备

去离子水、氯化钾(分析纯)。

二、操作步骤

① 打开仪器包装，按照 DDS-11A 型电导率仪装箱单仔细检查仪器零部件是否齐全和是否损坏。

② 仔细阅读 DDS-11A 型电导率仪使用说明书内相关内容。

③ 根据说明书及相关知识，选择适宜的实验室环境。

④ 按照规定检查供电电源是否符合要求。

⑤ 根据仪器质量及外形尺寸选择适宜的试验台，预先考虑并准备好仪器使用和维护所需要的活动空间。

⑥ 将主机平稳地放置在实验台上。

⑦ 按照正确顺序安装好必要的仪器部件，正确连接仪器电源线路。

⑧ 将电极安全地放置在电极夹上，正确连接电极导线与电极接线柱。

⑨ 接通仪器电源，按下列步骤进行仪器调试：

检查仪器显示是否正常；

检查各旋钮是否正常工作；

检查仪器稳定性能是否符合要求；

检查仪器测量过程中，精密度和准确度是否符合要求。

⑩ 填写 DDS-11A 型电导率仪开箱验收单。

三、给您提个醒

温度补偿是采用固定的 2%的温度系数补偿的，所以对高纯水测量尽量不采用温度补偿，而采用测定后查表。

在仪器调试过程中，应尽可能地使表针指示近于满度，这样可以保证读数更加精确。

四、请您想一想

① 仪器调试过程中电极的选择依据是什么?

② 填写 DDS-11A 型电导率仪开箱验收单应包括哪些内容?

2.2 故障处理

2.2.1 pH 计的故障处理

pH 计故障处理是消除 pH 测定过程中异常现象的过程。对于不同型号的 pH 计，其常见的异常现象和处理方法也不尽相同，这里着重介绍 pHs-2 型酸度计的常见故障处理。

pHs-2 型酸度计的常见异常现象包括：通电后指针零点调节器失灵；按下读数开关后，指针强烈甩动；指针大幅度跳动或偏向一边；指针不稳定；指针达到平衡缓慢；测量重现性不好(即测量不准确)；定位调节器调不到该溶液 pH 等。故障处理过程中，要根据实际情况确定解决办法。

一、培训准备

(1) 理论准备

了解 pH 计的正常工作要求；掌握 pH 测定中的异常现象表现方式及 pH 计异常现象的原因。

(2) 仪器准备

pH 计(pHs-2 型酸度计或其他型号)、万用表、必要维修工具。

(3) 试剂准备

0.05mol/L 邻苯二甲酸氢钾、0.025mol/L 磷酸二氢钾、0.025mol/L 磷酸氢二钠、0.01mol/L 硼砂、已知 pH 的待测溶液。

二、操作步骤

按照正确的操作方法开机操作。

当操作过程中发现异常现象，可参考表 2-2-1，分析该异常现象发生的可能原因，针对可能原因制定合理的检查方案。按方案顺序检查各可能原因，找到并消除故障。

检验仪器恢复后的工作状态。

表 2-2-1 pHs-2 型酸度计常见故障及处理方法

故障现象	可能原因	处理方法
通电后指针零点调节器失灵	电极部分电压不正常	检查电源电压 检查零件有无失效
	调零电位器损坏	检查调零电位器电阻值
按下读数开关后，指针强烈甩动	分挡或其他调节器位置不适当	检查分挡开关及有关调节器所处位置是否正确，调节分挡开关，使指针在刻度范围内
	电极未全部浸入溶液内	检查电极是否按要求浸入溶液内
指针偏向一边	电极短路或接触不良	检查电极引出线有无短路，脱焊或松动
指针不稳定	各部分接触不良	检查电极各部(特别是引出线)有无短路，脱焊或松动，紧固或重焊
	电极陶瓷芯堵塞	疏通陶瓷芯
	预热不够	延长预热时间

续表

故障现象	可能原因	处理方法
指针达到平衡缓慢	电极老化	检查玻璃电极是否老化，使用前活化时间是否足够
	未拔去参比电极上的橡皮帽	拔去参比电极上的橡皮帽
	溶液不均匀	摇动溶液，使之混合均匀
测量重现性不好（即测量不准确）	溶液不均匀	测量时溶液摇匀，指针稳定后读数
	测量前电极未用待测液冲洗	测量前应用待测液冲洗电极 2~3 次
	仪器内绝缘电阻失效	检查仪器各有关零件绝缘电阻是否符合要求，必要时更换
定位调节器调不到该溶液 pH	电极间不对称电位差过大	调换新电极
	缓冲溶液的 pH 不适宜	重新配制标准缓冲溶液
	定位调节器损坏	检查定位调节器电阻值

三、给您提个醒

调试仪器测定过程中，如果被测溶液和定位溶液的温度不同，则溶液测定前必须调节温度调节器，指向被测溶液的温度。

工作电池常数很难通过计算得到，一般只能采用已知 pH 缓冲溶液作标准，在酸度计上进行校正。

四、请您想一想

① 检查方案应包括哪些内容？

② 如何确定故障原因检查的顺序？

2.2.2 电导率仪的故障处理

在电导率仪的故障处理讲解中，将着重介绍 DDS-11A 型电导率仪的常见故障处理。

DDS-11A 型电导率仪的常见异常现象包括：开机后仪器没有显示；测定过程中读数超过范围；测量过程中重复性不好；测量过程中指针不稳定；指针大幅波动等，现介绍其处理的过程和方法。

一、培训准备

（1）理论准备

了解电导率仪的正常工作要求；掌握电导率仪一般异常现象产生的原因和应对办法。

（2）仪器准备

电导率仪（DDS-11A 型或其他型号）、万用表、必要维修工具。

（3）试剂准备

去离子水、氯化钾（分析纯）。

二、操作步骤

检查确认操作条件，按照正确的操作方法开机。

当操作过程中发现异常现象，可参考表 2-2-2，分析该异常现象发生的可能原因。根据发生的异常现象，制定完备的检修方案。检查原因并消除故障。

重新进行试验操作，确认仪器维修效果。

表 2-2-2　DDS-11A 型电导率仪常见故障及处理方法

故障现象	可能原因	处理方法
开机后仪器没有显示	1. 电源未接通 2. 仪器保险丝损坏 3. 仪器内部电路故障	1. 接通仪器电源 2. 更换保险丝 3. 维护仪器内部电路
测定过程中读数超过范围	1. 溶液电导率过大 2. 量程选择错误 3. 电极故障	1. 稀释溶液 2. 增大仪器量程 3. 更换电极
测量过程中重复性不好	1. 溶液不均匀 2. 电极清洗不够充分 3. 仪器稳定性变差	1. 将溶液充分摇匀 2. 充分冲洗电极 3. 重新检定仪器，必要时更换
测量过程中指针不稳定	1. 仪器连接存在接触不良 2. 仪器预热时间不够 3. 电极故障	1. 重新连接仪器 2. 充分进行仪器预热 3. 更换电极
指针大幅波动	1. 电极接触不良 2. 电极故障	1. 处理电极接口，重新连接 2. 更换电极

三、给您提个醒

电导率测定所用的电极应定期进行常数标定，以保证测量的准确性。

当将电导率仪应用于电导滴定分析时，因为溶液中每种离子对溶液的电导都有影响，因此必须消除干扰离子的影响，才能实现主反应离子电导变化的准确测定。

四、请您想一想

① 电路故障查找应遵循的原则是什么？

② 电导和电导率有何不同？测定电导的试验可否采用测定电导率的方式进行？

2.3　电化学试验条件的选择

2.3.1　水分测定仪试验条件的选择

电量法水分测定仪试验条件的选择包括工作条件的选择、仪器设备及备件的选择、仪器测定参数的选择等主要部分。本节将以 CA-06 型电量滴定仪为例讲述电量法水分测定仪的试验条件选择。

一、培训准备

(1) 理论准备

了解库仑法水分测定仪的工作条件，掌握库仑法测定水分的影响因素。

(2) 仪器准备

电量滴定仪(CA-06 型或其他型号)、1mL 卡介苗注射器、电子天平。

(3) 试剂准备

丙酮、硅胶、阴极液、阳极液。

二、操作步骤

① 采取措施，使仪器的工作条件符合下列要求：温度为 5~40℃；湿度<85%；电压为

220V，50Hz；没有阳光直照。

② 了解样品信息，根据样品性质的不同选择不同的仪器配件，如固体样品需要选择固体进样设备等。

③ 要保证进样口胶垫及其他部件的密封性，必要时进行维护或更换。

④ 更换电解液，开启仪器，进行空白消除，等待仪器稳定。

⑤ 按“TITR”按键，根据操作提示将推荐条件输入样品测定参数文件。

⑥ 按下列方法选择搅拌速度：

将速度调节旋钮放置到最小挡位，测定样品 5 次，记录测定时间和测定结果；

将速度调节旋钮挡位逐渐调高，同样进行样品重复测定，记录测定时间和测定结果；

将时间和测定结果的重复性进行比较，选择重复性满足测定要求前提下测定时间最短的搅拌速度挡位。

⑦ 按下列方法选择合适的延迟时间：

按照仪器推荐的延迟时间进行样品测定，记录测定结果和测定时间；

将延迟时间增大 5s，再次进行样品测定，记录测定结果和测定时间；

将两组数据进行比较，如果测定结果相同而测定时间比改变前长，则将延迟时间减小5s后，重新反复操作，直到测定结果不能满足要求为止；

找到能够满足测定要求的最小延迟时间，以此时间加上 5s 为最终延迟时间。

⑧ 按下列方法选择合适的进样量：

取尽可能少的样品进行样品测定；

根据测定结果得到一个估计进样量，以此为标准进行样品测定；

将进样量向两侧延伸，进行样品测定；

选择测定结果精密度高、测定时间短的样品量为最终进样量。

⑨ 按照与延迟时间相类似的方法选择适宜的滴定灵敏度和滴定时间。

⑩ 条件选择完毕，测定样品水分含量。

⑪ 关闭仪器，整理试验台。

⑫ 将操作记录填在表 2-2-3 中。

表 2-2-3　操作记录表

<table>
<tr><td>试验日期</td><td colspan="2"></td><td colspan="2">实验室温度/℃</td><td></td></tr>
<tr><td>实验室湿度</td><td colspan="2"></td><td colspan="2">搅拌速度</td><td></td></tr>
<tr><td>延迟时间</td><td colspan="2"></td><td colspan="2">进样量</td><td></td></tr>
<tr><td>滴定灵敏度</td><td colspan="2"></td><td colspan="2">滴定时间</td><td></td></tr>
<tr><td rowspan="2">测定结果</td><td colspan="3">第一次测定结果</td><td colspan="2">第二次测定结果</td></tr>
<tr><td colspan="3"></td><td colspan="2"></td></tr>
<tr><td>平均值</td><td colspan="5"></td></tr>
</table>

三、给您提个醒

在搅拌速度的选择过程中，如果有气泡生成，则说明搅拌速度过快，应不再提高搅拌速度，以防止测量精度降低。

如果测定值比实际值偏高，则需要清洗滴定池，并在干燥器内彻底干燥，以防止内壁沾附水分影响测定。

四、请您想一想

① 滴定灵敏度如何影响电量法水分测定?

② 应根据哪些条件确定搅拌速度?

③ 滴定时间(TITR TIME)选择不当可能产生哪些后果?

2.3.2 电位滴定仪试验条件的选择

自动电位滴定仪按照终点检测的方法可分为曲线记录式电位滴定仪、预设终点电位的自动电位滴定仪、微分自动滴定仪和计算机控制的电位滴定仪。本节将以某自动电位滴定仪为例，来介绍电位滴定仪试验条件的选择。

一、培训准备

(1) 理论准备

了解自动电位滴定仪的工作条件；掌握电位滴定法测定乙酸纯度的影响因素。

(2) 仪器准备

自动电位滴定仪、烧杯、1mL 卡介苗注射器、电子天平。

(3) 试剂准备

1mol/L NaOH 水溶液、乙酸。

二、操作步骤

① 适当改变实验室环境，使工作条件满足：温度为 5~35℃；湿度为 45%~85%；电压为 220V，50Hz；没有强磁性物质。

② 根据样品信息和分析具体要求选择不同的仪器配件，如电极种类、自动滴定管的种类和型号等。

③ 开启仪器，等待仪器稳定。

④ 用滴定溶液洗涤滴定溶液导管和滴定管，用蒸馏水洗涤电极，将其放置在正确的位置上。

⑤ 按“CONDIT FILE”按键，根据操作提示将推荐条件输入样品测定参数文件。

⑥ 进行不同搅拌速度下样品的测定，遵循测定结果稳定前提下测定时间越短越好的原则，选择合适的搅拌速度。

⑦ 按下列方法选择合适的取样量：

将少量样品放入样品烧杯，进行样品测定，记录测定结果；

计算测定结果的精密度，如果符合要求，则进样量以此为基准，稍微增加即可；

如果不符合要求，则增加进样量，重复测定比较。直到得到满足要求的进样量，并在此基础上稍微增加即可。

⑧ 根据测定样品的结果，设定合适的初始体积和最大滴定体积。

⑨ 按下列方法选择合适的滴定速度：

取一标准样品(含量与测定样品接近)，在参数文件中设定一个推荐滴定速度值，进行样品测定，记录测定结果和滴定时间；

如果测定结果超过真实值，则降低滴定速度，重复以上操作，直到测定值与真实值一致为止，以比此速度稍慢的滴定速度为最终滴定速度；

如果测定结果和真实值一致，则逐渐增加滴定速度，重复以上操作，直到测定值超过真实值为止，以比未超过真实值的最大滴定速度稍慢的滴定速度为最终滴定速度。

⑩ 遵照相同的原则选择适宜的滴定灵敏度。

⑪ 条件选择完毕，测定乙酸样品的纯度。

⑫ 关闭仪器，整理试验台。

⑬ 将操作记录填在表 2-2-4 中。

表 2-2-4　操作记录表

<table>
<tr><td>实验室温度/℃</td><td colspan="2"></td><td colspan="2">实验室湿度</td><td></td></tr>
<tr><td>搅拌速度</td><td colspan="2"></td><td colspan="2">取样量</td><td></td></tr>
<tr><td>初始体积</td><td colspan="2"></td><td colspan="2">滴定速度</td><td></td></tr>
<tr><td>滴定灵敏度</td><td colspan="2"></td><td colspan="2">最大滴定体积</td><td></td></tr>
<tr><td rowspan="2">测定结果</td><td colspan="2">第一次测定结果</td><td colspan="3">第二次测定结果</td></tr>
<tr><td colspan="2"></td><td colspan="3"></td></tr>
<tr><td>平均值</td><td colspan="5"></td></tr>
</table>

三、给您提个醒

选择并设定一个合适的最大滴定体积可以防止过滴现象的产生，减少滴定溶液的损失。

对于离解常数很小的酸或碱，在水溶液中无法进行准确滴定，应在非水溶剂中才能进行。在非水滴定无法找到合适的指示剂时，采用电位滴定法是一个合适的选择。

四、请您想一想

① 滴定速度对于试验结果影响如何？

② 设定初始体积的意义何在？

2.3.3　微库仑法测定硫含量试验条件的选择

微库仑法测定硫含量可分为氧化微库仑法和还原微库仑法，目前应用较为广泛的微库仑仪多采用氧化微库仑法。微库仑法测定硫含量过程中影响因素很多，本节将以 RPA-200 型微库仑仪为例介绍微库仑法测定硫含量试验条件的选择。

一、培训准备

(1) 理论准备

了解微库仑法测定硫含量的工作条件；掌握微库仑法测定硫含量的影响因素。

(2) 仪器准备

微库仑计(RPA-200 型或其他型号)、10μL 微量注射器、100mL 容量瓶、电子天平、棕色细口瓶。

(3) 试剂准备

分析用标准样品(系列浓度)、冰乙酸、碘化钾、叠氮化钠、分析用油样。

二、操作步骤

① 采取措施，使仪器的工作条件符合下列要求：温度为 5~30℃；湿度<80%；电压为 220V，50Hz。

② 根据测量的具体要求、样品的性质及微库仑仪的相关知识选择适宜的仪器组件，如进样器、滴定池的类型和结构、燃烧管的结构等。

③ 做好准备工作，开启仪器，等待仪器升温稳定。

④ 根据仪器操作所建议的条件设定好进样速度、气体流速和滴定池搅拌速度。

⑤ 进入标样分析状态。

⑥ 输入适宜条件参数，粗测样品，根据测定的结果估算出样品中硫含量，选择合适的

标准样品。

⑦ 按下列方法选择适宜的进样速度：

将进样速度设定在一个较低的水平，进行样品的测定，观察样品的燃烧情况。

逐渐增加进样速度，重复上述操作，直到观察到燃烧状况有转坏的迹象为止，采用比此速度稍慢的速度为进样速度。

⑧ 根据测定样品的硫含量大小，选择合适的增益和采样电阻(低含量一般采用较大的增益和采样电阻，高含量则相反)，进行转化率的测定。

⑨ 调节偏压：

当转化率偏低时，应重新冲洗滴定池，使达到较高的偏压值，重新测定；

当转化率偏高时，应逐渐降低偏压值，反复测定，直到转化率值正常为止。

⑩ 按下列方法调节气体流速比：

如果转化率偏低，可适当增加氮气流量或降低氧气流量，重新测定，直到转化率正常为止；

如果转化率偏高，可适当增加氧气流量或降低氮气流量，重新测定，直到转化率正常为止；

⑪ 在相同的条件下测定样品的硫含量。

⑫ 让仪器降温，当温度降到200℃以下时关闭仪器。

⑬ 将操作记录填在表2-2-5中。

表2-2-5　操作记录表

<table>
<tr><td colspan="2">实验室温度/℃</td><td colspan="2"></td><td colspan="2">实验室湿度</td><td colspan="2"></td></tr>
<tr><td colspan="2">进样速度</td><td colspan="2"></td><td colspan="2">增　　益</td><td colspan="2"></td></tr>
<tr><td colspan="2">氧气纯度及流速</td><td colspan="2"></td><td colspan="2">氮气纯度及流速</td><td colspan="2"></td></tr>
<tr><td>采样电阻</td><td colspan="2"></td><td>偏　　压</td><td></td><td colspan="2">标样浓度</td><td></td></tr>
<tr><td colspan="8">硫含量分析转化率测定</td></tr>
<tr><td colspan="2" rowspan="2">测定结果</td><td colspan="2">第一次测定值</td><td colspan="2">第二次测定值</td><td colspan="2">第三次测定值</td></tr>
<tr><td colspan="2"></td><td colspan="2"></td><td colspan="2"></td></tr>
<tr><td colspan="2">平均值</td><td colspan="6"></td></tr>
<tr><td colspan="8">样品硫含量测定</td></tr>
<tr><td colspan="2" rowspan="2">测定结果</td><td colspan="2">第一次测定值</td><td colspan="2">第二次测定值</td><td colspan="2">第三次测定值</td></tr>
<tr><td colspan="2"></td><td colspan="2"></td><td colspan="2"></td></tr>
<tr><td colspan="2">平均值</td><td colspan="6"></td></tr>
</table>

⑭ 结果计算

样品含量(10^{-6})= 样品含量平均值/样品密度

三、给您提个醒

① 增益增大可以增加峰高和半峰宽，但增益增大将增大仪器的电子噪声，影响测定。

② 电解质溶液的容积过大会使灵敏度降低，所以电解池内的电解液在满足条件的前提下，应尽可能少些。

③ 分析所用气体应为高纯级，其他级别的气体必须经过试验证明不影响分析结果的准确性后方可使用。

四、请您想一想

① 氧化微库仑法测定硫含量时，偏压的调节与测定氯含量时有何不同？

② 地线连接对于硫含量和氯含量的测定影响是否相同？

第3章　光谱分析

3.1　分光光度法测量条件的选择

3.1.1　高锰酸钾吸收曲线的测定

绘制吸收曲线，通过曲线找到合适的测定波长，是分光操作的基本内容。通过测定高锰酸钾的吸收曲线，可以熟悉分光光度计的使用。

一、培训准备

(1) 理论准备

掌握分光光度计的使用方法及朗伯比尔定律。

(2) 仪器准备

分光光度计、吸量管、容量瓶、比色皿(1cm)。

(3) 试剂准备

0.02mol/L 高锰酸钾标准溶液、1mol/L 硫酸溶液。

二、操作步骤

① 打开分光光度计并预热。

② 高锰酸钾溶液的配制：

吸取高锰酸钾标准溶液 1.0mL 于 100mL 容量瓶中，用硫酸溶液稀释定容。

③ 比色：

用硫酸溶液作为参比测定上面配制的高锰酸钾溶液的吸光度，在 420～700nm 范围内，每隔 10nm 测定一次，及时将测定数据记录在表 2-3-1 中。

表 2-3-1　吸光度测定表

波长/nm	420	430	440	450	460	470	480	490	500	510
吸光度										
波长/nm	520	530	540	550	560	570	580	590	600	610
吸光度										
波长/nm	620	630	640	650	660	670	680	690	700	
吸光度										

④ 绘图：

在坐标纸上，以波长为横坐标，以吸光度为纵坐标，绘制出高锰酸钾溶液的吸收曲线。根据曲线，找到最大吸收峰，确定合适的测定波长。

三、给您提个醒

在峰值附近，最好添加几个测定点以找到最佳波长。

高锰酸钾为有色液体，读数时应注意使视线与液面两侧的最高点相切。

四、请您想一想

如何计算高锰酸钾的摩尔吸光系数？

3.1.2 邻菲罗啉法测定铁含量的条件选择

邻菲罗啉法测定铁含量的试验条件选择，就是用试验的方法来确定显色反应的条件，从而进一步掌握分光光度计的使用。

一、培训准备

(1) 理论准备

了解邻菲罗啉法测定铁含量的影响因素，掌握选择合适测定条件的操作方法。

(2) 仪器准备

分光光度计(721 型或其他型号)、可控温的恒温水浴、容量瓶、吸量管等。

(3) 试剂准备

0.1mol/L NaOH 溶液、精密 pH 试纸、0.15%邻菲罗啉溶液、10μg/mL 铁标准溶液、10%盐酸羟胺溶液、乙酸-乙酸钠缓冲溶液、6mol/L 盐酸溶液。

二、操作步骤

① 进行试验条件的检查确认，开机预热。

② 取 6 个容量瓶，分别加入显色剂 0.00mL、0.50mL、1.00mL、1.50mL、2.00mL、3.00mL，保持其他条件相同，测定吸光度记录在表 2-3-2 中，根据结果，选择出最佳显色剂用量。

表 2-3-2　显色剂用量选择数据记录表

显色剂用量/mL	0.00	0.50	1.00	1.50	2.00	3.00
吸光度						

③ 配制一个测定溶液和一个空白溶液，分别在 0min、5min、10min、20min、30min、60min 测定吸光度，测定数据记录在表 2-3-3 中，确定最佳稳定时间。

表 2-3-3　稳定时间选择数据记录表

稳定时间/min	0	5	10	20	30	60
吸光度						

④ 取 8 个容量瓶，在其他操作相同的情况下，分别加入显色剂 0.00mL、2.00mL、4.00mL、6.00mL、8.00mL、10.00mL、15.00mL、20.00mL 的 0.1mol/L NaOH 溶液，测定 pH 和吸光度，将测定数据记录在表 2-3-4 中，确定最佳 pH。

表 2-3-4　pH 选择数据记录表

NaOH/mL	0.00	2.00	4.00	6.00	8.00	10.00	15.00	20.00
吸光度								

⑤ 配制一个测定溶液和一个空白溶液，分别在 0℃、10℃、20℃、30℃、40℃、50℃下进行恒温稳定，测定吸光度，将测定数据记录在表 2-3-5 中，确定显色温度。

表 2-3-5　显色温度选择数据记录表

恒温温度/℃	0	10	20	30	40	50
吸光度						

⑥ 关闭分光光度计，整理试验台。

⑦ 将最佳操作条件填在表 2-3-6 中。

表 2-3-6　最佳操作条件记录表

显色剂用量		溶液 pH	
稳定时间		溶液显色温度	

三、给您提个醒

测定某试验条件的影响时，应在其他试验条件相同的情况下，单独改变此条件，测定其影响。

四、请您想一想

① 显色剂用量如何影响显色反应?

② 溶液酸度如何影响显色反应?

③ 稳定时间如何影响显色反应?

3.1.3　火焰原子吸收分光光度法最佳测定条件的选择

在火焰原子吸收分光光度法中，分析灵敏度和准确度的高低，以及干扰能否有效消除，在很大程度上取决于仪器和测量条件的选择。这些条件通常包括吸收波长、空心阴极灯工作电流、火焰类型和助燃比、燃烧器高度(火焰位置)、狭缝宽度等。

一、培训准备

(1) 理论准备

了解原子吸收分光光度法的原理；掌握原子吸收分光光度计的操作方法。

(2) 仪器准备

原子吸收光谱仪(岛津 AA-7000 型或相当)、仪器操作说明书等。

(3) 试剂准备

铜标准溶液。

二、操作步骤

(1) 仪器开机预热

检查冷却水、乙炔气、铜空心阴极灯、电源情况正常后开机。正确设定灯参数、仪器参数、燃烧头参数并预热。

(2) 波长选择

在 5mA 灯电流下，不点火，在 324.8nm 左右调整波长，观察透光度的变化情况。在达到最大透光度停止，此时就是最佳测定波长。

(3) 助燃比的选择

点燃火焰，固定各种条件，喷入铜溶液，改变燃气流量，记录吸光度填入表 2-3-7 中。

表 2-3-7　条件选择试验记录表

助燃比	1∶6	1∶5	1∶4	1∶3	1∶2
A					
灯电流/mA	2	4	6	8	10
A					
燃烧器高度/mm	2	4	6	8	10
A					
狭缝宽度/mm	0.02	0.04	0.06	0.08	0.10
A					

(4) 灯电流的选择

在空心阴极灯允许电流内改变灯电流，喷入铜溶液，在不同灯电流下测得吸光度填入表2-3-7内。

(5) 燃烧器高度的选择

改变燃烧器高度，喷入铜溶液，在不同高度下测得吸光度填入表2-3-7内。

(6) 狭缝宽度的选择

改变狭缝宽度，喷入铜溶液，在不同宽度下测得吸光度填入表2-3-7内。

(7) 确定结果

根据试验，确定合适的吸收波长、工作电流、助燃比、燃烧器高度和狭缝宽度。

三、给您提个醒

在每次改变条件后，都要用蒸馏水重新调零。

四、请您想一想

空心阴极灯的灯电流是否越大越好？为什么？

3.2 光谱法的应用

3.2.1 盐酸副玫瑰苯胺分光光度法测定大气中SO_2

依据标准HJ 482—2009《环境空气　二氧化硫的测定　甲醛吸收-副玫瑰苯胺分光光度法》二氧化硫被甲醛缓冲溶液吸收后，生成稳定的羟甲基磺酸加成化合物。样品中加入NaOH溶液使加成物分解，释放出的二氧化硫与副玫瑰苯胺、甲醛发生反应，生成紫红色化合物，用分光光度法测定其含量。

一、培训准备

(1) 理论准备

掌握分光光度计的使用；掌握盐酸副玫瑰苯胺分光光度法测定大气中SO_2的方法及工作曲线的绘制方法。

(2) 仪器准备

分光光度计(721型或其他型号)、电子天平、吸量管、100mL容量瓶、棕色试剂瓶、恒温水浴、10mL多孔玻板吸收管、1cm比色皿、10mL具塞比色管、空气采样器。

(3) 试剂准备

1.5mol/L NaOH溶液、环己二胺四乙酸二钠、甲醛缓冲吸收液、氨磺酸、0.05g/100mL副玫瑰苯胺(PRA)溶液、0.05mol/L碘溶液、淀粉、碘酸钾标准溶液、盐酸溶液(1+9)、硫代硫酸钠标准溶液、二氧化硫标准溶液、乙二胺四乙酸二钠盐。

二、操作步骤

(1) 溶液配制

① 0.05g/100mL乙二胺四乙酸二钠盐溶液的配制：0.5g试剂溶于1000mL新煮沸但已冷却的蒸馏水中。临用时现配。

② 0.5g/100mL淀粉溶液的配制：0.5g试剂水调成糊状，倒入100mL沸水，继续煮沸至溶液澄清。

③ 0.6g/100mL氨磺酸钠溶液的配制：0.6g氨磺酸放入100mL容量瓶，加入4mL NaOH溶液，用水稀释到刻度。

④ 0.05mol/L 环己二胺四乙酸二钠溶液的配制：1.82g 试剂放入 100mL 的容量瓶，加入 6.5mL NaOH 溶液，用水稀释到刻度。

（2）工作曲线的绘制

① 取 14 支 10mL 具塞比色管，分成两组编号。

② A 组按表 2-3-8 配制。

表 2-3-8 配制校准溶液系列表

管　号	0	1	2	3	4	5	6
二氧化硫标准溶液/mL	0	0.50	1.00	2.00	5.00	8.00	10.00
甲醛缓冲吸收液/mL	10.00	9.50	9.00	8.00	5.00	2.00	0
二氧化硫含量/μg	0	0.50	1.00	2.00	5.00	8.00	10.00

③ 在 B 组比色管中分别加入 1.00mL PRA 溶液，A 组比色管中分别加入 0.5mL 氨磺酸钠溶液和 0.5mL NaOH 溶液后混匀。

④ 将 A 组比色管中溶液倒入对应编号的 B 组比色管，盖塞混匀后放入恒温水浴槽，温度与时间按表 2-3-9 选择。

表 2-3-9 温度与时间选择表

显色温度/℃	10	15	20	25	30
显色时间/min	40	25	20	15	5
稳定时间/min	35	25	20	15	10
试剂空白吸光度(A_0)	0.03	0.035	0.04	0.05	0.06

⑤ 以水为参比，在 577nm 处，用 1cm 比色皿测定吸光度。将吸光度测定值记录在表 2-3-10中。

表 2-3-10 试验记录表

管　号	0	1	2	3	4	5	6
吸光度							

⑥ 根据测定数值绘制工作曲线。

⑦ 用最小二乘法计算工作曲线回归方程

$$Y = bx + a$$

式中 Y——校准溶液吸光度 A 与试剂空白吸光度 A_0之差；

x——二氧化硫的含量，μg；

b——回归方程斜率（由斜率倒数求得校正因子）；

a——回归方程截距。

（3）采样和样品处理

根据空气中 SO_2 含量的高低，采用内装 10mL 吸收液的 U 形多孔玻板吸收管，以 0.5L/min的流量采样，采取合适体积的大气样品。采样时，吸收液温度应控制在 23~29℃。

（4）样品测定

① 样品中如有浑浊物，应离心分离除去。

② 样品放置 20min，使臭氧分解。

③ 将样品移入 10mL 比色管，用吸收液稀释至标线。

④ 加入 0.5mL 氨磺酸钠溶液，混匀放置 10min。

⑤ 按照工作曲线测定步骤测定样品吸光度。

⑥ 按下式计算二氧化硫的浓度：

$$\rho(SO_2)=\frac{(A-A_0-a)}{b\times V_r}\times\frac{V_t}{V_a}$$

式中 $\rho(SO_2)$——空气中二氧化硫的质量浓度，mg/m³；

A——样品溶液的吸光度；

A_0——试剂空白溶液的吸光度；

b——校准曲线的斜率，吸光度/μg；

a——校准曲线的截距(一般要求小于 0.005)；

V_t——样品溶液的总体积，mL；

V_a——测定时所取试样的体积，mL；

V_r——换算成参比状态下(298.15K，1013.25hPa)的采样体积，L。

计算结果准确到小数点后三位。

(5) 操作记录

将测定数值记录在表 2-3-11 中。

表 2-3-11 操作记录表

	第一次测定	第二次测定
空白吸光度值		
样品吸光度值		
计算结果		
平均值		

三、给您提个醒

① 氨磺酸钠溶液需密封保存。

② 碘溶液应保存在棕色细口瓶中。

③ 显色温度与室温之差应不超过 3℃。

四、请您想一想

样品混匀放置 10min 的目的是什么？

3.2.2 分光光度法测定污水中的硫化物

依据标准 GB/T 16489—1996《水质　硫化物的测定　亚甲基蓝分光光度法》。

样品经过酸化，硫化物转化成硫化氢，用氮气将硫化氢吹出，转移到盛乙酸锌-乙酸钠溶液的吸收显色管中，与 *N*,*N*-二甲基对苯二胺和硫酸铁铵反应生成蓝色的配合物亚甲基蓝，用分光光度法测定硫化物含量。

一、培训准备

(1) 理论准备

了解亚甲基蓝分光光度法测定污水中硫化物的原理；掌握分析方法和工作曲线的绘制方法。

(2) 仪器准备

分光光度计(721 型或其他型号)、电子天平、酸化-吹气-吸收装置、氮气流量计(测量范围 0~500mL/min)、碘量瓶、容量瓶、100mL 具塞比色管等。

(3) 试剂准备

硫酸、磷酸、硫酸铁铵溶液、*N*,*N*-二甲基对苯二胺(对氨基二甲基苯胺)溶液、抗坏血酸、乙二胺四乙酸二钠、NaOH、乙酸锌、乙酸钠、1g/100mL 淀粉溶液、碘标准溶液、0.10mol/L 重铬酸钾标准溶液、0.10mol/L 硫代硫酸钠标准溶液、硫化钠标准溶液。

二、操作步骤

(1) 溶液配制

① 4g/100mL NaOH 溶液的配制：取 4g NaOH 溶于 100mL 水，摇匀。

② 去离子水除氧：将氮气以 200~300mL/min 通入去离子水约 20min。

③ 抗氧化剂溶液的配制：2g 抗坏血酸、0.1g 乙二胺四乙酸二钠和 0.5g NaOH 溶于 100mL 水，摇匀并存储于棕色瓶内。本溶液应在使用当天配制。

④ 乙酸锌-乙酸钠溶液的配制：50g 乙酸锌($ZnAc \cdot 2H_2O$)和 12.5g 乙酸钠($NaAc \cdot 3H_2O$)溶于 1000mL 水。

⑤ *N*,*N*-二甲基对苯二胺(对氨基二甲基苯胺)溶液的配制：称取 2g *N*,*N*-二甲基对苯二胺盐酸盐[$NH_2C_6H_4N(CH_3)_2 \cdot 2HCl$]溶于 200mL 水中，缓缓加入 200mL 浓硫酸，冷却后用水稀释至 1000mL，摇匀，此溶液室温下储存于密闭的棕色瓶内，可稳定三个月。

⑥ 硫酸铁铵溶液的配制：称取 25g 硫酸铁铵[$Fe(NH_4)(SO_4)_2 \cdot 12H_2O$]溶于含有 5mL 浓硫酸的水中，用水稀释至 250mL，摇匀。溶液如出现不溶物或浑浊，应过滤后使用。

(2) 工作曲线的绘制

① 在 6 支 100mL 具塞比色管中，分别加入 20mL 乙酸锌-乙酸钠溶液。

② 按表 2-3-12，取相应体积硫化钠标准溶液于各比色管，加水至约 60mL。

③ 加入 10mL *N*,*N*-二甲基对苯二胺溶液，闭塞并倒转一次。

④ 加 1mL 硫酸铁铵溶液并摇匀，放置 10min。

⑤ 用水稀释至刻度，摇匀。

⑥ 使用 1cm 比色皿，以水为参比，665nm 处测定吸光度。将测定值记录在表 2-3-12 中。

表 2-3-12　工作曲线数据记录表

硫化钠标准溶液体积/mL	0.00	1.00	2.00	3.00	4.00	5.00
吸光度						

⑦ 以测定的各标准溶液扣除空白试验的吸光度为纵坐标，对应的标准溶液中硫离子的含量(μg)为横坐标，绘制工作曲线。

(3) 样品测定

① 检查酸化-吹气-吸收装置气密性。

② 从侧口处加入 20mL 乙酸锌-乙酸钠溶液于吸收显色管内。

③ 取适量样品，加 5mL 抗氧化剂溶液。

④ 取出通氮管，将水样移入反应瓶，加水至约 200mL。

⑤ 重装通氮管，以 200~300mL/min 的速度通氮 2~3min。

⑥ 关闭通氮管活塞，从顶部接管处加 10mL 磷酸溶液，重接顶部接管。

⑦ 打开通氮管活塞，以 300mL/min 速度连续通气 30min。

⑧ 取下显色管，关气，用少量水冲洗各接口并加水至约 60mL，从侧口处加入 10mL *N*,*N*-二甲基对苯二胺溶液，闭塞并倒转一次。

⑨ 从侧口处加 1mL 硫酸铁铵溶液，闭塞振荡，放置 10min。

⑩ 将溶液移入 100mL 具塞比色管，用水冲洗显色管，冲洗液并入比色管后稀释至标线。

⑪ 以水为参比，在 665nm 处测吸光度。

⑫ 以水代替试样进行空白试验。

⑬ 测定后从工作曲线上查出硫化物的含量(mg)，并可按下式计算为

$$硫化物含量(mg/L) = 测定值/V$$

⑭ 将数据记录在表 2-3-13 中。

表 2-3-13　试验数据记录表

	第一次测定	第二次测定
空白吸光度值		
样品吸光度值		
计算结果		
平均值		

三、给您提个醒

① 吹气速度和吹气时间的改变会影响测定结果。

② *N*,*N*-二甲基对苯二胺溶液应密闭储存于棕色瓶内。

四、请您想一想

本方法有哪些主要干扰离子？如何消除干扰？

3.2.3　分光光度法测活性氧的含量

分光光度法测定有机溶剂中微量过氧化物可用于测定氢过氧化物、二酰化过氧化物、丙酮过氧化物等活性的过氧化物。测定样品过程中，对于活性氧化物含量在$(0\sim5)\times10^{-6}$的，需提供一特殊的反应吸收池，分光光度计也需要满足特殊要求。在本部分内容中，将主要介绍高范围含量的样品的测定。

一、培训准备

(1) 理论准备

掌握分光光度法测定活性氧含量的原理和操作。

(2) 仪器准备

分光光度计(721 型或其他型号，低含量测定则要选择有特定功能的分光光度计)、吸量管、25mL 容量瓶、活性氧测定用工作曲线等。

(3) 试剂准备

乙酸、氯仿、碘、碘化钾。

二、操作步骤

① 将氮气通入蒸馏水几分钟，给蒸馏水脱气。

② 乙酸-氯仿溶液的配制：混合 2 体积乙酸与 1 体积氯仿。

③ 乙酸-氯仿溶剂的配制：加 40mL 水，和乙酸-氯仿溶液配制成 1 升溶剂。

④ 碘化钾溶液的配制：溶解 20g 碘化钾于 20mL 的脱气水中。

⑤ 取 10mL 样品放在一个 25mL 的容量瓶中，用乙酸-氯仿溶剂稀释到刻度混合。

⑥ 通氮气 1min，加 1mL 新配制碘化钾溶液，继续通氮气 1min。

⑦ 盖上塞子，混合后暗处放置 1h。

⑧ 以水为空白，用 1cm 吸收池在 470nm 处测定吸光度，测定平行样后关闭仪器。

⑨ 减去空白吸光度，通过工作曲线得到样品的活性氧化物的毫克数。

⑩ 用下面的公式计算结果：

活性过氧化物浓度(10^{-6}) = 测定值/(样品体积×密度)

⑪ 将数据记录在表 2-3-14 中。

表 2-3-14　操作记录表

	第一次测定	第二次测定
空白吸光度值		
样品吸光度值		
计算结果		
平均值		

三、给您提个醒

① 活性过氧化物反应不能低于 10min，含量少时，反应完全需要 1h。

② 试验中所需要的水必须事先脱气。

③ 测定低含量样品时吸光度的测定选择波长为 410nm。

四、请您想一想

低含量样品应如何测定？选用什么样的仪器设备？

3.2.4　分光光度法测定羰基数

本节内容所要介绍的是用分光光度计测定存在于酮或醛中的羰基，可定义为“以苯乙酮为标准的每升样品中羰基官能团的微克数”。

一、培训准备

（1）理论准备

掌握化学分析法测定羰基数的原理和操作。

（2）仪器准备

分光光度计(721 型或其他型号)、电子天平、精制乙醇装置、磁力搅拌器、恒温水浴、吸量管、量筒、25mL 容量瓶、羰基数测定用工作曲线等。

（3）试剂准备

2,4-二硝基苯肼、2,4-二硝基苯肼醇溶液、乙醇、配方 30(见附录 10)、浓盐酸、氢氧化钾、甲醇、氢氧化钾溶液等。

二、操作步骤

① 氢氧化钾醇溶液的配制：取 9.2mL 氢氧化钾溶液于 100mL 容量瓶，加 33mL 水，用配方 30 稀释，摇匀氮封。

② 用氮气吹扫 25mL 的容量瓶。

③ 取 3mL 样品，放入充氮的容量瓶。

④ 放入 4mL 配方 30。

⑤ 取 2.5mL 2,4-二硝基苯肼醇溶液，放入容量瓶摇匀，固定后放入恒温水浴，在 55℃下恒温 30min。

⑥ 在冰水槽中将样品迅速冷却，加入 4mL 氢氧化钾醇溶液，摇匀放置 5min。

⑦ 用配方 30 稀释到刻度，混合均匀。

⑧ 同样方法处理空白样品，用 1cm 吸收池在 480nm 处测定空白样品和试样的吸光度，测定平行样后关闭仪器。

⑨ 减去空白吸光度，通过工作曲线得到样品的羰基数。

⑩ 用下面的公式计算结果：

$$羰基数(mg/L)=测定值/样品体积$$

⑪ 将数据记录在表 2-3-15 中。

表 2-3-15　操作记录表

	第一次测定	第二次测定
空白吸光度值		
样品吸光度值		
计算结果		
平均值		

三、给您提个醒

① 每一次分析的样品数不得超过 4 个。

② 测定吸光度必须在 10～15min 的范围内完成。

四、请您想一想

测定羰基数有什么意义？

3.2.5　变色酸法测定乙醇中甲醇

乙醇中的微量甲醇在磷酸存在下，被高锰酸钾氧化成甲醛，甲醛再与变色酸反应生成紫色化合物，用分光光度计测定吸光度，从而测定其含量。

一、培训准备

（1）理论准备

掌握变色酸法测定乙醇中甲醇的原理和操作。

（2）仪器准备

分光光度计（721 型或其他型号）、电子天平、恒温水浴、吸量管、100mL 容量瓶、25mL 比色管等。

（3）试剂准备

高锰酸钾、浓磷酸、偏重亚硫酸钠、变色酸二钠盐、甲醇标准溶液、90%硫酸溶液。

二、操作步骤

（1）溶液配制

30g/L 高锰酸钾溶液的配制：3.0g 高锰酸钾、15.5mL 浓磷酸于 100mL 容量瓶中用蒸馏水定容。

100g/L 偏重亚硫酸钠溶液的配制：10.0g 偏重亚硫酸钠于 100mL 容量瓶中用蒸馏水定容。

1g/L 变色酸溶液的配制：0.10g 变色酸二钠盐于 200mL 烧杯，加 10mL 水，边冷却边缓慢加入 90mL 90%的硫酸溶液。

（2）工作曲线的绘制

① 按表 2-3-16 加入相应体积甲醇标准溶液于 5 个 100mL 容量瓶中，用 5%乙醇稀释到刻度。

② 在 5 支 25mL 比色管中加 2mL 上述溶液和 1mL 高锰酸钾溶液，等待 15min。

③ 加入 0.6mL 偏重亚硫酸钠溶液，边冷却边缓慢加入 10mL 变色酸溶液。

④ 70℃下水浴加热 20min 后冷却。

⑤ 以不含甲醇的 5%乙醇溶液为参比，570nm 处测定吸光度。将数据记录在表 2-3-16 中。

表 2-3-16　工作曲线数据记录表

标准溶液体积/mL	0.0	1.0	2.0	4.0	6.0
吸光度					

⑥ 绘制工作曲线。

(3) 样品测定

① 取 5mL 乙醇样品于 100mL 容量瓶，用蒸馏水稀释到刻度。

② 按照工作曲线测定步骤测定样品吸光度，同时进行空白试验。

③ 测定后从工作曲线上查出对应的甲醇体积(μL)，按下式计算体积分数为

$$体积分数(\%) = 测定值 \times 100/(V \times 1000)$$

式中　V——样品体积，mL。

④ 将数据记录在表 2-3-17 中。

表 2-3-17　数据记录表

	第一次测定	第二次测定
空白吸光度值		
样品吸光度值		
计算结果		
平均值		

三、给您提个醒

① 变色酸溶液必须现用现配。

② 高浓度样品测定前要适当稀释。

四、请您想一想

① 样品中含有乙醛对测定有何影响？

② 加入高锰酸钾溶液后放置 15min 的目的是什么？

3.2.6　水中挥发性酚的测定

依据标准 HJ 503—2009《水质　挥发酚的测定　4-氨基安替比林分光光度法》。

水中挥发性酚以苯酚为代表。在碱性介质中，有氧化剂铁氰化钾存在时，酚类与 4-氨基安替比林反应生成红色的安替比林染料，从而可用分光光度法测定其含量。

一、培训准备

(1) 理论准备

掌握 4-氨基安替比林法测定水中挥发性酚的原理和操作。

(2) 仪器准备

分光光度计(721 型或其他型号)、电子天平、吸量管、100mL 容量瓶、棕色试剂瓶、50mL 比色管等。

（3）试剂准备

4-氨基安替比林、铁氰化钾、氯化铵、浓氨水、苯酚。

二、操作步骤

（1）溶液配制

无酚水：无酚水应储存于玻璃瓶中，取用时，应避免与橡胶制品(橡皮塞或乳胶管等)接触。

无酚水制备方法一：向每升水中加入 0.2g 经 200℃活化 30min 的活性炭粉末，充分振摇后，放置过夜，用双层中速滤纸过滤。

无酚水制备方法二：加氢氧化钠使水呈强碱性，并加入高锰酸钾至溶液呈紫红色，移入全玻璃蒸馏器中加热蒸馏。集取馏出液备用。

20g/L 4-氨基安替比林溶液的配制；2.0g 4-氨基安替比林溶于 100mL 蒸馏水，放入棕色瓶中。

80g/L 铁氰化钾溶液的配制：8.0g 铁氰化钾溶于 100mL 蒸馏水，放入棕色瓶中。置冰箱内冷藏，可保存一周。

pH=10.7 的碱性缓冲溶液的配制：20g 氯化铵溶于 100mL 浓氨水，放入胶塞瓶中，置冰箱内保存。为避免氨的挥发所引起 pH 值的改变，应注意在低温下保存，且取用后立即加塞盖严，并根据使用情况适量配制。

酚标准溶液的配制：0.1g 苯酚溶于水，定容至 100mL。

（2）工作曲线的绘制

① 按表 2-3-18 加入相应体积酚标准溶液于 6 个 50mL 比色管中，加无酚水至标线。

② 加入氨性缓冲溶液 0.5mL，混匀，此时 pH 值为 10.0±0.2。

③ 加入 4-氨基安替比林溶液 1.0mL，混匀。

④ 加入 1.0mL 铁氰化钾溶液，混匀后密塞静置 10min。

⑤ 用光程为 20mm 的比色皿，以无酚水为参比，510nm 处于 30min 中内测定吸光度。将数据记录在表 2-3-18 中。

表 2-3-18　工作曲线数据记录表

酚标准溶液体积/mL	0.0	1.0	2.0	3.0	4.0	5.0
吸光度						

⑥ 绘制工作曲线。由校准系列测得的吸光度值减去零浓度管的吸光度值，绘制吸光度值对酚含量(mg)的曲线，校准曲线回归方程相关系数应达到 0.999 以上。

（3）样品测定。

① 取适量(酚含量应大于 0.01mg)水样于 50mL 比色管中，如果体积太小，用水稀释。

② 按照工作曲线测定步骤测定样品吸光度，同时进行空白试验。

③ 测定后从工作曲线上查出酚的含量(mg)，按下式计算水样的酚含量为

$$\text{酚含量(mg/L)} = \text{测定值} \times 1000/V$$

式中　V——样品体积，mL。

④ 将数据记录在表 2-3-19 中。

表 2-3-19　操作数据记录表

	第一次测定	第二次测定
空白吸光度值		
样品吸光度值		
计算结果		
平均值		

三、给您提个醒

① 酚标准溶液必须现用现配。

② 生成的红色染料在水中大约稳定 30min，测定时应注意掌握。

四、请您想一想

测定过程中，试剂的加入顺序可否颠倒？

3.2.7　环境水样中钾、钠的测定

依据标准 GB/T 14640—2017《工业循环冷却水和锅炉用水中钾、钠含量的测定》。

采用火焰原子吸收分光光度法测定环境水样中钾和钠，具有快捷方便的特点。

一、培训准备

（1）理论准备

了解原子吸收分光光度计的原理；掌握火焰法测定环境水样中钾钠的方法。

（2）仪器准备

原子吸收光谱仪（AA-6501 型或相当）、仪器操作说明书、容量瓶、吸量管、移液管等。

（3）试剂准备

99.99%乙炔、钾钠标准溶液（50μg/mL 钾，50μg/mL 钠）、氯化铯溶液（含铯 20g/L）。

二、操作步骤

（1）仪器开机预热

检查乙炔压力、空心阴极灯、电源情况正常后开机。按照测定钾正确设定灯参数、仪器参数、燃烧头参数并预热。同时，设定钠灯进入预热状态。

（2）溶液配制

在 5 个 100mL 容量瓶中，依次加入 0.00mL、1.00mL、2.00mL、3.00mL、4.00mL 钾钠标准溶液，在第 6 个 100mL 容量瓶中加入 5mL 样品水。在每个容量瓶中加入 10mL 氯化铯溶液，最后用蒸馏水定容摇匀。

（3）测定

待仪器稳定后，用蒸馏水做空白，分别测定 5 瓶标准溶液的吸光度，填入表 2-3-20 中钾　栏。测定结束后，切换灯到钠灯，按照测定钠设定各种参数，待仪器稳定后，用蒸馏水做空白，分别测定 5 瓶标准溶液的吸光度，填入表 2-3-20 中钠一栏。

表 2-3-20　数据记录表

钾、钠标液用量/mL	0.00	1.00	2.00	3.00	4.00
钾、钠含量/μg	0.00	50.0	100	150	200
吸光度 $A_{钾}$					
吸光度 $A_{钠}$					

最后，按照仪器要求关闭原子吸收分光光度计。

（4）工作曲线的绘制

以吸光度为纵坐标，钾和钠含量为横坐标作图，绘制两条工作曲线。根据样品吸光度在工作曲线上分别得到的钾和钠的含量(μg)。

（5）计算

样品中钾或钠的浓度可用下面的公式计算为

$$c = \frac{c_x}{V}$$

式中 c——样品中钾或者钠的浓度，μg/mL；

c_x——从工作曲线上得到的样品中钾或钠的含量，μg；

V——样品的用量，mL。

三、给您提个醒

测定第一个组分时，要注意先预热下一组分的空心阴极灯，以节约等待时间。

四、请您想一想

为什么每次测量都要重新绘制工作曲线？

第4章　色 谱 分 析

4.1　仪器结构与操作

4.1.1　色谱仪的日常维护

在色谱仪长时间运行中，有许多日常的维护工作是必要的，如进样垫的更换、自动进样器进样针的更换等。按期做好这些工作，是保证色谱仪长时间平稳运行的关键。

一、培训准备

(1) 理论准备

了解色谱仪的结构；掌握色谱仪日常维护的一般方法。

(2) 仪器准备

色谱仪(带注射器进样口、自动进样器)、工作站及使用说明书。

二、操作步骤

(1) 进样垫的更换

① 检查色谱仪状态，确认色谱仪处于关机或者等待状态。

② 准备好新垫，确认新垫片规格型号与色谱仪相符。

③ 拧下进样口密封圈，取下旧垫。如果色谱仪开机，应采用合适的保护措施以防止高温烫伤。

④ 迅速安装好新垫，安装过程中要保持新垫的洁净。

⑤ 复原进样口。

(2) 更换自动进样器进样针

① 打开自动进样器门，旋转移开卡针的注射器闩。

② 拧松针芯螺丝，然后向上推动针芯架，轻轻取下注射器。

③ 拿一支新的微量注射器。针尖部位插入针头基座的小孔，微量注射器凸缘部位放入导槽内，向下推动针芯架卡住针芯并拧紧，然后旋转注射器闩卡住注射器。

④ 关闭自动进样器门。微量注射器更换完毕。

三、给您提个醒

① 拧进样垫紧固螺丝时，不能拧得过紧。

② 在很少的情况下，进样口柱前压很高时，应先降低柱前压，再更换进样垫，以避免进样垫被柱前压弹飞。

③ 更换不同类型进样针的时候，可能需要对自动进样器进行重新定位，以便调整针尖进入进样口后的位置等。

四、请您想一想

① 你所在实验室的色谱仪配备了什么类型的进样口？使用这些进样口的过程中，还应该注意哪些维护保养事项？

② 如何判断进样垫是否需要更换？

4.1.2 毛细管柱的安装

毛细管柱由于具有非常高的塔板数和分离能力而得到广泛应用。目前，毛细管柱已经替代填充柱，成为气相色谱的主流技术。毛细管柱的安装方式有着严格的规定，正确地安装毛细管柱，是得到良好谱图和正确分析结果的前提条件。

一、培训准备

(1) 理论准备

了解毛细管色谱柱的使用常识；掌握毛细管色谱柱安装方法。

(2) 仪器准备

色谱仪(带 FID 检测器、分流不分流进样口、毛细管柱)。

二、操作步骤

(1) 色谱仪状态检查

操作前色谱仪应处于关机状态，冷却良好，电源断开；

色谱仪进样口和检测器端应适合毛细管柱的安装，接口方式正确。

(2) 进样口端的安装

① 在毛细管柱上套一个废弃的进样胶垫，以固定石墨环位置(操作熟练可不套胶垫)；

② 在毛细管柱上套入石墨环(如果紧固螺丝没有开槽，应该先套入紧固螺丝)；

③ 根据说明书要求，用定位器或直尺确定入口端毛细管长度，用锋利的刀子在硬质平面上切除多余的毛细管，切口应平整圆滑；

④ 将毛细管轻轻送入进样口，上好紧固螺丝，用手拧紧；

⑤ 用扳手继续拧紧固螺丝 1/4 圈，但不要过度拧紧。

(3) 检测器端的安装

检测器端也可以采用废进样胶垫定位的方式处理，但当检测器为 FID 时，可以采用以下办法处理：

① 分别将紧固螺丝和石墨环套入毛细管；

② 用刀子将毛细管端口切割整齐；

③ 将毛细管端头轻轻送入检测器端；

④ 用手拧好紧固螺丝，但不要太紧；

⑤ 将毛细管柱轻轻往上送，到不能向上移动后，向下拽出约 1mm，用手拧紧紧固螺丝；

⑥ 用扳手继续拧紧固螺丝 1/4 圈，但不要过度拧紧。

三、给您提个醒

① 为避免柱子使用中发生折断，注意毛细管色谱柱的弯曲度不能过大，弯曲半径不能小于原色谱柱弯曲半径的 1/2。

② FPD 等检测器，毛细管柱长度需要用格尺测量确定，不能直接用 FID 的安装方法。

四、请您想一想

可不可以用直尺量好毛细管柱端头到废胶垫的距离，不切除毛细管端头就安装？为什么？

4.1.3 色谱工作站的使用

工作站拥有强大的计算和储存能力，现代色谱仪工作站几乎都可以控制变更色谱仪的参数和操作。这里主要介绍工作站的简单操作过程。

一、培训准备

(1) 理论准备

了解计算机 Windows 操作系统；掌握色谱仪工作站的使用方法。

(2) 仪器准备

色谱仪(全数控型号)、工作站。

(3) 试剂准备

色谱标准样品。

二、操作步骤

(1) 工作站的开启

运行工作站软件，正确调入预先存储的方法；

检查方法中的各项条件并适当变更相应内容，用新的名字存储方法，保存变更内容。

(2) 进样操作

正确设置样品相关信息和存储路径。进样并通过工作站开启色谱仪进行分析。

(3) 数据处理

针对分析结果调整积分条件，修改 ID 表；

生成并打印分析报告，同时输出 EXCEL 表格形式的分析报告；

存储分析结果后调用预定的分析数据文件；

采用手动积分对色谱峰进行积分再处理。

(4) 关闭工作站

三、给您提个醒

开启工作站前要先打开色谱仪，关闭色谱仪之前要首先按次序关闭工作站。

四、请您想一想

在数据处理方式上，不同厂家型号的色谱仪虽然参数的表达方式各自不同，但各自工作站实际上采用的都是相同的峰检出方式，即一阶导数法。您的实验室中有多少不同类型的工作站？这些处理参数有哪些是相互对应的？参数使用的单位是相同的吗？

4.1.4 色谱仪主机程序的编制

色谱仪主机可以控制许多色谱参数在分析过程中进行调整，如柱箱温度(程序升温)、灵敏度、极性等。在分析过程中适时地改变这些参数，可以让色谱仪发挥更大的潜能，完成较复杂的分析工作。

一、培训准备

(1) 理论准备

了解色谱仪的工作原理；掌握色谱仪主机程序的编制方法。

(2) 仪器准备

色谱仪、工作站。

二、操作步骤

(1) 仪器说明的阅读

仔细阅读色谱仪操作说明书中关于主机程序编制的章节，确认色谱仪主机可以进行编程的内容。检查提供的色谱仪主机时间程序，确认各项是否应该由色谱仪主机程序完成，是否可以在此台色谱仪上实现。

主机程序要求实例：

① 0.1min，基线进行强制调零；

② 1min，切换输出信号到 FID 检测器（前检测器）；

③ 3min，柱前压增加 5kPa；

④ 5min，切换检测器到 TCD 检测器（后检测器）；

⑤ 5.5min，桥流设定为 80mA；

⑥ 6min，极性切换到“-”；

⑦ 8min，极性切换到“+”；

⑧ 8.5min，桥流设定为 120mA。

（2）编写、运行、更改程序

根据经检查修改后的、提供的主机时间程序，在工作站上编写上述程序，并下传该程序给色谱仪，检查色谱仪的工作情况，确认程序是否被执行。

根据要求，对程序内容作适当的更改。

主机程序更改实例：

① 删除极性切换相关内容；

② 将 3min 切换灵敏度到 1 变更为 2min 切换；

③ 将 8.5min 桥流设定为 120mA 变更为 100mA。

三、给您提个醒

色谱主机程序和程序升温程序将同时在按下[START]后被执行。

四、请您想一想

① 对于不同型号的色谱仪，主机时间程序可以执行的内容是不同的。您所应用的色谱仪，能够进行哪些操作？

② 对于一个重复分析相似样品的色谱仪，如何编制主机程序，才能让每次分析结束后，不需要对色谱仪再进行任何参数调整，就可以分析下一个样品？

4.1.5 工作站 ID 表的编制

ID 表操作是色谱分析中最基本也是最重要的一个内容，工作站对色谱图进行处理后，与相应的 ID 表进行对比，对识别的色谱峰进行定性，并根据定性结果调用相应的计算数据，进行最终结果的计算。在色谱峰发生时间漂移后，经常需要变更 ID 表中的保留时间部分；在变更色谱主要参数后，要重新标定色谱仪并变更 ID 表中相应的计算数据。

一、培训准备

（1）理论准备

了解色谱定性和定量的原理；掌握工作站上 ID 表的编制方法。

（2）仪器准备

工作站、标准样品分析谱图。

二、操作步骤

① 删除原有 ID 表并新建 ID 表

阅读图 2-4-1 ID 表样例中提供的 ID 表内容，确认此 ID 表的类型和时间处理方式，在工作站上新建一个类型合适的 ID 表，并录入相应的内容后退出编辑。

ID 表实例：

IDNO	NAME	TIME	BAND	FACTOR	CONC
1	A	0. 6	0. 2	0	1. 35
2	BBB	1. 47	0. 2	0	2. 88
3	CCCCCC	3. 14	0. 3	0	4. 63
4	DD	5. 32	0. 4	0	1. 50
5	END				

图 2-4-1　ID 表样例

② 对照编辑好的 ID 表，与提供的进行比较。

③ 根据提供的 ID 表变更清单和自己的录入错误，进入 ID 表修改模式，并对 ID 表进行相应修改。

ID 表变更清单实例：

改变第一个出峰组分的名称为甲烷(CH_4)；

改变第二个组分的出峰时间为 2min；

输入第三个组分的标准样品浓度为 10。

④ ID 表情况检查

对照编辑好的 ID 表，与应该得到的结果进行比较，对错误的地方分析错误产生的原因；重新修改 ID 表并加以检查，直到得到满意结果。

三、请您想一想

① 您所操作的工作站上，在需要变更 ID 表的类型时，能否保留原来 ID 表中的有用内容？

② 工作站在进行峰定性时，可以采取哪些方式消除峰保留时间的微小波动的影响？怎样才能让工作站尽可能少地发生定性错误？

③ 如何在工作站发生定性错误的时候，及时修正并重新计算结果？

④ 时间窗 Window 定性方式和时间带 Band 定性方式有什么区别？

4.2　数据处理

4.2.1　色谱内标法定量的应用

内标法可以有效地消除由于进样量无法精确控制带来的分析误差，与面积归一化法不同，它不要求所有组分都出峰，也能够一次进样得到分析结果。因此，内标法成为最常用的色谱定量计算方法之一。掌握此方法的计算过程是十分必要的。

一、培训准备

(1) 理论准备

了解色谱定量的相关原理；掌握色谱内标法的应用。

(2) 仪器准备

色谱仪、工作站。

(3) 其他准备

色谱样品、内标物、天平、50mL 具塞锥形瓶、10mL 注射器、100μL 微量注射器。

二、操作步骤

(1) 样品与内标物的考查

正确将样品送入色谱仪，获得峰形良好的色谱图，记录各组分峰的保留时间；

正确将内标物送入色谱仪，获得良好的色谱图，记录保留时间。样品谱图中内标物所在出峰位置应没有色谱峰。

（2）内标物的添加

根据样品中待测组分的预期浓度，计算样品用量和内标物的加入量；

根据计算结果，在具塞锥形瓶中加入适当的样品和内标物，精确称量样品和内标物的加入量，盖好塞子，混合均匀。

（3）分析添加后的样品

将加入内标物的样品正确进行色谱分析，得到良好的色谱图。记录内标物组分面积和待分析组分面积。重复 3 次，分别记录内标物组分和待测组分的面积。

（4）结果的计算

根据测得的面积和提供的内标物、待测组分校正因子，用内标法计算待测组分含量。

平均 3 次进样的最终计算结果，作为最终结果。

所有试验数据记录在表 2–4–1 中。

表 2–4–1　操作数据记录表

	第一次	第二次	第三次	平均值
内标物组分面积				—
待测物组分面积				—
待测组分含量				

三、请您想一想

① 是否可以先对峰面积进行平均，然后再利用峰面积的平均值计算样品中待测组分含量？为什么？

② 如何选择内标物？常用的内标物有哪些？

③ 如何确定内标物的理论加入量？

④ 什么情况下适合用内标法进行定量？

4.2.2　色谱图的存储和再处理

分析中保存分析样品的色谱图，以便进行再计算或接受检查是十分必要的。工作站对每一次分析的样品都能够自动存储，但我们必须了解自动存储的命名方式和存盘路径，才能正确使用再计算功能。正确地使用谱图存储和再计算功能，能够为复杂样品谱图提供多次处理的机会，以便于找到最佳的处理参数，并进行计算。

一、培训准备

（1）理论准备

了解工作站的使用方法；掌握谱图存储和再计算的应用。

（2）仪器准备

色谱仪、工作站及使用说明书。

（3）样品准备

乙醇/乙酸乙酯/乙酸丙酯混合样品（或其他三组分，完全分离且面积接近）。

二、操作步骤

① 查看工作站说明书，了解谱图存储和调用的方法。

② 进样分析样品并存储谱图：

检查工作站谱图存储相关参数是否正确；分析样品，检查计算结果。

③ 用下列方法调用存储的色谱图：

根据要求，正确调用已经存储的色谱图；

在不同的参数下进行再计算，找到最佳处理参数；

变更处理参数，消除面积最小的色谱峰积分；

变更处理参数，屏蔽对某一个大峰的积分。

④ 计算结果

比较不同参数下的计算结果，说明谱图存储和再计算的实际意义。

三、给您提个醒

① 经过再计算的色谱分析结果，在符合 GLP 规范的工作站上，和直接分析得到的结果是有区别的。

② 很多时候，手动积分的色谱分析结果是不被接受的。

四、请您想一想

在您的实验室，都有什么型号的工作站？这些工作站是否都能进行谱图存储和再计算功能？如何实现？

4.3 色谱试验条件的优化

4.3.1 色谱仪柱温和柱前压条件的优化

根据色谱的塔板理论和速率理论，柱前压和柱温是关系到色谱柱分离效果的两个重要因素，合理地设置柱前压和柱温，是快速准确完成分析任务的关键。

注：色谱试验最关键的因素为色谱柱。

一、培训准备

(1) 理论准备

了解色谱塔板理论和速率理论；掌握优化柱前压和柱温方法。

(2) 仪器准备

色谱仪、工作站。

(3) 样品准备

色谱标准样品、色谱未知样品。

二、操作步骤

(1) 色谱仪状态确认

检查色谱仪状态，确认处于正常分析状态后进样分析；

查看得到的色谱图，观察色谱峰的形状和位置。

(2) 柱温调整

① 提高色谱仪柱温 20℃，等待色谱仪进入 Ready 状态后，进样分析。检查得到的色谱图，观察色谱峰的形状和位置；

② 降低色谱仪柱温 20℃，等待色谱仪进入 Ready 状态后，进样分析。检查得到的色谱图，观察色谱峰的形状和位置；

③ 将色谱仪柱温调整到原来的设定值，并等待色谱仪进入 Ready 状态。

（3）柱前压调整

① 提高色谱仪柱前压 25kPa，等待色谱仪稳定后，进样分析。检查得到的色谱图，观察色谱峰的形状和位置；

② 降低色谱仪柱前压 25kPa，等待色谱仪稳定后，进样分析。检查得到的色谱图，观察色谱峰的形状和位置；

③ 将色谱仪柱前压调整到原来的设定值，并等待色谱仪进入 Ready 状态。

（4）联合调整

根据上面的试验情况，试设计一个合适的柱温和柱前压，使色谱峰峰形变得尖锐，但出峰时间应基本保持原来的值。

所有试验中的相关数据，记录在表 2-4-2 中。

表 2-4-2　操作数据记录表

序　号	柱前压	柱　温	组分 1		组分 2		组分 3	
			峰　宽	保留时间	峰　宽	保留时间	峰　宽	保留时间
1								
2								
3								

三、请您想一想

① 是否可以通过合理地调整色谱仪柱温和柱前压，将所有原来未能分离的组分完全分离？

② 改变色谱仪的柱温和柱前压时，还应该注意调整哪些相关参数，使色谱仪能更好地工作？

4.3.2　色谱仪进样口分流比的调节

采用毛细管色谱柱的色谱仪，通常加装分流/不分流进样器来调整进样量，以满足毛细管柱较小的柱容量。对于不同型号的色谱仪，分流比允许的设定区间也不尽相同，一般设定在 20：1~200：1 是比较合适的。高的分流比可以有效地减小进样量，但同时会带来检测限的下降，造成微量组分无法检出；低的分流比有较大的进样量，但可能带来柱过载或检测器过载，形成峰拖尾或平头峰等故障。因此，合适地设置分流比，在分析某些特定含量的组分时，显得十分的重要。

一、培训准备

（1）理论准备

了解分流不分流进样器的结构原理；掌握色谱仪进样口分流比的调节方法。

（2）仪器准备

色谱仪(带分流不分流进样口)、工作站。

（3）样品准备

色谱标准样品。

二、操作步骤

（1）检查色谱仪确认色谱仪状态

检查色谱仪情况，确认色谱仪处于 Ready 状态。从工作站和色谱仪面板两方面，检查载气压力是否与设定值一致。

(2) 检查并设定分流比

在工作站上找到分流比设定界面，在不改变毛细管柱流量的情况下，将分流比设定为10∶1。

(3) 调整分流比

① 下传方法到色谱仪，等待色谱仪进入 Ready 状态；

② 进样分析标准样品，重复 3 次，并记录各组分的峰面积，查看各色谱峰的峰形和分离情况；

③ 在工作站上调整分流比到 100∶1，并下传到色谱仪；

④ 待色谱仪稳定后，进样分析标准样品，重复 3 次，并记录各组分的峰面积，查看各色谱峰的峰形；

⑤ 在工作站上调整分流比到 300∶1，并下传到色谱仪；

⑥ 待色谱仪稳定后，进样分析标准样品，重复 3 次，并记录各组分的峰面积，查看各色谱峰的峰形。

(4) 记录分析结果

所有试验结果记录在表 2-4-3 中，并计算面积比。

表 2-4-3 操作数据记录表

分流比	分析序号	峰 1 面积	峰 2 面积	峰 3 面积	最大峰面积/最小峰面积
10∶1	1				
	2				
	3				
100∶1	1				
	2				
	3				
300∶1	1				
	2				
	3				

观察在不同分流比下大峰与小峰的平均面积比，以及在不同分流比下三次分析的峰面积比变化情况。

用带校正因子的面积归一化法分别计算各组分含量，与标准样品提供的标准值进行比较。

分析上面结果差异出现的原因，并得出结论。

三、请您想一想

① 对于气相样品六通阀进样和液相样品注射器进样，样品的实际分流比相同吗？为什么？

② 在采用外标法分析结果时，分流比是否必须准确设定到某一个值？色谱标定完成后，分流比的微小改变，是否会对分析结果造成影响？

4.3.3 色谱仪 FID 供气配比的调节

FID 一般需要三种气体才能正常工作，即氢气、空气、氮气(或者氦气等)。这里氢气是 FID 燃烧必需的可燃气，空气是助燃气，而惰性的氮气或氦气则是稳定 FID 火焰、提高监测灵敏度所必需的稀释气。在不同的氮氢比和空氢比下，FID 的性能和稳定性都有较大的差异。选择合适的氮氢比和空氢比，是得到良好分析结果的关键。

一、培训准备

(1) 理论准备

了解 FID 的检测原理；掌握色谱仪 FID 供气配比的调节方法。

(2) 仪器准备

色谱仪(带 FID 检测器)、工作站。

(3) 样品准备

色谱标准样品。

二、操作步骤

(1) 检查并确认仪器状态

色谱仪应处于 Ready 状态；

工作站应处于正常工作状态，联机情况良好；

建议色谱仪采用 N_2 作为载气(补充气)。

(2) 流量测定

在工作站上找到相应的监控页面：

确认色谱柱实际流量与设置流量是否一致；

确认 FID 尾吹气流量与设置流量是否一致；

确认 FID 的氢气流量与设置流量是否一致；

确认空气流量与设置流量是否一致；

将所有参数设定到正确的值，并下传至色谱仪，等待色谱仪进入稳定工作状态。

(3) 氮氢比的条件选择

设定空气流量为一个较大的值(空氮比为 12 或略高)，调整氢气流量，分别测定氮氢比为 0.4、0.6、1.0、1.5、2.0 下的标准气峰面积。

记录上述试验数据于表 2-4-4 中，并绘制检测器灵敏度与氮氢比的关系曲线图。

表 2-4-4　操作数据记录表(一)

氮　氢　比	0.4	0.6	1.0	1.5	2.0
组分 1(高含量)					
组分 2(低含量)					

(4) 空氢比的条件选择

根据氮氢比试验，确定合适的空氢比。(可设定为 1)

调整空气流量，分别测定空氢比为 3、6、10、15、20 下的标准气峰面积。

记录上述相关试验数据在表 2-4-5 中，并绘制检测器灵敏度与空氢比的关系曲线图。

表 2-4-5　操作数据记录表(二)

空　氢　比	3	6	10	15	20
组分 1(高含量)					
组分 2(低含量)					

(5) 结果

根据两次试验结果，得到合适的氮氢比、空氢比范围。

三、请您想一想

① 测定高含量和低含量组分，是否应该选用相同的氮氢比和空氢比？为什么？

② 在不同的柱箱温度下，相同的柱前压是否有相同的载气流速？如何修正载气流速带来的灵敏度影响？

4.4 工业用乙烯中烃类杂质的测定

通常，乙烯样品采用钢瓶采集。由于乙烯的临界温度只有 9.8℃，因此通常乙烯在钢瓶中是以气体状态存在的。要做好乙烯中烃类杂质的分析，除需要熟练掌握色谱仪使用方法之外，还要掌握气体钢瓶的进样技术。

一、培训准备

(1) 仪器准备

色谱仪(带 FID，毛细管柱)、工作站。

(2) 样品准备

乙烯样品钢瓶。

(3) 其他准备

参考色谱图(图 2-4-2)。

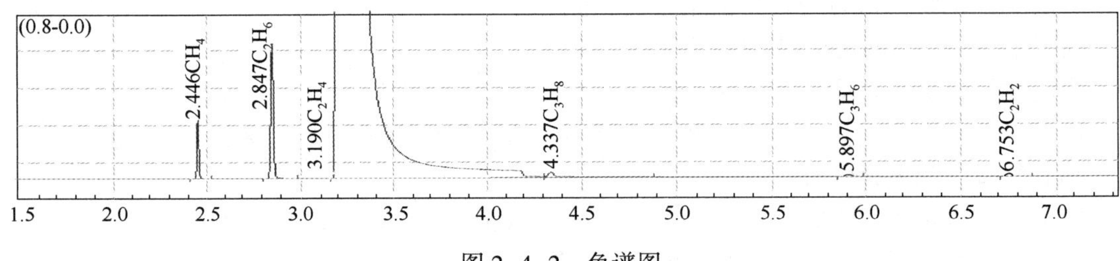

图 2-4-2 色谱图

二、操作步骤

① 从工作站调用正确的测定方法，并下载方法到色谱仪。

② 在控制菜单下启动单次运行，输入正确的样品 ID。如果需要，按下“preRUN”(或“预运行”)按钮，使色谱仪进入分析前准备状态。

③ 将乙烯样品钢瓶与色谱仪进样口端连接好，钢瓶倒置，缓慢打开钢瓶阀，控制钢瓶阀开度并观察积泡器出泡情况，得到每分钟 50 至 100 个气泡的稳定流速，在此流速下置换定量环至少 30 秒。关闭钢瓶阀，待积泡器停泡后两秒，确认色谱仪处于“ready”(或“就绪”)状态，按动色谱仪上“start”键，完成进样操作。

④ 测定结束后，重复②③操作步骤，进行第二次平行进样分析。

⑤ 两次测定结束后，在工作站上进行数据处理。放大色谱图，确认色谱峰定性正确，定量方法正确，色谱峰积分参数正确后，记录测定结果。测定结果记录在表 2-4-6 中。

表 2-4-6 试验结果记录

	第一次	第二次	平均值
乙烯纯度/%(体积分数)			
甲烷含量/(mL/m^3)			

续表

	第一次	第二次	平均值
乙烷含量/(mL/m^3)			
丙烷含量/(mL/m^3)			
丙烯含量/(mL/m^3)			
乙炔含量/(mL/m^3)			

三、给您提个醒

① 不同厂家不同型号色谱仪操作可能不同，具体操作需要根据实际色谱仪使用要求进行调整。

② 乙烯中的烃类杂质采用外标法进行定量，但乙烯含量本身，却是采用差减法得到的。所谓差减法，即利用100%减掉所有杂质的含量之和，得到乙烯含量分析结果。

③ 钢瓶与仪器要连接良好，保证不漏气。

④ 钢瓶使用完毕后，存放在通风橱中。

四、请您想一想

① 工业用乙烯样品的采集要求非常严格，采样时应该注意哪些关键点？

② 虽然室温下乙烯钢瓶中的样品是气体，但仍然要求钢瓶进样时必须要倒置，为什么？

③ 进样时钢瓶阀如果控制不好，开阀过快过大会出现哪些问题？

④ 测定结果重复性不好的可能因素有哪些？

第5章　油品分析

5.1　黏度测定

黏度是评价原油及其产品流动性能的指标。在原油和石油化工产品加工、运输、管理、销售及使用过程中，黏度是很有用的物理常数。在石油加工中，黏度是检验许多石油产品的重要质量指标。液体石油产品黏度的测定方法有毛细管黏度计法(GB/T 265—1988)和恩氏黏度计法(GB/T 266—1988)等。

5.1.1　石油产品运动黏度的测定

本节介绍毛细管黏度计法测定液体石油产品的运动黏度。

一、培训准备

(1) 理论准备

掌握液体石油产品性能基础知识和黏度的定义，以及毛细管黏度计法的测定原理。

(2) 仪器准备

毛细管黏度计、恒温浴、玻璃水银温度计、秒表。

(3) 试剂准备

试剂(95%乙醇溶剂油)。

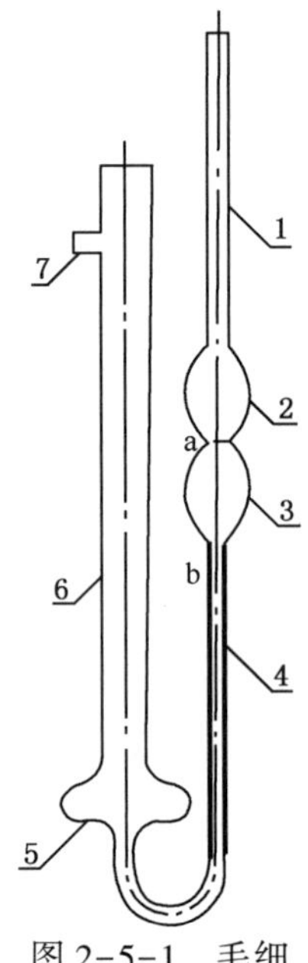

图2-5-1　毛细管黏度计
1，6—管身；2，3，5—扩张部分；4—毛细管；a，b—标线；7—支管

二、操作步骤

(1) 准备

试样在试验前用滤纸过滤除去机械杂质。

黏度计用铬酸洗液、蒸馏水或95%乙醇依次洗涤。然后放入烘箱中烘干(如乙醇处理后应用吹风机吹干)。

如图2-5-1所示，在装试样之前，将橡皮管套在支管7上，并用手指堵住管身6的管口，同时倒置黏度计，然后将管身1插入装着试样的容器中。这时，利用橡皮球将液体吸到标线b，同时注意不要使管身1，扩张部分2和3中的液体发生气泡和裂隙。当液面达到标线b时，就从容器里提起黏度计，并迅速恢复其正常状态，同时将管身1的管端外壁所粘着的多余试样擦去，并从支管7取下橡皮管套在管身1上。

将装有试样的黏度计浸入事先准备妥当的恒温浴中，并用夹子将黏度计固定在支架上，在固定位置时，必须把毛细管黏度计的扩张部分2浸入一半。温度计要利用另一只夹子来固定，调节水银球的位置接近毛细管中央点的水平面，并使温度计上要测温的刻度位于恒温浴的液面上10mm处。

(2) 测定

① 将黏度计调整成垂直状态，要利用铅垂线从两个相互垂直的方向去检查毛细管的垂直情况。将恒温浴调整到规定的温度，把装好试样的黏度计浸在恒温浴内，经恒温如表2-5-1规定的时间。试验的温度必须保

持恒定到±0.1℃。

表 2-5-1 黏度计在恒温浴中的恒温时间

试验温度/℃	恒温时间/min	试验温度/℃	恒温时间/min
80，100	20	20	10
40，50	15	0～-50	15

② 利用毛细管黏度计管身1口所套着的橡皮管将试样吸入扩张部分3，使试样液面稍高于标线a，并且注意不要让毛细管和扩张部分3的液体产生气泡或裂隙。

③ 当液面正好到达标线a时，开动秒表；液面正好流到标线b时，停止秒表。

④ 用秒表记录下来的流动时间，应至少重复测定4次，其中各次流动时间与其算术平均值的差数应符合如下的要求：在温度100～15℃测定黏度时，这个差数不应超过算术平均值的±0.5%；在低于15～-30℃测定黏度时，这个差数不应超过算术平均值的±1.5%。然后，取不少于3次的流动时间所得的算术平均值，作为试样的平均流动时间。

(3) 计算

在温度 t 时，试样的运动黏度 ν_t(mm^2/s)可按下式计算为

$$\nu_t = c \cdot \tau_t$$

式中 c——黏度计常数，mm^2/s^2；

τ_t——试样的平均流动时间，s。

(4) 报告

黏度测定结果的数值，取四位有效数字。取重复测定两个结果的算术平均值，作为试样的运动黏度。

三、给您提个醒

毛细管法测定黏度的原理是根据泊塞耳(Poiseuille)方程式。

四、请您想一想

① 根据试验的温度选用黏度计时，试样的流动时间应不少于多少s？

② 根据测定的条件，恒温浴中注入的液体有何不同？

③ 用于测定黏度的秒表、毛细管黏度计和温度计为什么必须定期检定？

④ 本方法对测量结果的重复性有何要求？

5.1.2 石油产品恩氏黏度的测定

本节介绍恩氏黏度计法测定液体石油产品的黏度。

一、培训准备

(1) 理论准备

掌握液体石油产品性能基础知识及恩氏黏度计法的测定原理。

(2) 仪器准备

恩氏黏度计(图2-5-2)、温度计、恩氏黏度计用的接收器、电加热装置、5mL吸量管、分度值为0.2s秒表。

(3) 试剂准备

润滑油、溶剂油、石油醚(30～60℃分析纯)、95%乙醇(化学纯)。

二、操作步骤

(1) 准备

① 测定黏度计的水值

标准黏度计的水值应等于(51±1)s。如果水值不在此范围内就不允许使用该仪器测定

黏度。

② 准备试样

用每 1 cm^2有至少 576 个孔眼的金属滤网过滤试样。如果试样中含水，应加入粒状的无水氯化钙进行摇动，经过静置沉降后才用滤网过滤。

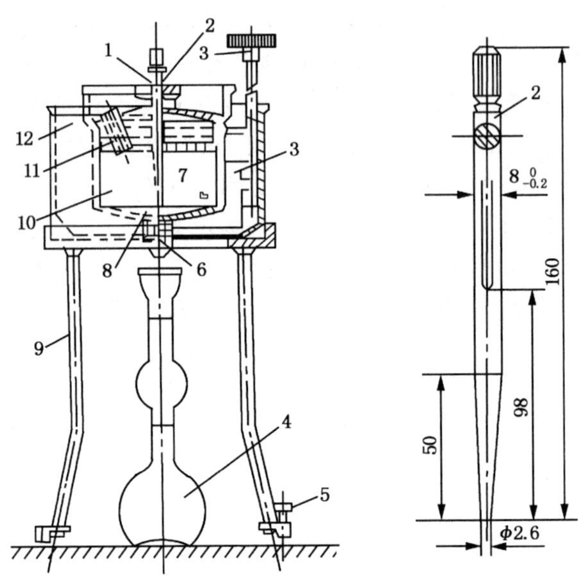

图 2-5-2　恩氏黏度计

1—木塞插孔；2—木塞；3—搅拌器；4—接收器；5—水平调节螺钉；6—流出孔；7—小尖钉；8—球面形底；9—铁三脚架；10—内容器；11—温度计插孔；12—外容器

（2）测定

① 用滤过的溶剂油仔细洗涤仪器，然后用空气吹干。

② 测定试样在规定温度的黏度时，先将木塞严密塞住黏度计的流出孔，然后将预先加热到稍高于规定温度的试样注入内容器中，这时试样中不应产生气泡。注入的油面必须稍高于尖钉的尖端。

③ 向黏度计的外容器注入水(测定温度在 80℃以下时)，该液体应预先加热到稍高于规定温度。使内容器中的试样温度恰好达到规定的温度，此时保持 5min，内容器中试样温度应恒定到±0. 2℃。然后记下外容器中液体的温度。在试验过程中要保持外容器的液体温度恒定到±0. 2℃。

④ 稍微提起木塞，使多余的试样流下，直至 3 个尖钉的尖端刚好露出油面为止。

⑤ 黏度计加上盖之后，在流出孔下面放置洁净、干燥的接收器。然后绕着木塞小心地旋转插有温度计的盖，利用温度计搅拌试样。

⑥ 试样中的温度计恰好达到规定温度时，再保持 5min(但不进行搅拌)，就迅速提起木塞，同时开动秒表。木塞提起的位置应保持与测定水值时相同(也不允许拔出木塞)。当接收器中的试样正好达到 200mL 的标线时(泡沫不予计算)，立即停住秒表，并读取试样的流出时间，准确至 0. 2s。

（3）计算

试样在温度 t 时的恩氏黏度 E_t，其单位为条件度，可按下式计算

$$E_t = T_t / K_{20}$$

式中　T_t——试样在试验温度时从黏度计中流出 200mL 所需的时间，s；

K_{20}——黏度计的水值，s。

（4）报告

取重复测定两个结果的算术平均值，作为试样的恩氏黏度。

三、给您提个醒

黏度计的“水值”应定期检查。更换新的流出管时，应重新校正“水值”。

四、请您想一想

① 恩氏黏度计水值的定义是什么？

② 本方法对结果的重复性有什么要求？

③ 测定水值时应如何清洗黏度计的内容器？

5.2　闪点测定

闪点是油气与空气的混合气体在遇到明火时，发生瞬间着火的最低温度。闪点意味着在此温度下油料挥发产生的油蒸气，已在空气中达到爆炸所需的浓度。测定油品闪点的方法分为闭口杯法(GB/T 261—2021)、开口杯法(GB/T 267—1988)和克利夫兰开口杯法(GB/T 3536—2008)。

5.2.1　石油产品闭口闪点测定法

本节介绍闭口杯法测定液体石油产品的闪点。

一、培训准备

（1）理论准备

掌握液体石油产品性能基础知识及闭口杯法的测定原理。

（2）仪器准备

闭口闪点测定器(图 2-5-3)、温度计、防护屏。

二、操作步骤

（1）准备

① 水的存在会影响闪点的测定结果，如果样品中含有未溶解的水，先将水倒出来。

② 样品在容器中加热，稍稍松一点盖子以防止产生过大的压力。选择足以使样品液化的最低温度加热样品 30min，该温度低于预期闪点 18℃以下。

③ 如果样品仍未全部融化，可延长加热时间，再加热 30min，避免样品过热造成挥发性组分的损失。

（2）测定

① 将试样倒入试验杯至加料线，盖上试验杯盖，然后放入加热室，确保试验杯就位或锁定装置连接好后插入温度计。点燃试验火源，并将火焰直径调节为 3.2~4.8mm；或打开电子点火器，按仪器说明书的要求调节电子点火器的强度。在整个试验期间，试样以 5~6℃/min的速率升温，且搅拌速率为 90~120r/min，搅动方向向下。

② 当试样的预期闪点不高于 110℃时，从预期闪点以下(23±5)℃开始点火，试样每升高 1℃点火一次，点火时停止搅拌。控制试验杯盖上的滑板操作旋钮或点火器，使火焰在 0.5s 内下降至试验杯的蒸气空间内，并在下降位置停留 1s，然后迅速升高回至原位置。

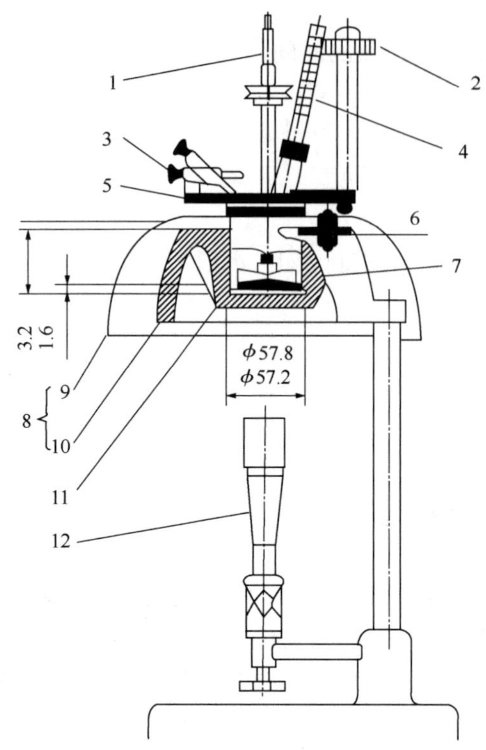

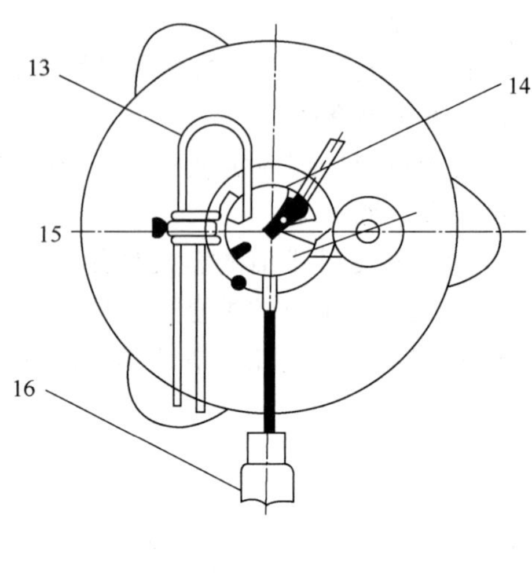

图 2-5-3　闭口闪点测定器

1—柔性轴；2—快门操作旋钮；3—点火器；4—温度计；5—盖子；6—片间最大距离 9.5mm；7—试验杯；8—加热室；9—顶板；10—空气浴；11—杯表面厚度最小 6.5mm；12—火焰加热型或电阻元件加热型；13—导向器；14—快门；15—表面；16—手柄(可选项)

③ 当试样的预期闪点高于 110℃时，从预期闪点以下(23±5)℃开始点火，试样每升高 2℃点火一次，点火时停止搅拌。控制试验杯盖上的滑板操作旋钮或点火器，使火焰在 0.5s 内下降至试验杯的蒸气空间内，并在下降位置停留 1s，然后迅速升高回至原位置。

④ 如果初次点火就得到了观察闪点，应终止试验，舍弃这个结果，重新取样进行试验。应另取一份新的试样在比第一个观察闪点温度低 23℃的条件下进行初次点火试验。所记录的观察闪点温度与最初点火温度的差值应在 1~2℃范围之内，试验结果才为有效。如没有得到有效的试验结果，更换一份新的试样重新进行试验，调整最初点火温度，直至得到有效的试验结果，即观察闪点与最初点火温度的差值在 18~28℃范围之内。

(3) 计算

观察和记录大气压力，按下式计算在标准大气压力 101.3kPa 时闪点修正数

$$T_c = T_0 + 0.25(101.3 - P)$$

式中　P——实际大气压力，kPa；

T_0——环境大气压下的观察闪点，℃；

0.25——常数，℃/kPa；

101.3——标准大气压力，kPa。

(4) 报告

结果报告修正到标准大气压(101.3kPa)下的闪点，精确至 0.5℃。

三、给您提个醒

在闭口闪点测定器的杯内加入试油的量多，测得的结果比正常的低；加入试油的量少，测得的结果比正常的高。

四、请您想一想

① 闪点测定前应做哪些准备工作？

② 本方法对结果的重复性有什么要求？

③ 试样温度达到预期闪点前 10℃时，如何进行点火试验？

5.2.2 石油产品闪点与燃点测定法

本节介绍开口杯法测定石油产品闪点。

一、培训准备

（1）理论准备

掌握液体石油产品性能基础知识及开口杯法的测定原理。

（2）仪器准备

开口闪点测定器、温度计、电炉。

（3）试剂准备

溶剂油。

二、操作步骤

（1）准备

① 试样的脱水处理是在试样中加入无水氯化钙进行。

② 将内坩埚，放入装有细砂的外坩埚中，使细砂表面距离内坩埚的口部边缘约 12mm，并使内坩埚底部与外坩埚底部之间保持厚度 5～8mm 的砂层。对闪点在 300℃以上的试样进行测定时，两只坩埚底部之间的砂层厚度允许酌量减薄，但在试验时必须保持方法（GB/T 267—1988）中 6.1.1 规定的升温速度。

③ 试样注入内坩埚时，对于闪点在 210℃和 210℃以下的试样，液面距离坩埚口部边缘为 12mm（即内坩埚内的上刻线处）；对于闪点在 210℃以上的试样，液面距离口部边缘为 18mm（即内坩埚内的下刻线处）。

④ 将装好试样的坩埚平稳地放置在电炉中，再将温度计垂直地固定在温度计夹上，并使温度计的水银球位于内坩埚中央，与坩埚底和试样液面的距离大致相等。

（2）测定

① 加热坩埚，使试样逐渐升高温度，当试样温度达到预计闪点前 60℃时，调整加热速度，使试样温度达到闪点前 40℃时能控制升温速度为每分钟升高（4±1）℃。

② 试样温度达到预计闪点前 10℃时，将点火器的火焰放到距离试样液面 10～14mm 处，并在该处水平面上沿着坩埚内径作直线移动，从坩埚的一边移至另一边所经过的时间为 2～3s。试样温度每升高 2℃应重复一次点火试验。点火器的火焰长度，应预先调整为 3～4mm。

③ 试样液面上方最初出现蓝色火焰时，记录温度作为闪点，同时记录大气压力。

（3）计算

大气压力低于 99.3kPa 时，试验所得的闪点或燃点 t_0（℃）可按下式进行修正（精确到 1℃）。

$$t_0 = t + \Delta t$$

式中　t_0——相当于 101.3kPa 大气压力时的闪点或燃点，℃；

t——在试验条件下测得的闪点或燃点,℃;

Δt——修正数,℃。

大气压力在(72.0~101.3kPa)范围内，修正数 Δt(℃)可按下式计算

$$\Delta t = (0.00015t + 0.028)(101.3 - P)7.5$$

式中 P——试验条件下的大气压力，kPa;

t——在试验条件下测得的闪点或燃点(300℃以上仍按300℃计),℃;

0.00015，0.028——试验常数;

7.5——大气压力单位换算系数。

(4) 报告

取重复测定两个闪点结果的算术平均值，作为试样的闪点。

三、给您提个醒

开口闪点测定法规定水分大于0.1%时，必须脱水，否则影响油的正常气化，推迟了闪火时间，使测定结果偏高。

四、请您想一想

① 闪点测定前应做哪些准备工作?

② 石油产品闪点测定法为什么要分为闭口杯法和开口杯法?

③ 本方法对结果的重复性有什么要求?

5.3 硫含量测定

硫对石油加工、产品质量有极大的影响，所以硫含量常作为评价原油的一项重要指标。硫含量的测定方法主要有燃灯法(GB/T 380—1977)、管式炉法(GB/T 387—1990)、氧弹法(GB/T 388—1964)、微库仑法(NB/SH/T 0253—2021)、X射线法(GB/T 17040—2019)等。本节主要介绍X射线法测定石油产品硫含量。

一、培训准备

(1) 理论准备

掌握液体石油产品性能基础知识及X射线法的测定原理。

(2) 仪器准备

能量色散X射线荧光光谱仪、分析天平。

二、操作步骤

(1) 准备

① 将样品盒洗净干燥，为确保测定结果的可靠，应保证窗膜是平展的、干净的。

② 将试样放入仪器中，试样约占样品盒的75%。

(2) 测定

① 打开仪器，按“Enter”键进入主菜单。

② 日常样品分析。按“1”选择“ANALYSE”(分析)。

③ 选择曲线。按“2”选择“0.1%~5%”，进入该曲线的分析界面。

④ 在分析界面按“1”选择“ANALYSE”(分析)。

⑤ 输入样品标识，装样。放入样品盒，按“YES”开始测量，按“NO”退出。

⑥ 测试完成后(指示灯熄灭)。按回车键进入分析界面。

(3) 计算

通过硫 X 射线强度计数，在校准曲线上自动计算出试样中的硫含量。

(4) 报告

取重复测定两个结果的算术平均值，作为试样的硫含量。

三、给您提个醒

窗膜的类型和厚度发生变化；测定前未进行 QC 验证；样品量过多或过少这些因素都对测定结果有影响。

四、请您想一想

① 硫含量测定前应做哪些准备工作？

② 加入试样的量如何确定？

③ 本方法对结果的重复性有什么要求？

5.4 辛烷值测定

抗爆性是指燃料在发动机中燃烧时抵抗爆震的能力。汽油抗爆性用辛烷值表示。汽油辛烷值的测定方法有马达法(GB/T 503—2016)、研究法(GB/T 5487—2015)等。本节主要介绍马达法测定汽油的辛烷值。

一、培训准备

(1) 理论准备

掌握辛烷值、基准参比燃料的概念及马达法的测定原理。

(2) 仪器准备

爆震试验装置。

二、操作步骤

(1) 准备

① 发动机启动：

启动前将曲轴箱润滑油预热到(57±8.5)℃，检查发动机是否正常，是否缺少润滑油和冷却液，盘车 2~3 圈，打开冷却水，向各润滑点加润滑油，启动发动机，打开点火开关和加热开关，化油器从一个油罐中抽取燃料，点燃发动机。

② 发动机停车：

先关闭燃料阀，再将所有油罐中的燃料放出，关闭加热、点火开关，用电动机拖动发动机运转 1min。关闭电动机，关闭冷却水开关。为了避免在两次运转之间发动机的进、排气阀和阀座造成腐蚀和扭曲，必须转动飞轮至压缩冲程的上止点，使两个气阀都处于关闭状态。

③ 爆震表的零位调整：

在不供电情况下，调爆震表上的调整螺丝，使爆震表指针为零，这样的调整每月至少检查一次。

④ 爆震仪的零位调整：

在爆震表的零位调好后，给爆震仪供电，把仪表调零开关放在“0”位置上，时间常数放在“1”上，检查爆震表指针是否为零，如不在零位，可调整爆震仪下方的电位器，调好后拧好防护帽，这样的调整每天试验前都应调整一次。

⑤ 调整时间常数：

调整时间常数就是调整积分时间，即调仪表反应的灵敏度。位置"1"积分时间最短，反应的速度也最快，但仪表也最不稳定。位置"6"积分时间最长，反应的速度最慢，但仪表最稳定。通常应把时间常数放在"3"或"4"的位置上。

⑥ 调展宽：

即调仪表的区别能力，合适的仪表展宽水平，以调整辛烷值为 90 时的展宽水平为例，具体调整如下：

用辛烷值为 90 的参比燃料操作发动机，使发动机工况满足 GB/T 503—2016 第 9 章的要求。

逆时针方向旋转"仪表读数"和"展宽"旋钮，将粗调旋钮调到底，细调旋钮调到中间位置上。

顺时针方向调整"展宽"粗调旋钮，大致放在"3"的位置上。

顺时针方向调整"仪表读数"粗调旋钮，使爆震表指针大致指在中间位置上，可用细调旋钮来调整精确的读数。检查化油器燃料液面位置，使获得最大爆震强度。

（2）测定

用内插法评定试样。

① 在同一压缩比下进行试验，试样的爆震表读数应在两个参比燃料的爆震表读数之间。

② 第一个内插参比燃料：确定试验产生标准爆震强度的汽缸高度，根据此时的汽缸高度，查表估算出试样的辛烷值。配制一个接近估算辛烷值的参比燃料，倒入化油器的一个油罐中，把燃料液面调到估计产生最大爆震强度的位置上，旋转选择阀，让发动机用这个参比燃料工作，再调整燃料液面高度，使之获得最大爆震强度液面和最大爆震表读数，并作记录。

③ 第二个内插参比燃料：在进行第一个内插参比燃料试验后，可配制第二个参比燃料，预计上述两个参比燃料的爆震表读数应把试样的爆震表读数包括在内，这两个参比燃料的辛烷值差数不大于 2 个单位。把调好的第二个参比燃料倒入化油器的第二个油罐中，调整燃料液面高度，使之获得最大爆震强度液面和最大爆震读数，并作记录。

④ 第三个内插参比燃料：如果第一、第二两个参比燃料的爆震表读数不能把试样的读数包括在内，就应根据已测数据预算结果，选择第三个参比燃料，以替换前两者中一个，并与另一个相配合，以达到把试样的爆震表读数包括在内的目的。

⑤ 读数规则：在取得一系列试样与参比燃料爆震表读数以后，再检查一次燃料液面，是否是最大爆震强度液面，按下列顺序测量并记录每种燃料的爆震表读数：a. 试样；b. 第二个参比燃料；c. 第一个参比燃料。

重复测量时，参比燃料的顺序对换一下。每次测量，都必须让爆震表指针稳定后再作记录。

⑥ 完成一次测试至少需要下列测试记录次数：

需要两组数据的情况：a. 第一组数据和第二组数据计算出的辛烷值之差，不大于 0.3 个辛烷值单位；b. 试样的平均爆震表读数在 50±5 范围内。

需要三组数据的情况：a. 第一组数据和第二组数据计算出的辛烷值之差，不大于 0.5 个辛烷值单位；b. 第三组数据计算结果在两者之间；c. 试样的平均爆震表读数在 50±5 范围内。

如果第一组数据和第二组数据计算的辛烷值之差大于 0.5 个辛烷值单位，或者第三组数据计算的辛烷值不在前面两组数据的中间，这些数据都不能用，必须按 GB/T 503—2016 第 13 章的方法重新试验。

⑦ 检查标准爆震强度的一致性。

⑧ 对随后进行的试样的测定，首先要调整好最大爆震强度燃料液面，必要时调整汽缸高度，使爆震表读数为 50±3。

（3）计算

算出各种燃料的爆震表读数的平均值代入下式，计算出试样的辛烷值，精确到两位小数。

$$X = \frac{b - c}{b - a}(A - B) + B$$

式中 X——试样的辛烷值；

A——高辛烷值参比燃料的辛烷值；

B——低辛烷值参比燃料的辛烷值；

a——高辛烷值参比燃料的平均爆震表读数；

b——低辛烷值参比燃料的平均爆震表读数；

c——试样的平均爆震表读数。

（4）报告

辛烷值报告为马达法辛烷值，简写为：××. ×/MON。

三、给您提个醒

① 混合气成分应调整至最大爆震，以达到试验条件所规定的最佳混合比。

② 汽化后混合气温度要符合规定。

③ 发动机应保持试验条件所规定的转速。

四、请您想一想

① 马达法与研究法辛烷值的意义与应用有什么不同？

② 测试前发动机的工作状况及试验条件是什么？

③ 如何提高和减低展宽？

④ 试验机标准状态的调整的检查如何进行？

⑤ 用压缩比法测定试样如何进行？

5.5 残炭测定

残炭是评定重质燃料油、润滑油、轻柴油 10%蒸余物的积炭生成倾向的指标。残炭主要是由胶质、沥青质及多环芳烃的缩合物形成。残炭的测定方法有康氏残炭（GB/T 268—1987）、电炉法残炭（SH/T 0170—1992）、微量残炭（GB/T 17144—2021）等。本节主要介绍康氏残炭法测定石油产品的残炭。

一、培训准备

（1）理论准备

掌握残炭的定义及残炭的测定原理。

（2）仪器准备

石油产品康氏残炭测定仪（图 2-5-4）、瓷坩埚、内铁坩埚、外铁坩埚、镍铬丝三脚架、圆铁罩、遮焰体、喷灯。

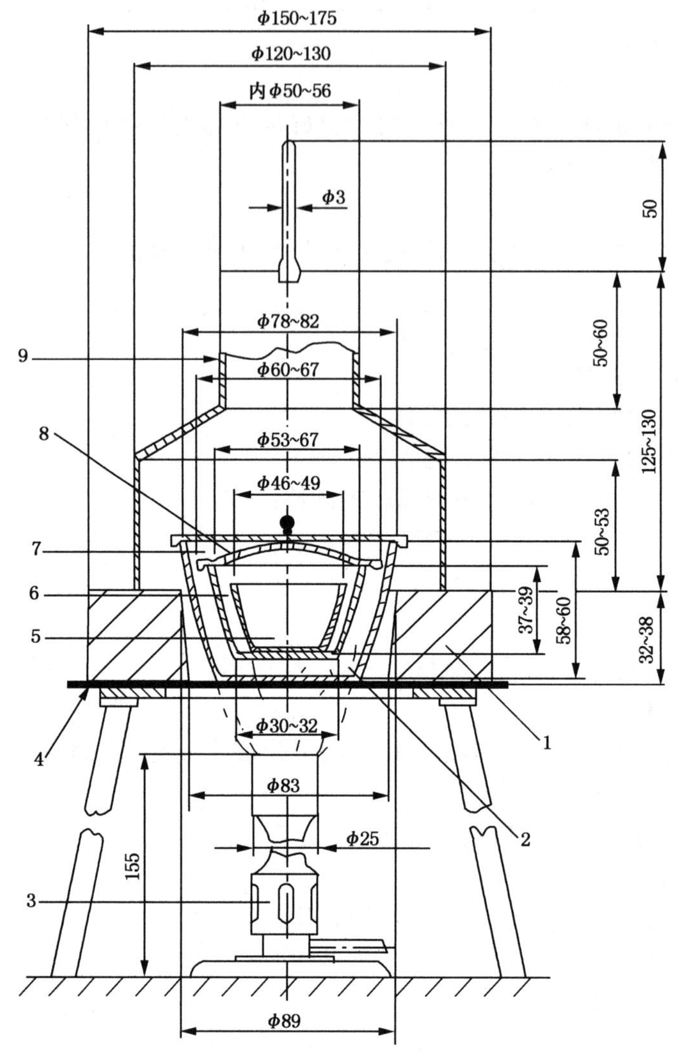

图 2-5-4　康氏残炭测定仪

1—遮焰体；2—干沙子；3—喷灯；4—镍铬丝三脚架；5—瓷坩埚；6—内铁坩埚；7—外铁坩埚；8—水平孔；9—圆铁罩

二、操作步骤

（1）准备

① 瓷坩埚和玻璃珠

瓷坩埚必须先放在(800±20)℃的高温炉中煅烧 1.5～2h，然后清洗烘干备用。准备直径约 2.5mm 的玻璃珠，清洗烘干备用。将备好的盛有两个玻璃珠的瓷坩埚称重，称准至 0.0001g。

② 试样

取样前将装入量不超过瓶内容积 3/4 的试样充分摇动，使其混合均匀。黏稠的或含石蜡的石油产品，应预先加热至 50～60℃，再进行摇匀。含水的试样应先脱水和过滤，再进行摇匀。

(2) 测定

① 向盛有两个直径约 2.5mm 玻璃珠并称过质量的瓷坩埚内称入(10±0.5)g 无水、无悬浮物的试样。试样量需根据预计的残炭生成量按表 2-5-2 称取，并称准至 0.005g。

表 2-5-2　称取的试样量与预计残炭生成量对应表

预计残炭/%	试样量/g	预计残炭/%	试样量/g
<5	10±0.5	>15	3±0.1
5~15	5±0.5		

将盛有试样的瓷坩埚放入内铁坩埚的中央。在外铁坩埚内铺平沙子，将内铁坩埚放在外铁坩埚的正中。盖好内、外铁坩埚的盖子。外铁坩埚要盖得松一些，以便加热时生成的油蒸气容易逸出。

② 如图 2-5-4 安装仪器。首先将镍铬丝三脚架放到合适的支架(或支环)上，将遮焰体放在镍铬丝三脚架上，然后将上述准备好的全套坩埚放在镍铬三脚架上，必须使外铁坩埚放在遮焰体的正中心(外铁坩埚在遮焰体内不应倾斜)。全套坩埚用圆铁罩罩上，以使反应过程中受热均匀。

③ 置灯头于外铁坩埚底下约 50mm 处，进行强火加热(但不冒烟)，使预点火阶段控制在(10±1.5)min 内。当罩顶出现油烟时，立即移动或倾斜喷灯，令火焰触及坩埚的边缘，使油蒸气着火。然后暂时移开喷灯，调节火焰，再将喷灯放回原处。要使灯调到着火的油蒸气均匀燃烧，火焰高出烟囱，但不超过火桥。如果罩上看不见火焰，可适当加大喷灯的火焰。油蒸气燃烧阶段应控制在(13±1)min 内完成。

④ 当试样蒸气停止燃烧，罩上看不见蓝烟时，立即重新增强煤气喷灯的火焰，使之恢复到开始状态，使外铁坩埚的底部和下部呈樱桃红色，并准确保持 7min。总加热时间应控制在(30±2)min 内。

⑤ 移开煤气喷灯，使仪器冷却到不见烟(约 15min)，然后移去圆铁罩和外、内铁坩埚的盖，用热坩埚钳将瓷坩埚移入干燥器内，冷却 40min 后称重，称准至 0.0001g，计算残炭占试样的百分数。

⑥ 残炭值超过 5%的试验步骤(适用于重质原油、渣油、重燃料油和重柴油之类的油品)：a. 对按上述试验步骤测得残炭值在 5%~15%的试样，需称(5±0.5)g 试样重做。若残炭值大于 15%，则称(3±0.1)g 试样重做。试样量称准至 0.005g。b. 当用 5g 或 3g 试样时，要按方法(GB/T 268—87)4.3 规定的时间来控制预点火和燃烧时间是不大可能的。但尽管如此，试验结果仍是可靠的。

⑦ 测定 10%蒸余物残炭的试验步骤：a. 用方法 GB/T 255 收集 10%蒸余物作为试样，每次试验时进行不少于两次的蒸馏；b. 在蒸余物温热能流动的情况下，将(10±0.5)g 蒸余物倒入已称重并用作测定残炭的坩埚内。冷却后称试样的质量，称准至 0.005g，并按①~④所述步骤测定残炭值。

(3) 计算

试样或 10%蒸余物的康氏残炭值 X%(质量分数)可按下式计算

$$X = \frac{m_1}{m_0} \times 100$$

式中 m_1——残炭的质量，g；

m_0——试样的质量，g。

（4）报告

取重复测定两个结果的算术平均值，作为试样或10%蒸余物的残炭值。

三、给您提个醒

康氏残炭的测定和仪器安装正确与否有关；和加热强度及加热时间有关；和坩埚的冷却，称重等操作有关。

四、请您想一想

① 本方法适用于哪些石油产品？

② 残炭测定过程中应注意哪些问题？

③ 本方法对结果的重复性有什么要求？

5.6 铜片腐蚀测定

铜片腐蚀试验是定性检验试油中是否有活性硫化物存在的方法。本节主要介绍石油产品铜片腐蚀的测定（GB/T 5096—2017）。

一、培训准备

（1）理论准备

了解对设备材料引起腐蚀的主要物质，掌握铜片腐蚀的测定原理。

（2）仪器准备

试验弹（图2-5-5）、试管、水浴或其他液体浴、磨片夹钳或夹具尺寸（图2-5-6）、观察试管（图2-5-7）、温度计、洗涤溶剂、铜片、腐蚀标准色板。

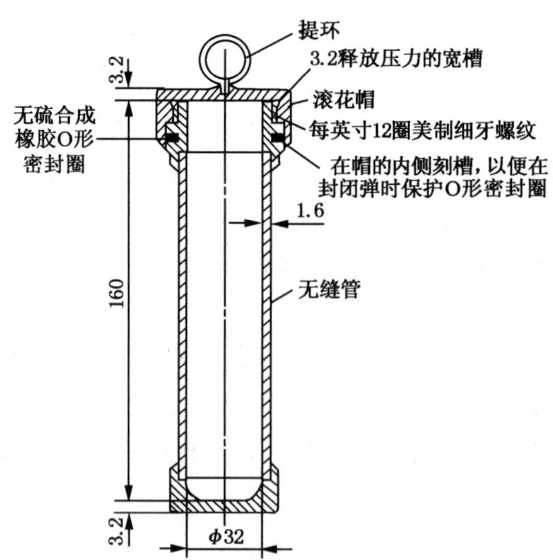

图2-5-5 铜片腐蚀试验弹

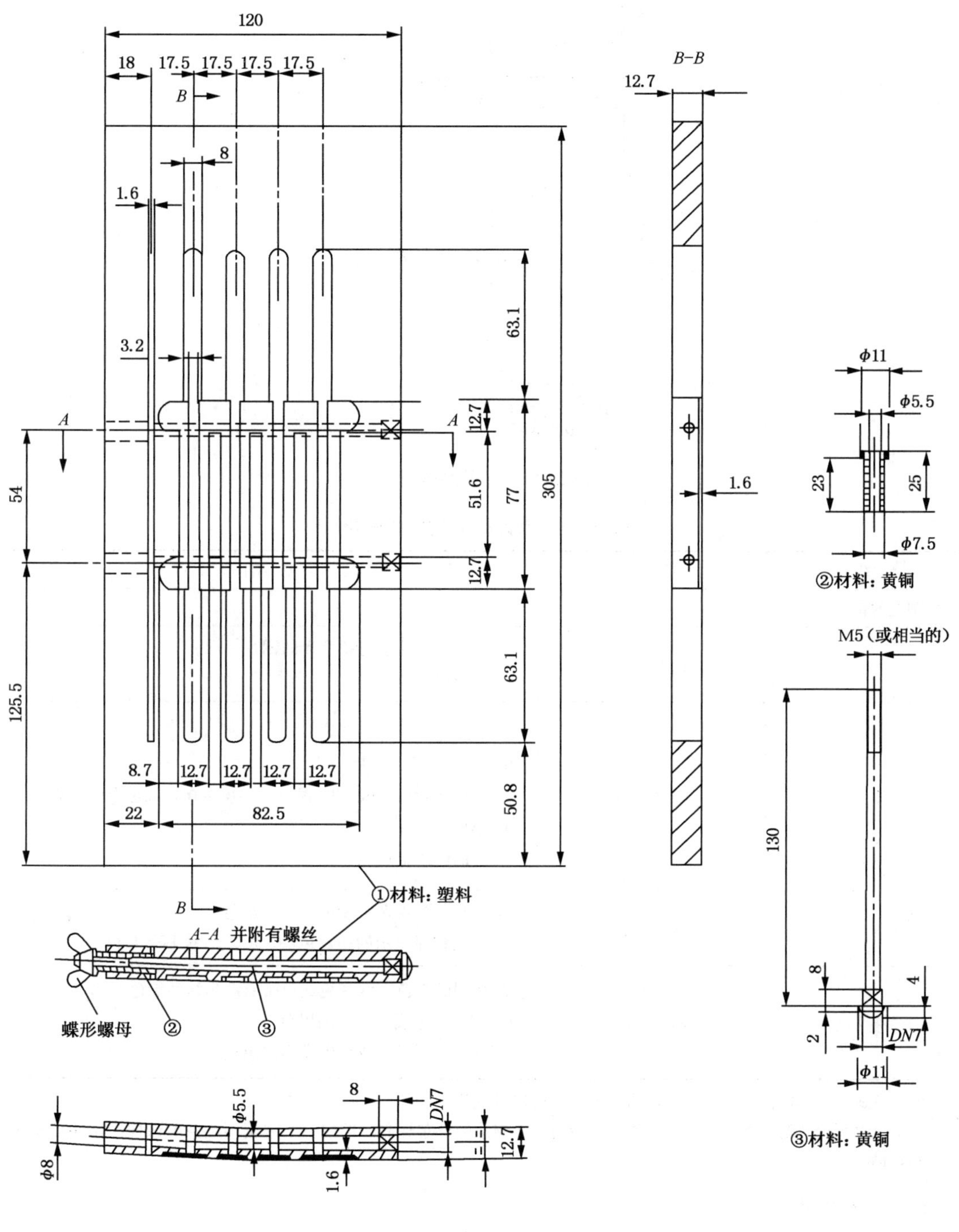

图 2-5-6　多用夹钳

腐蚀标准色板是由代表失去光泽表面和腐蚀增加程度的典型试验铜片组成，见表 2-5-3。

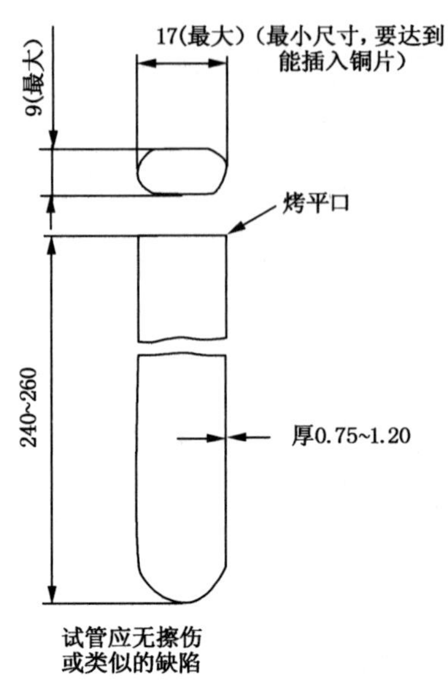

图 2-5-7　观察试管

表 2-5-3　腐蚀标准色板的分级

分　级	名　称	说　明[①]
新磨光的铜片[②]	—	
1	轻度变色	a. 淡橙色，几乎与新磨光的铜片一样 b. 深橙色
2	中度变色	a. 紫红色 b. 淡紫色 c. 带有淡紫蓝色或(和)银色，并覆盖在紫红色上的多彩色 d. 银色 e. 黄铜色或金黄色
3	深度变色	a. 洋红色覆盖在黄铜色上的多彩色 b. 有红和绿显示的多彩色(孔雀绿)，但不带灰色
4	腐　　蚀	a. 透明的黑色、深灰色或仅带有孔雀绿的棕色 b. 石墨黑色或无光泽的黑色 c. 有光泽的黑色或乌黑发亮的黑色

① 铜片腐蚀标准色板是由表中这些说明所表示的色板组成的。

② 此系列中所包括的新磨光铜片，仅作为试验前磨光铜片的外观标志。即使一个完全不腐蚀的试样经试验后也不可能重现这种外观。

二、操作步骤

(1) 准备

1) 铜片表面打磨

把一张 65μm(240 目)碳化硅砂纸放在平坦的表面上，用煤油或洗涤溶剂湿润砂纸，以旋转动作将铜片对着砂纸摩擦，把铜片六个面上的瑕疵去掉。用无灰滤纸或夹钳夹持，以防止铜片与手指接触。用定量滤纸擦去铜片上的金属屑后，把铜片浸没在洗涤溶剂中。

2）铜片最后磨光

从洗涤溶剂中取出铜片，用无灰滤纸保护手指来夹拿铜片。取一些 105μm（150 目）的碳化硅或氧化铝（刚玉）砂粒放在玻璃板上，先磨铜片各端边，再磨其侧边，最后用新的脱脂棉用力擦拭。在其后的处理过程中手指不得接触铜片的表面，可用镊子夹持铜片。将铜片夹在磨片夹具上，用粘有碳化硅或氧化铝（刚玉）砂粒的脱脂棉打磨铜片的主表面。打磨时不要采用旋转运动方式，应沿铜片的长轴方向来回进行打磨，在折返方向之前，应使打磨动程超出铜片的末端。用干净的脱脂棉使劲地摩擦铜片，以除去所有金属屑，直到用一块新的脱脂棉擦拭时不再留下痕迹为止。当铜片擦净后，立即将其浸入已准备好的试样中。

（2）测定

1）试验条件

不同的产品采用不同的试验步骤，下面叙述的时间和温度大多数是通常使用的条件。

① 对于航空汽油、喷气燃料：

把完全清澈和无任何悬浮水或无内含水的试样倒入清洁、干燥的试管中 30mL 刻线处，并将经过最后磨光的干净的铜片在 1min 内浸入该试管的试样中。把该试管小心地滑入试验弹中，并把弹盖旋紧。把试验弹完全浸入已维持在（100±1）℃的水浴中。在浴中放置（120±5）min 后，取出试验弹，并在自来水中冲几分钟。打开试验弹盖，取出试管，检查铜片。

② 对于天然汽油：

按航空汽油条件进行试验，但浴温为（40±1）℃，试验时间为（180±5）min。

③ 对于柴油、燃料油、车用汽油：

把完全清澈的试样，倒入试管中 30mL 刻线处，并将经过最后磨光、干净的铜片在 1min 内浸入该试管的试样中。用一个有排气孔的软木塞塞住试管。把该试管放到已维持在（50±1）℃的浴中。在试验过程中，试管的内容物要防止强烈的光线。在浴中放置（180±5）min 后，检查铜片。

④ 对于溶剂油、煤油：

按柴油条件进行试验，但浴温为（100±1）℃。

⑤ 对于润滑油：

按柴油条件进行试验，但浴温为（100±1）℃。此外，还可以在改变了的试验时间和温度下进行试验。为统一起见，建议从 150℃起，以 5℃为一个平均增量提高温度。

2）铜片的检查

把试管的内容物倒入 150mL 高型烧杯中，倒时要让铜片轻轻地滑入，以避免碰破烧杯。用不锈钢镊子立即将铜片取出，浸入洗涤溶剂中，洗去试样。立即取出铜片，用定量滤纸吸干铜片上的洗涤溶剂。把铜片与腐蚀标准色板比较来检查变色或腐蚀迹象。比较时，把铜片和腐蚀标准色板对光线呈 45°角折射的方式拿持，进行观察。如果把铜片放在扁平试管中，能避免夹持的铜片在检查和比较过程中留下斑迹和弄脏。扁平试管要用脱脂棉塞住。

（3）结果

① 按表 2-5-3 中所列的腐蚀标准色板的分级来判定某一个腐蚀级表示试样的腐蚀性。

② 当铜片是介于两种相邻的标准色板之间的腐蚀级时，则按其变色严重的腐蚀级判定试样。当铜片出现有比标准色板中 1b 还深的橙色时，则认为铜片仍属 1 级；但是，如果观察到有红颜色，则所观察的铜片判断为 2 级。

③ 2a 级中紫红色铜片可能被误认为黄铜色完全被洋红色的色彩所覆盖的 3 级。为了区

别这两个级别，可以把铜片浸没在洗涤溶剂中。2 级会出现一个深橙色，而 3 级不变色。

④ 为了区别 2 级和 3 级中多种颜色的铜片，把铜片放入试管中，并把这支试管平躺在（340±30）℃的电热板上 4~6min。另外用一支试管，放入一支高温蒸馏用温度计，观察这支温度计的温度来调节电炉的温度。这样，2c 级别铜片将呈现 2d 级别铜片的颜色，并且颜色持续变深；而 3b 级别铜片将呈现 4a 级别铜片的外观。

⑤ 在加热浸提过程中，如果发现手指印或任何颗粒或水滴而弄脏了铜片，则需重新进行试验。

⑥ 如果沿铜片的平面的边缘棱角出现一个比铜片大部分表面腐蚀级还要高的腐蚀级别的话，则需重新进行试验。这种情况大多是在磨片时磨损了边缘而引起的。

⑦ 如果重复测定的两个结果不相同，则重新进行试验。当重新试验的两个结果仍不相同时，则按变色严重的腐蚀级来判断试样。

（4）报告

按表中级别中的一个腐蚀级报告试样的腐蚀性，并报告试验时间和试验温度。

三、给您提个醒

铜片一经磨光擦净，不许用裸手触摸，应用镊子夹持；应确保工作地点周围无硫化氢气体；不许将试油预先经滤纸过滤；试验温度应按规定，不许超出允许范围。

四、请您想一想

① 本方法适用于哪些石油产品？

② 取样应注意哪些问题？

③ 铜片的检查应如何进行？

5.7　柴油磨斑直径测定

磨斑直径试验是检测柴油润滑性好坏的重要指标，润滑性不好将导致精密部件过度磨损，发动机功率不足或怠速不稳。本节主要介绍柴油磨斑直径的测定方法 NB/SH/T 0765—2021。

一、培训准备

（1）理论准备

了解柴油润滑性的测定意义，掌握磨斑直径的测定原理。

（2）仪器准备

柴油磨斑直径测试仪，其结构如图 2-5-8 所示。

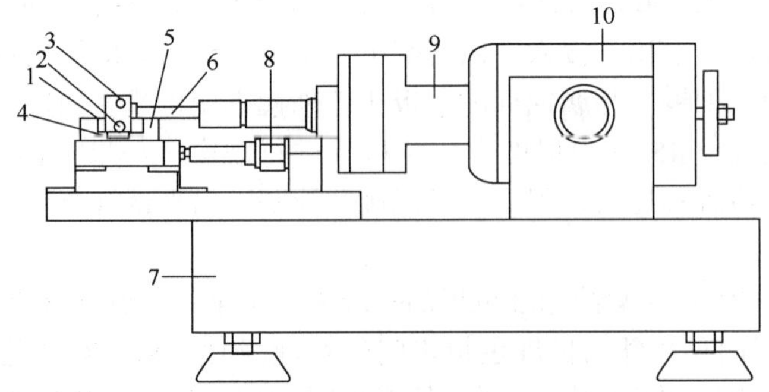

图 2-5-8　柴油磨斑直径测试仪结构图

1—油盒；2—试验球；3—施加载荷；4—试验片；5—加热台；6—振动杆；7—底座；8—摩擦力传感器；9—位移传感器；10—振动器

二、操作步骤

（1）准备

① 使用干净的镊子把试验片（光面朝上）和试验球放入干净的玻璃烧杯中，用甲苯、庚烷或者体积比为 1∶1 的异辛烷与 2–丙醇的混合液浸没，然后把玻璃烧杯放到清洗槽内清洗 7min，把试验片（光面朝上）和试验球一起转移。

② 把夹具、螺钉以及所有与试样接触的金属零件和器皿一起放在一个干净的玻璃烧杯内，用甲苯、庚烷或者体积比为 1∶1 的异辛烷与 2–丙醇的混合液浸没，把烧杯放在超声波清洗槽中清洗 7min，然后用干净的镊子，把金属零件放入一个盛有丙酮的烧杯里，放到超声波清洗槽内清洗 2min。取出零件然后自然干燥或吹干，如果不是立即使用，应储存在干燥器中。

（2）测定

① 严格按照清洁要求和规定的清洗程序进行操作，在拆装过程中，使用干净的镊子，以防止清洗过的试验零件（试验片、试验球、试件夹具）被污染，并且不要刮伤试验件。

② 用镊子把试验片放进油盒，光面朝上，然后将其固定在油盒里，再把油盒固定在试验机上。

③ 用镊子把试验球放进夹具内，然后将其固定在夹具上，再把夹具固定在振动臂的末端。在拧紧此构件之前，要确保夹具水平。

④ 在距离油盒 0.1~0.25m 的范围内，测量空气温度和相对湿度，为了准确控制空气温度和相对湿度，试验主机应放在恒温恒湿箱内工作。记录空气温度和相对湿度值。

⑤ 用一次性移液管或干净的移液管，把（2±0.2）mL 试样加入油盒里。放下振动臂，并在振动臂上悬挂一个 200g 的砝码。设置温度控制系统、冲程和振动频率试验参数值，开始试验，试验运行 75min。试验结束时，抬起振动臂，拆下夹具。

（3）磨斑的测量

① 打开显微镜的光源，把试验球放在放大倍数为 100 倍的显微镜下。

② 用显微镜调焦，使试验球上的磨斑处于视野中心。调节照明度，直到磨斑的边缘清晰可见。

③ 在 x 和 y 两个方向上测量磨斑直径，精确到 10μm，记录这两个数据。

（4）结果

按下式计算平均磨斑直径 D_{WSD}（μm）：

$$D_{\mathrm{WSD}}=(X+Y)/2$$

式中 X——与振动方向垂直的磨斑尺寸，μm；

Y——与振动方向平行的磨斑尺寸，μm。

三、给您提个醒

在试验过程中一定要戴护目镜和手套，注意小心触电隐患。

四、请您想一想

① 本试验为何要记录空气温度和相对湿度值？

② 试验过程中应注意哪些问题？

③ 显微镜操作注意事项有哪些？

第6章 塑料分析

6.1 塑料性能测定

在具体探讨每一个性能测试前，我们有必要对塑料材料试验的一些共性问题作一概要说明，便于大家掌握一些共性问题。

(1) 应变率高、塑性区大

塑料在常温下一般具有较高的弹性应变率。此值大大高于金属、木材和陶瓷等材料。那些弹性很好的材料，其应变率甚至可以达到1000%，是一般弹性材料应变率的上千倍。因此，像金属材料测试中用电阻应变片技术来测定应变的办法，对塑料材料通常就不合适。另外，塑料是种黏弹材料，有很宽的塑性区，有不少性能检验必须注意到它的存在，而不能像弹性区一样去处理问题。

(2) 温度效应明显

由于塑料的链段结构和活动对温度的依赖性极明显，往往在温度改变十几度或几十度时就明显地出现性能的巨大变化，硬如玻璃的东西马上变成柔软如橡胶。因此，它不同于金属和陶瓷材料，在室温上下的波动不会对性能带来明显改变。

(3) 时间效应明显

由于塑料的黏弹性行为，所以其受力后的蠕变现象和应力松弛现象都较严重，这是由于分子链在外力作用下逐渐发生了构象和位移的变化造成的。

另外，在日光、气雾作用下，处在不受力状态中的塑料均会发生不同程度的老化现象，致使很多性能发生变化。

以上这些现象不只是在使用场合要充分考虑到它们的影响，就是在许多测试方法中亦不能忽略它们给测定结果带来的影响，从而使塑料测试工作在许多方面都较一般材料更显复杂。

(4) 形变速度影响明显

在静拉伸下表现出具有很好弹性的材料，在高速拉伸时会明显表现出脆性。即断裂强度增大，断裂伸长率减小，且断裂面也明显从柔性呈现为脆性破坏。这也是由高分子材料内分子链的结构和外力作用下滑动机理决定的。这种形变速度的影响远远大于一般金属材料。

(5) 测定数据易显分散

由于塑料材料内部的分子量分布十分分散，链段结构各异，因此，对于制备试样的条件、规定试样尺寸的大小、一组试样的数量和结果数据的取舍等都必须有明确规定，否则无法相比。即使这样，一组力学冲击性能的试样，其单个值之间的差异也可以达到100%。出现这种情况除了人为的偶然误差之外，确实是它们内部差异的反映。

影响塑料试验结果的因素很多，有它内在的原因(例如塑料本身的分子量大小及分布、结构和取向程度、内部缺陷等)，亦有它外在的因素(例如试样制备过程、试验环境温度、加载的速率等)。从测试角度来说，主要考虑与试验结果准确程度有关的因素。也就是在综合考虑上述两方面的原因后来规定一些测试条件，以便尽可能使测试结果一致和重复。相反，如果不加以合理考虑，严格控制，那么必然会造成结果的不一致和不可重复，给分析和取用这些数据带来麻烦。在此就测试中带有共性的诸因素作一综述。

(1) 试样制备

试样制备有两个途径：一是，从板、片、棒以及制品上直接裁取，再机械加工成标准尺寸的试样。这时，测试结果和裁取的部位和机械加工的质量有很大关系。裁取部位一般要选择远离边缘、转角等部位，以免边缘影响；机械加工时，刀具的刃口，切削的线速度等都应有严格规定，以避免加工缺陷和过热现象。二是，由液状、粉状或粒状的试料经模塑成型为标准尺寸的试样；这时测试结果和模具结构、成型温度、成型压力、冷却速度及模具内试料的分布等有很大关系。制备塑料试样时必须对它的加工性能和成型性能有一定的了解，在此基础上规定合理的制样条件，才能避免因制样不当而影响测试结果的各种缺陷产生。因此，除了有专门的试样制备通用试验方法外，很多产品标准中还专门注明试样的制备条件。

(2) 试样尺寸

所谓标准试样，即对试样的尺寸作了严格的规定。目的是使不同材料的测试结果有一个可比性。或者使同一材料的测试结果不因尺寸不同而影响它的重复性。试样尺寸不同，会使测试结果不一致，产生所谓的“尺寸因素效应”。

尺寸效应是由试样自身的微观缺陷和微观不同性所引起。微观缺陷指的是材料或试样在制备或加工过程中，受到热、力或其他因素的作用而产生的显微隙缝(特别在表面处是试样最容易损伤的地方)，微观不同性指的是结构上存在的缺陷或不均匀性(具有力学性质、取向结构、分子量不相同的微区域)。

从微观缺陷的观点出发，可引出如下结论：

① 在同一材料的试样中，存在大量的各种形式和不同程度的致命缺陷；

② 最大的“致命”缺陷决定了试样的结果，就强度来说，它就是最“致命”缺陷的定量表征；

③ 试样体积越大，或表面越大，存在“致命”严重缺陷的概率就越大；因此，从理论上来讲，大试样的测试结果要比小试样的结果低。

尺寸效应除上述原因外，还应考虑到塑料热导性能小的特点。在进行长期的动态测试中(如疲劳试验)，厚试样的内热比薄试样更难散发，导致试样内部温度增高，产生物理态的变化。

在实际测试中，试样的大小对测试结果的影响有相互抵消的现象，还会经常遇到小试样结果比大试样结果低的现象。这可能是由于小试样具有较大的比表面，试样制备加工时造成小试样表面“损伤”的单位面积比率要比大试样的多得多的缘故。

由上可知，试样尺寸对测试结果是有影响的。它对力学性能测试的影响尤为显著。要得到可比或重复性好的结果，保证试样形状和尺寸的一致性是必须考虑的。

(3) 状态调节

塑料测试结果与外界条件对它的影响亦有较大关系。其中主要的是环境温度和湿度以及试样放置时间等。这些因素能引起塑料分子量、分子构型、物理态(分子链的运动)的变化，又能影响到应力的消存等。为了得到重复性好的测试结果，就必须在测试前对试样进行温度和湿度的状态调节。并且，在相同的温度和湿度条件下进行试验。

状态调节操作时，应将试样分散放置在标准环境中，使其表面尽可能暴露在环境里，标准环境应该是均匀而稳定的，温度和湿度的上下波动不得超过所规定的范围。从状态调节到进行试验的过程应是连续的过程，要避免试样在这个过程的某一环节离开标准环境。

（4）测试温度和湿度

测试环境的温度和湿度条件对测试结果会产生不同程度的影响，其程度取决于所测的性能和试样材料。一般来说，热塑性材料比热固性材料要敏感。热塑性材料中，耐热性低的要比耐热性高的更敏感。因此，除了对试样有必要进行状态调节外，测试环境的标准化也是不容忽略的。

6.1.1 塑料熔融和结晶温度的测定——差示扫描量热法（DSC）

利用差示扫描量热法（DSC）可以测定塑料的熔融和结晶温度及热焓和玻璃化转化温度，本节主要介绍利用差示扫描量热法（DSC）来测定塑料的熔融温度。

测定原理：在规定的气氛及程序温度控制下，测量输入试样和参比样的热流速率差随温度和/或时间变化的关系。

一、培训准备

（1）理论准备

掌握熔融、结晶、熔融焓、结晶焓的定义及起始温度 T_{ei}、峰温度 T_p、外推终止温度 T_{ef} 的含义。

（2）仪器准备

DSC 测定仪、样品皿、天平。

（3）试剂准备

标准样品、分析级气源。

二、操作步骤

（1）仪器和材料要求

① 差示扫描量热仪主要性能如下：

能以 0.5~20℃/min 的速率，等速升温或降温；

能保持试验温度恒定在±0.5℃内至少 60min；

能够进行分段程序升温或其他模式升温；

气体流动速率范围在 10~50mL/min，偏差控制在±10%范围内；

温度信号分辨能力在 0.1℃内，噪声下低于 0.5℃；

为便于校准和使用，试样量最小应为 1mg（特殊情况下，试样量可以更小）；

仪器能够自动记录 DSC 曲线，并能对曲线和准基线间的面积进行积分，偏差小于 2%。

配有一个或多个样品支持器的样品架组件。

② 样品皿

用来装试样和参比样，由相同质量的同种材料制成。在测量条件下，样品皿不与试样和气氛发生物理或化学变化。

③ 天平

称量准确度为±0.01mg。

④ 标准样品

符合要求的标准样品。

（2）试样

试样可以是固态或液态。固态试样可以是粉末、颗粒、细粒或从样品上切成的碎片。试样应能代表受试样品，并小心制备和处理。从样片上切取样品时应小心，以防止聚合物受热重新取向或其他可能改变其性能的现象发生。应避免研磨等类似操作，以防止受热重新取向和改变试样的热历史。对粒料和粉料样品，应取两个或更多的试样，取样的方法和试样的制备应在试验报告中说明。

（3）试验条件和试样状态调节

① 试验条件

试验前，接通仪器电源至少 1h，以便电器元件温度平衡，建议仪器不要放在风口处，并防止阳光照射。避免环境温度、气压或电源电压剧烈波动。仪器和操作应在 GB/T 2918—2018 规定的环境中进行。

② 试样状态调节

测定前，应按材料相关标准规定或商定的方法对试样进行状态调节，一般情况下建议按照 GB/T 2918—2018 的规定对试样进行状态调节。

（4）校准

按有关规定对温度和能量或热功率进行校准。

（5）试验步骤

① 打开仪器：

试验前，接通仪器电源至少 1h，使电器元件温度平衡。

将具有相同质量的两个空样品皿放在样品支持器上，调节到实际测量的条件，在要求的温度范围内，DSC 曲线应是一条直线。当得不到一条直线时，在确认重复性后记录 DSC 曲线。

使用与校准仪器相同的清洁气体及流速。气体和流速有任何变化，都需要重新校准。一般采用：氮气（分析纯），流速 50mL/min。经有关双方的同意，可以采用其他惰性气体和流速。

② 将试样放在样品皿内：

选择容积适当的样品皿，并保持其清洁；

用两个相同的样品皿，一个作试样皿，一个作参比皿；

称量样品皿及盖，精确到 0.01mg；

将试样放到样品皿内；

如果需要，用盖将样品皿密封；

再次称量样品皿。

除非材料标准另有规定，试样量一般采用 5mg 至 10mg。称量试样，精确到 0.1mg。

③ 将样品皿放入仪器内：

用镊子或其他合适的工具将样品皿放在样品支持器中，确保试样和皿之间、皿和支持器之间接触良好。盖上样品支持器的盖。

④ 温度扫描测量：

在开始升温操作之前，用氮气预先清洁 5min。

以 20℃/min 的速率开始升温并记录。将试样皿加热到足够高的温度，以消除试验材料以前的热历史。通常高于熔融外推终止温度（T_{efm}）约 30℃。

样品和试样的热历史及形态对聚合物的 DSC 测试结果有较大影响。进行预热循环并进行第二次升温扫描测量是非常重要的。若材料是反应性的或希望评定预处理前试样的性能时，可取第一次热循环时的数据。试验报告中应记录与标准步骤的差别。

保持温度 5min。

以 20℃/min 的速率进行降温并记录，直到比预期的外推结晶终止温度(T_{efc})低约 50℃。

保持温度 5min。

以 20℃/min 的速率进行第 2 次升温并记录，加热到比外推终止温度(T_{efm})高约 30℃。

将仪器冷却到室温，取出试样皿，观察试样皿是否变形或试样是否溢出。

重新称量皿和试样，精确到±0. 1mg。

如有任何质量损失，应怀疑发生了化学变化，打开皿并检查试样。如果试样已降解，舍弃此试验结果，选择较低的上限温度重新试验。

变形的样品皿不能再用于其他试验。

如果在测试过程中有试样溢出，应清理样品支持器组件。清理按照仪器制造商的说明进行，并用至少一种标准样品进行温度和能量的校准，确认仪器有效。

按仪器制造商的说明处理数据。

应由使用者决定是否进行重复试验。

（6）结果表示

① 调整 DSC 曲线图，使峰覆盖的范围能达到满量程的 25%。通过连接峰(熔融是吸热峰；结晶是放热峰)开始偏离基线的两点画一条基线，如图 2-6-1 所示。如果存在多个峰，对每一个峰要画一条基线。

② 对熔融转变部分曲线，应测量每一个峰并报告下列值：

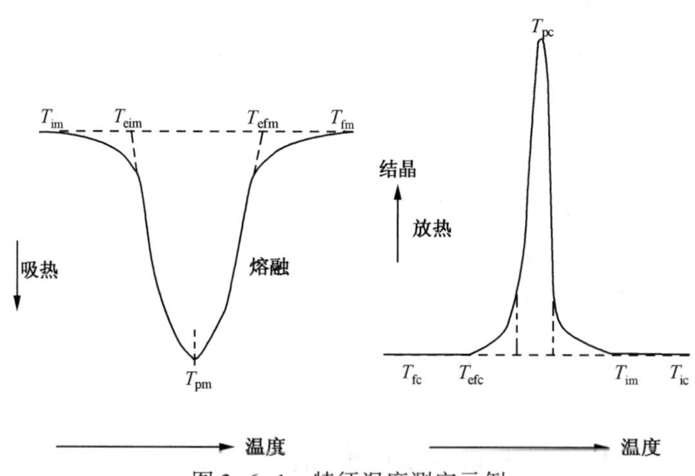

图 2-6-1　特征温度测定示例

T_{eim}—外推熔融起始温度；T_{pm}—熔融峰温度；T_{efm}—外推熔融终止温度；

T_{im}—外推结晶起始温度；T_{fm}—结晶峰温度；T_{efc}—外推结晶终止温度；

T_{fc}—结晶终止温度；T_{ic}—结晶起始温度；T_{pc}—结晶峰温度

（7）试验报告

试验报告的内容应包括如下内容：参照标准；受试材料的全部资料信息；所用 DSC 仪器类型；所用样品皿类型；使用的标准样品的特征值及用量；样品支持器组件中所用的气体及流速；取样、试样制备及试样状态调节的详细情况；试样质量；样品和试样在试验前的热历史；温度参数；试样质量的变化；试验结果；试验日期；DSC 曲线；每个峰的转变特征温度(修约到整数)。

三、给您提个醒

① 影响 DSC 测试结果的因素很多，主要有以下几方面：

试样量的影响　一般为 5～10mg。样品量太多时，试样内传热慢，形成的温度梯度增大，峰形扩张，导致分辨率下降，峰顶温度移向高温。

样品粒度的影响　样品的粒度不同会导致峰性不同，尽量使样品均匀。

样品装填方式的影响　样品的热传导率依赖于样品颗粒大小的分布和样品填装的疏密，即与接触的程度有关。

② 样品皿的底部应平整，且样品皿和试样支持器之间接触良好，这对获得好的数据是至关重要的。

③ 不能用手直接处理试样或样品皿，要用镊子或戴手套处理试样。

④ 本方法规定的升温速率为 20℃/min，但经有关双方的同意，也可以采用其他的升温或降温速率。特别是高的扫描速率使记录的转变有高的灵敏度，低的扫描速率能提供较好的分辨能力。选择适当的速率对观察细微的转变是重要的。

⑤ 由于过冷，要达到足够低的温度变化时才能得到结晶，结晶温度通常大大低于熔融温度。

四、请您想一想

① 功率补偿型和热流型两种 DSC 仪在设计上有何区别？

② 如何计算转变焓？

③ 如何对 DSC 仪器进行温度、能量或热功率校准？

6.1.2　塑料燃烧性能试验方法——水平法

原理：将长方形条状试样一端固定在水平夹具上，另一端暴露于规定的试验火焰中。通过测量线性燃烧速率，评价试样在规定条件下的水平燃烧性能。

一、培训准备

(1) 理论准备

掌握燃烧性能、无通风环境、着火危险、着火试验、火焰前端、可燃性、线性燃烧速率的定义及水平燃烧性能评价装置。

(2) 仪器准备

水平燃烧试验装置和符合 GB/T 5169.22—2015 要求的实验室喷灯。

二、操作步骤

(1) 试样准备

1) 试样制备

试样应由适当的 ISO 或 GB/T 方法，如 GB/T 17037.1—2019 或 GB/T 17037.5—2020 规定的铸塑法和注塑法，GB/T 9352—2008 或 GB/T 5471—2008 规定的压塑法或压铸法制成所需形状。如果不能实现，则试样应使用与模制产品零件相同的工艺来进行制备；若还不可行，则试样可从成品有代表性的模制零件上切割得到。

2) 试样尺寸

试样尺寸为长(125.0±5.0)mm，宽(13.0±0.3)mm，考虑到燃烧等级，应至少提供材料的最小和最大厚度。优选厚度值包括 0.1mm、0.2mm、0.4mm、0.75mm、1.5mm、3.0mm、

6. 0mm 以及/或 12. 0mm。

厚度不应超过 13. 0mm。也可使用相关方协商一致的其他厚度，若使用则应在试验报告中注明。边缘应光滑同时倒角半径不应超过 1. 3mm。

3）试样数量

水平法每组三根试样，也可按需增加数量。

（2）状态调节与试验环境

① 除非另有规定，试样均应按照 GB/T 2918 的规定，在(23±2)℃，相对湿度(50±10)%条件下至少调节 48h。试样从状态调节箱中取出后，应在 30min 内完成试验。

② 某些塑料试样的燃烧性能可能随着时间发生变化。因此，可以适当地对其进行老化，并且应在老化前后来进行性能测试。优选的烘箱条件为在(70±2)℃下处理(168±2)h。也可采用经协商确定的其他的老化时间和温度，但应在试验报告中注明。

③ 所有试样应在温度为 15~35℃，相对湿度不高于 75%的实验室环境下进行试验。

（3）试验步骤

首先，按下列方法进行试样安装：

① 在距试样点燃端(25±1)mm 和(100±1)mm 处，与试样长轴垂直，各画一条标线。

② 用夹具夹紧试样距离 25mm 标线的一端，使其长轴呈水平，横截面轴线与水平方向呈 45°±2°角。

③ 将金属网水平地固定在试样下面，与试样最低棱边相距(10±1)mm，并使金属网的前缘与试样自由端对齐，如图 2-6-2 所示。

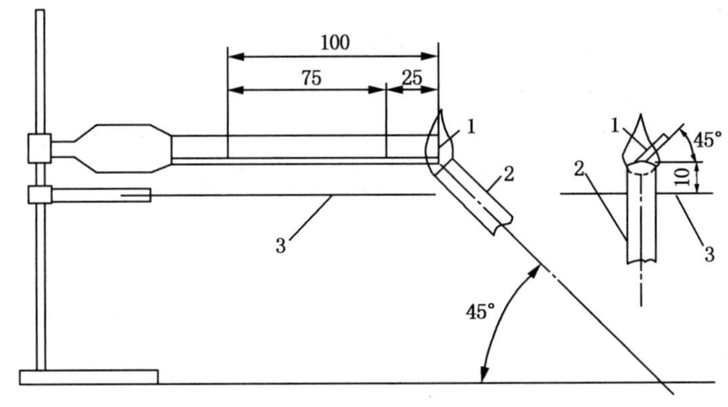

图 2-6-2　水平燃烧试验装置

1—试样；2—本生灯；3—金属网

④ 安装试样时，如果其自由端下垂，则将支承架支撑在试样下面，试样自由端应伸出支承架 10mm。支承架的夹持端应有足够的间隙，使支承架能沿试样长轴方向朝两边自由移动，随着火焰沿试样向夹持端方向蔓延，支承架应以同样速度后撤。

其次，火焰调节。保持喷灯管的中心轴竖直，将其放置在远离试样的地方，并将喷灯调至产生按 GB/T 5169. 22—2015 规定的 50W 标准试验火焰。以下情况应重新确认火焰状态：

① 当燃气供应改变时；

② 当任意试验装置和/或试验参数改变时；

③ 有争议时。

至少每月确认一次火焰状态。确认时至少等待 5min，以使喷灯达到稳定状态。

最后，按下列方法点燃试样：

① 保持喷灯管中心轴与水平面夹角为45°±2°，并斜向试样自由端，将火焰置于试样自由端最低边缘处，以使喷灯管与试样纵向最低边缘处于相同垂直平面上(图 2-6-2)。调整灯位置以使火焰侵入试样自由端近似 6mm 的长度。

② 试验火焰应在同一位置保持(30±1)s。或者，当火焰前端不到 30s 就到达试样上 25mm 标线处时，立即移开火焰。当火焰前端到达 25mm 标线处时重新开始计时。

③ 如果试样在移去试验火焰后仍为有焰燃烧，记录火焰前端从 25mm 标线处到 100mm 标线处所经历的时间，单位为秒且精确到 1s，并记录损坏长度为 75mm。如果火焰前端超过 25mm 标线但未到达 100mm 标线处，记录此过程经历的时间，单位为秒且精确到 1s，记录 25mm 标线到火焰前端熄灭处的损坏长度 L，单位为 mm。

④ 重复以上步骤，测试三根试样。

（4）结果评价

1）结果计算

计算线性燃烧速率 v 以毫米每分(mm/min)为单位。对于火焰前端能通过 100mm 标线处的试样可用下式进行计算：

$$v = \frac{60L}{t}$$

式中 L——烧损长度，mm；

t——燃烧时间。

注意：线性燃烧速率的国际单位是 m/s，实际使用的单位是 mm/min。

2）分级标志

材料的燃烧性能，分为 HB 或未达到 HB 级，也可以分为 HB40 或 HB75 级(HB＝水平燃烧)。

HB 级材料应该符合下列要求之一：

① 移去引燃源后，材料没有可见的有焰燃烧。

② 在引燃源移去后，试样出现连续的有焰燃烧，火焰前端未超过 100mm 标线。

③ 若火焰前端超过 100mm 标线：

对于厚度为 3.0mm 到 13.0mm 的试样，其线性燃烧速率不超过 40mm/min；

对于厚度低于 3.0mm 的试样，其线性燃烧速率不超过 75mm/min。

若厚度为 1.5mm 到 3.2mm 的试样线性燃烧速率不超过 40mm/min，则降至 1.5mm 最小厚度时，就应自动地接受为 HB 级。

HB40 级的材料应该符合以下要求之一：

① 移去引燃源后，材料没有可见的有焰燃烧；

② 在引燃源移去后，试样出现连续的有焰燃烧，但火焰前端未超过 100mm 标线；

③ 若火焰前端超过 100mm 标线，其线性燃烧速率不超过 40mm/min。

HB75 级的材料应该符合以下要求之一：

① 移去引燃源后，材料没有可见的有焰燃烧；

② 在引燃源移去后，试样出现连续的有焰燃烧，但火焰前端未超过 100mm 标线；

③ 若火焰前端超过 100mm 标线，其线性燃烧速率不超过 75mm/min。

（5）试验报告

试验报告应包括如下内容：采用标准；材料的鉴别特征；试样制备方法、试样厚度、各向异性试样的方向和标称表观密度等；试样的状态调节条件及试验环境；施加试验火焰后，注明试样是否有连续的有焰燃烧；注明火焰前端是否通过 25mm 和 100mm 标线；对于火焰前端通过 25mm 标线未通过 100mm 标线的试样，其燃烧经过的时间 t 和损坏长度 L；对于火焰前端达到或超过 100mm 标线的试样，平均线性燃烧速率 v；注明柔软试样是否使用了支撑架；带有相关厚度信息的评价等级。

三、给您提个醒

① 在点燃试样过程中，如果燃烧前沿越过 100mm 标线，则记录从 25mm 标线至 100mm 标线间燃烧所需时间 t，此时烧损长度 L 为 75mm；如果移开点火源后，火焰即灭或燃烧前沿未达到 25mm 标线，则不计燃烧时间、烧损长度和线性燃烧速率。

② 试样厚度对测试结果有明显的影响，其原因是一方面在加热阶段，把试样加热至分解温度所需的时间与其质量（或厚度）基本成正比；另一方面，试样的着火、燃烧和传播主要发生在表面上，厚度越小的试样，单位质量具有的表面积就越大。所以厚度不同的试样，其试验结果不能相互比较。

③ 水平法中，试样的横截面轴线与水平方向夹角不同时也会影响同样尺寸试样的测试结果。在标准中规定采用横面轴线与水平呈 45°的放置形式，是由于该形式的受热条件最佳、燃烧速度最快，并且其测量燃烧长度和时间较为准确和方便。

四、请您想一想

① 对于厚度、密度、各向异性材料的方向、颜料、填料及阻燃剂种类和含量不同的试样，其试验结果能否相互比较？

② 如何测定材料的垂直燃烧性能？

6.1.3 聚乙烯环境应力开裂试验

应力开裂是指材料受到低于其屈服点的应力，或者说低于其短期强度的应力（包括内应力、外应力以及两种应力的组合）的长期作用下发生开裂而破坏的现象。但这种应力开裂，可能需要很长时间才会发生，当材料暴露于化学介质中时，发生应力开裂而破坏的时间就会大大地缩短。因此，环境应力开裂就是指材料暴露于化学介质中，受到低于其屈服点的应力，或者说低于其短期强度的应力（包括内、外应力以及两种应力的组合）的较长期作用下，发生开裂而破坏的现象。

一、培训准备

（1）理论准备

掌握应力开裂、应力开裂破损、环境应力开裂时间 F_{50} 的定义；

了解环境应力开裂试验设备的结构。

（2）仪器准备

环境应力开裂试验仪器、测定所需试剂及相应设备。

二、操作步骤

（1）试剂

壬基酚聚氧乙烯醚（TX-10，也称 OP-10、Oπ-10）或其 10%（体积分数）水溶液。壬基酚聚氧乙烯醚应储存在密闭的金属或玻璃容器中以避免其吸湿，TX-10 试剂放置时间较长时可进行红外分析，若观察到羰基峰存在，则认为试剂已降解。

配制试剂水溶液时，应将混合液加热到60℃左右，连续搅拌1h。配制好的试剂水溶液应在一个星期内使用，并只使用一次，不得重复使用。

如有特殊需要也可以采用其他表面活性剂、皂类及任何不使试样发生显著溶胀的有机试剂作为试剂。

（2）试样制备

按GB/T 9352规定采用单功位压机和溢料式模具，按照表2-6-1条件制备压塑试片，试片厚度如下：密度小于等于925kg/m³的聚乙烯试片厚度为3.00~3.30mm，密度大于925kg/m³的为1.75~2.00mm。

表2-6-1　试片模塑条件

热　压					冷　压		
模塑温度/℃	预　热		热　压		平均冷却速率/(℃/min)	压力/MPa	脱模温度/℃
	压力/MPa	时间/min	压力/MPa	时间/min			
180	接触	5	5	5±1	15	5	≤40

（3）试样状态调节

除非特别指出，试样应GB/T 2918规定，在温度(23±2)℃、相对湿度50%±10%条件下状态调节至少40h，但最多不超过96h。试样刻痕、弯曲后应立即开始试验。

（4）试验步骤

① 试验条件：

试验条件见表2-6-2，密度小于等于925kg/m³的聚乙烯选择条件A，密度大于925 kg/m³的选择条件B。对于部分密度大于940kg/m³的聚乙烯材料可选择条件C。

表2-6-2　环境应力开裂试验条件

条件	试样厚度/mm	刻痕深度/mm	恒温浴温度/℃	试剂浓度/%(体积分数)
A	3.00~3.30	0.50~0.65	50	10
B	1.75~2.00	0.30~0.40	50	10
C	1.75~2.00	0.30~0.40	100	100

② 刻痕。对试样进行刻痕，刻痕深度符合表2-6-2要求。

③ 将10个刻痕面向上的试样放入试样弯曲装置上，在台钳、平板压床或其他适当的工具上合拢弯曲装置，整个操作过程在30s内完成。用试样转移工具把弯曲好的试样转移到试样保持架中，并使试样两端紧贴试样保持架底部。

④ 试样保持架需在10min内放入已盛有预热到规定温度试剂的试管中，试剂液面应高于保持架约10mm。用包有铝箔的塞子塞紧试管，迅速放入已达到温度要求的恒温浴槽中，并开始计时。在操作过程中刻痕不应与试管接触。

⑤ 按下列观察时间检查试样并记录试样破损数目及相应的破损时间。

0.1h，0.25h，0.5h，1.0h，1.5h，2h，3h，4h，5h，6h，7h，8h，12h，16h，20h，24h，32h，40h，48h。48h后每24h观察一次。

⑥ 采用对数-概率坐标作图法确定试样环境应力开裂时间F_{50}。

（5）试样数目

检验时，试样数目至少为10个。

(6) 试验报告

试验报告应包括如下内容：材料的完整标识；试剂名称及浓度；试样数目；试验条件；试样破损时间及破损概率；试样环境应力开裂时间 F_{50}；试验日期及检验人员。

三、给您提个醒

① 刻痕的刀片必须光滑、无卷刃，每把刀片刻痕次数不应超过 100 次。刻痕深度必须满足标准要求，对试样刻痕、弯曲、置于试样保持架及放入玻璃管的过程必须在 5min 内完成。刻痕时，如室温较低，可先将试片温度提高再刻痕。

② 试验温度过高过低都会对结果带来影响，所以恒温浴面必须高于浸泡介质的液面，避免温度波动的影响。

四、请您想一想

如何采用对数-概率坐标作图法确定试样环境应力开裂时间 F_{50}？

6.2 热塑性塑料试样制备

6.2.1 热塑性塑料材料注塑试样的制备

在实际测试过程中，热塑性塑料材料一般采用注塑或压塑来进行试样制备，根据 GB/T 1845.2 规定，当材料的 MFR≥1g/10min(190℃/2.16kg)时，应使用标准模具(对称型)，用注塑方法制备试样。

在注塑过程中，很多因素可以影响热塑性塑料的性能和用此试样获得的各种试验的测定值。制备注塑试样过程中使用的注塑条件对试样的力学性能有很大的影响。对注塑过程每一个主要参数给出确切的定义，才能使操作条件和测试结果具有再现性和可比性。

在确定注塑条件时，考虑注塑条件可能对被测定材料性能的影响是很重要的。热塑性塑料中，无定形的聚合物可显示出不同的分子取向；结晶形和半结晶形聚合物可显示出不同的结晶形态；非均相热塑性塑料可显示出不同的相态；各向异性的填充材料，如短纤维，也可显示不同的取向。“冻结”在注塑试样里残留应力和注塑过程中的热降解也可能影响试样的性能。因此，必须控制这些现象，以避免试样性能测试值的波动。

一、培训准备

(1) 理论准备

掌握熔体压力 p、锁模力 F_M、注射速度 v_I的计算方法；了解模具温度 T_c、熔体温度 T_M、熔体压力 p、保压压力 p_H、模塑周期、循环时间 t_T、注射时间 t_I、冷却时间 t_C、保压时间 t_H、开模时间 t_o、模塑体积 V_M、锁模力 F_M、注射速度 v_I、最大注射量 V_S的定义；了解注塑机的结构及各部分的技术要求及模具的种类、基本结构和要求。

(2) 仪器准备

符合要求的注塑机和模具。

二、操作步骤

(1) 材料的状态调节

热塑性塑料材料的粒子或颗粒，应按有关材料的标准的规定，在注塑前进行状态调节。如果标准没有提到，也可按生产厂推荐的条件进行状态调节。

注意：应该避免使温度明显低于室温的物料暴露在空气中，以防湿气在物料上冷凝。

（2）注塑

① 根据有关材料的标准的规定设定注塑机的操作条件。如果没有相应的标准，则可按供需双方商定的条件。

② 对很多热塑性塑料，使用 A 型或 B 型模具时，注射速度的适用范围是(200±100)mm/s。应该注意，对于一个给定的注射速度 v_I 的值，注射时间 t_I，与模具型腔数 n 成反比，注射时，应尽可能减少注射速度的变化。

③ 保压压力(p_H)的调整：保压压力是一个需要调整的参数，调整按下述方法进行：从零开始逐渐增加熔体压力，直到样条没有凹痕、空洞和其他可见的缺陷，允许有最小限度的溢料。用此熔体压力作为保压压力。

④ 应维持保压压力恒定，直到塑料材料在浇口处凝固。此时，注塑试样的质量已达到上限值。

⑤ 弃掉注塑机达到稳定状态之前注塑的试样。当达到稳定条件后，记录操作条件，开始收集试样。

在注塑过程中，应该使用合适的方法维持稳定的注塑条件。例如，检查模塑件的质量可以观察注塑条件是否稳定。

⑥ 物料变化时，应该彻底、仔细地清理注射机。使用新材料注塑试样时，在收集试样前应至少弃去 10 模试样。

（3）模具温度的测量

当系统达到热平衡后，打开模具并立即测量模具温度 T_c。具体做法是在模具至少进行十次开合模循环后，用表面温度计测量动、定模相对应的型腔表面上几个点的温度，记录每个测量值，计算它们的平均值作为模具温度。

（4）熔体温度的测量

按下述方法之一测量熔体温度：

① 当达到热平衡或稳定的温度状态后，将至少 30cm 对空注射的塑料熔体射入一个适当大小的非金属容器内，立刻将一个反应灵敏经预热的温度计的针型探头插入熔体中心并轻轻移动直到温度计读数达到最大值。温度计需预热到接近被测熔体的温度。对空注射时循环时间和注塑条件应与注塑试样时条件相同。

② 当能得到的测量值与对空注射测量值相同时，也可以使用测温传感器测量塑料熔体的温度。传感器应有较低的热损失，而且对熔体温度的变化有较快的响应。传感器应安置在合适的位置上，如注塑机的喷嘴处。

（5）试样的后处理

为了避免各个试样处理的差异，脱模后的试样可放在实验室内逐渐冷却到实验室的环境温度。对大气暴露敏感的热塑性塑料试样应保存在加入干燥剂的密闭的容器内。

（6）报告

报告应包括下列项目

① 注明采用标准；

② 注塑试样的日期、时间、地点；

③ 材料的全部情况(类型、牌号、生产厂、批号)；

④ 注塑前，材料状态调节的情况；

⑤ 使用模具的类型(A1 型、B1 型)，如用其他模具，给出详细说明(试样类型、相关的

标准、型腔数、浇口的大小和位置)；

⑥ 使用注塑机的详细情况(制造厂、最大注射量、锁模力及控制系统)；

⑦ 注塑条件：

—熔体温度 T_M,℃；

—模具温度 T_c,℃；

—注射速度 v_I，mm/s；

—注射时间 t_I，s；

—保压压力 p_H，MPa；

—保压时间 t_H，s；

—冷却时间 t_C，s；

—循环时间 t_T，s；

—模塑件质量 W_M，g。

三、给您提个醒

① 长期不用的模具在放置时最好装入模芯。

② 必须用专用镜面擦拭材料清理型腔表面。

③ 合模时，切忌未装入模芯时就进行合模。

④ 在采用注塑方法进行制样时，应注意以下几点：开机后，料筒升温时开冷却水，每次制样完毕后要把物料注射完毕；试样制备前，料筒升温要以前次物料设定温度，待清洗料筒后，再降至本次试样所需的温度；切勿使金属或其他硬物落入料斗；在设备工作情况下，不可在两模板间随意放置物体，防止损坏模具。

四、请您想一想

① 注射机的日常保养应注意些什么?

② 冷却时间和保压时间的关系是什么?

③ 如何理解注塑机的闭环操作?

6.2.2 注塑试样压塑试样的制备

一、培训准备

(1) 理论准备

了解模塑温度、脱模温度、预热时间、模塑时间、平均冷却速率(非线性)、冷却速率的定义。

(2) 仪器准备

1) 模压机

模压机的合模力应能提供不低于10MPa的压力(合模力与施压方向模腔投影面积的比值)。在整个模塑期间，压力波动范围应在规定压力的10%以内。

对压板的要求：能加热到不低于240℃；能按试验要求的冷却速率冷却。

模具表面任何部位间的温差在加热时不超过±2℃，在冷却时不超过±4℃。当加热和冷却系统设置在模具内时，也应满足上述要求。

压板或模具的加热，可用高压蒸汽或通过适当管道系统传送的导热液或使用电加热元件进行，压板或模具的冷却，可用管道系统中的导热液(通常是冷却水)进行。急冷时，需要用两台模压机，一台用于模塑成型，另一台用于冷却。

对于指定的冷却方法，导热液的流速应在模具内没有任何材料时通过试验预先定出。

模压机上下模板间中心处的温度能保持恒定。

2）模具

模具一般由耐模塑温度和压力的材料制作。可用抗机械冲击并经热处理，其拉伸强度达到2200MPa的合金钢制作。在模塑聚氯乙烯材料的特殊情况下，推荐使用经过处理、其拉伸强度达到1050MPa的马氏体不锈钢制作。为了使试样表面平整光滑，模具与模塑材料接触的表面要抛光。表面镀铬可以使试样易于取出。对于小尺寸的试样推荐有2°的锥度。

使用不同类型模具制备的试样其特性也不相同。通常使用的模具有两种类型，即溢料式模具和不溢料式模具，如图2-6-3所示。

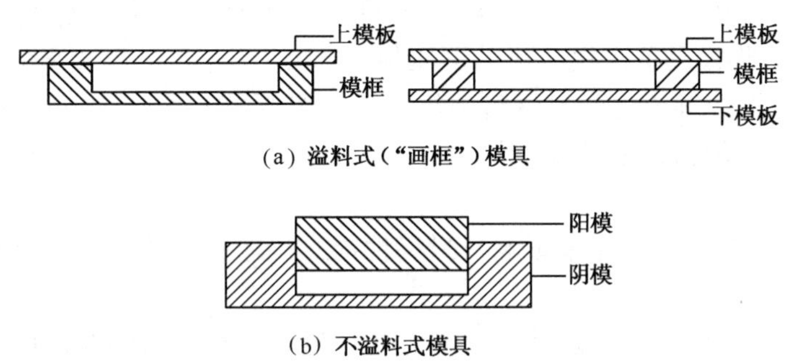

(a) 溢料式（“画框”）模具

(b) 不溢料式模具

图2-6-3　溢料式模具和不溢料式模具图

溢料式模具由模框及上、下模板组成，上、下模板厚度为1~2mm。为便于脱模，模具可用抛光钢材或镀铬黄铜制成。为防止塑料粘到模板上，可在模板上覆一层软质箔，如铝箔或聚酯膜。不允许使用脱模剂。模框的厚度应与模塑片料的厚度相适应，模框的尺寸大小应能保证片料在被切割或机械加工成试样时，不使用片料周边宽20mm的部分。使用溢料式模具时，多余的材料被挤出，在冷却时，模塑压力仅施加于模框上而不施加于材料上。由于模塑件在冷却时收缩，所以其中心部分的厚度要比边缘部分稍薄；直接模塑试样时，如果材料粘模而阻碍塑件收缩时，会产生缩痕和空隙，为避免这些缺陷的影响，建议从模压片料中心部分用机械或冲压加工来制取试样。

溢料式模具适用于制备厚度相似或具有可比性的低内应力的试样或片料。

不溢料式模具由一个或两个阳模和一个阴模座组成，使用不溢料式模具时，在热压及冷却过程中，材料受到恒定的压力(摩擦力忽略不计)。在整个冷却期间，全部的模塑压力都施加在模塑材料上。所得模塑件的厚度、应力和密度取决于模具的结构、加料量的多少及模塑和冷却条件。在热压期间，由于材料受热熔融膨胀，以及模具存在间隙而造成物料损失。损失量的多少与选定的模塑温度、施加的压力、加压时间以及模具结构有关。

使用不溢料式模具时，模塑件的力学性能取决于冷却时施加于材料的压力。

圆形模腔可正确引导阳模在阴模内移动，阴阳模之间的配合推荐使用H7g6。例如，直径为200mm的圆模腔间隙是15~90μm，模具可装一个或几个脱模销以便于脱模。

不溢料式模具可使用薄垫片来控制厚度，在冷压开始时应将薄垫片去掉。

不溢料式模具适合制备表面坚固平整、内部没有空隙的试样。

二、操作步骤

(1) 模塑材料的准备

① 物料的干燥：

如需对物料进行干燥，应按有关标准的规定或材料提供者的说明进行干燥，如果没有说明，则可在温度为(70±2)℃的烘箱内干燥(24±1)h。

② 预成型：

通常，用物料直接模塑能得到平整均匀的片料，如果物料需要均化时，可用热熔辊炼或混炼的预成型方法使其均化。为了不使聚合物降解，辊炼或混炼时物料的熔融状态不要超过5min，预成型片需在干燥密封的容器内储存。

（2）模塑

① 将压板或模具的温度调节到有关标准规定的模塑温度，当温度恒定后，将称量过的材料(粒料或须成型片)放入模具中。如使用粒料，应将粒料铺平在模具里面，材料的量要足够在材料熔融后充满模腔。对溢料式模具允许有约10%的损失；对不溢料式模具允许有约3%的损失，然后将模具置于模压机的下压板上。

② 闭合压板，在接触压力下对材料预热5min，然后施加全压2min，随即冷却。在预热和热压期间，温度波动允许在±5℃之内。

（3）冷却

对于某些热塑性塑料冷却速率影响其最终性能。国家标准中规定了四种冷却方法(见表2-6-3)。

冷却方法应同试片的最终物理性能一起说明，通常，在材料的有关标准中给出相应的冷却方法。如果未指定方法，可使用表2-6-3中的方法B。

表2-6-3　冷却方法

冷却方法	平均冷却速率/(℃/min)	冷却速率/(℃/h)	备　注
A	10±5		
B	15±5		
C	60±30		急冷
D		5±0.5	缓冷

当采用急冷方法C时，应使用合适的工具迅速将模具从加热压机移到冷却压机上。

如果没有说明，脱模温度应低于40℃。

对制备没有任何内应力的试片或对以前准备好的片料热处理后缓冷时，推荐使用方法D。

（4）试样或片料的检验

在冷却后，取出模塑件，检验外观并检查是否符合规定的尺寸要求。如发现有缩痕、收缩孔或变色，试样或片料应舍弃。

根据有关标准规定，确认没有降解或不需要的交联现象。

三、给您提个醒

① 使用溢料式模具，可在模板上覆上一层软质箔，如铝箔或聚酯膜。不允许使用脱模剂。

② 对厚度为2mm的试片，标准的预热时间是5min；对较厚的模塑件预热时间应相应调整。

③ 接触压力是指压机刚好闭合时不致使材料流动的最高压力；全压是指足够使材料成型并把多余的材料挤出的压力。

四、请您想一想

① 压塑成型操作中应注意些什么？

② 模压机的日常保养应注意些什么？

6.2.3 塑料薄膜和薄片抗冲击性能的测定——自由落镖法

测定原理：给定高度的自由落镖冲击下，测定塑料薄膜和薄片试样破损数量达 50%时的能量，以冲击破损质量表示。

一、培训准备

（1）理论准备

了解 GB/T 2918—2018 塑料试样状态调节和试验的标准环境的内容和 GB/T 9639.1—2008 标准对落镖冲击试验机的要求，掌握冲击破损质量、落体质量的定义及自由落镖冲击试验机结构(图 2-6-4)。

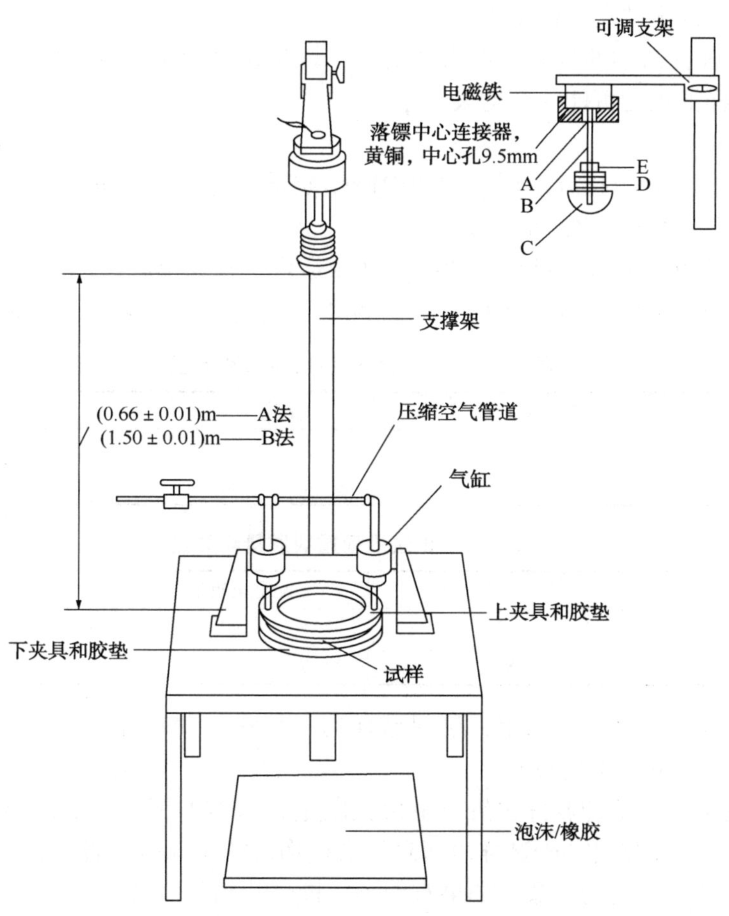

图 2-6-4 自由落镖冲击试验机

A—钢销，外径 6.5mm，长 135mm；B—落镖圆柄，外径 6.5mm，长至少 115mm，底部长 12.5mm；C—半球形头部：A 法—直径(38±1)mm，B 法—直径(50±1)mm；D—砝码；E—锁紧环

（2）仪器准备

符合 GB/T 9639.1—2008 标准规定的塑料薄膜和薄片抗冲击性能测试试验机及附属部件、剪刀、测厚量具或等效量具。

二、操作步骤

（1）样片外观检查

试样厚度小于 1mm 的薄片，厚度与标称值的偏差应在±10%之内，样片足够大，试样表面无气泡、折皱或其他明显缺陷。

（2）测量厚度

测量并记录试样冲击区域的平均厚度，精确到0.001mm。

（3）仪器准备

① 选择A法或B法对仪器进行设置。

② 使电磁铁通电，将落镖的圆柄垂直插入磁性连接器里。调整落体下落高度(从被夹试样表面到落镖头部的底部表面的垂直距离)至(0.66±0.01)m(A法)或(1.50±0.01)m(B法)。

③ 将预试验试样紧固于环形夹具之间，落镖上不加配重块，断开电磁铁释放钮，观察落镖冲击试样点，落镖由试样表面弹开后应及时捕捉。必要时调整电磁铁位置，重复预试验，直到落镖重复冲击被夹试样中心位置。

④ 检查试样任何滑动的迹象。如果有滑动，该试验结果应舍弃。随着落体质量和下落高度的增加，试样滑动的可能性会增大。

（4）梯度试验

① 选择的落体质量应接近于预计的冲击破损质量。将所需数量的配重块加置落镖圆柄上，并装上锁紧环，使配重安全固定。

② 选择的配重块 Δm 应与试样的冲击强度相适应。通常 Δm 值约等于5%~15%冲击破损质量 m_f，配重须选择3~6个(至少3个)。配重块质量和数量参考表2-6-4和表2-6-5。

表2-6-4　A法用配重块质量和数量

配重块质量/g	配重块数目/个	配重块质量/g	配重块数目/个
5	≥2	30	8
15	8	80	8

表2-6-5　B法用配重块质量和数量

配重块质量/g	配重块数目/个	配重块质量/g	配重块数目/个
15	≥2	90	8
45	8		

③ 将第一个试样放在下夹具上，确保试样均匀平整、没有折痕，使其完全覆盖在橡胶垫圈上。与环形夹具的上夹具夹紧。

④ 电磁铁通电，将落镖放好位置。电磁铁断电，落镖即下落。如果落镖由试样表面弹开，应及时捕捉，防止反复冲击试样表面致使击损伤落的半球接触表面。

⑤ 检查试样任何滑动的迹象。如果有滑动，该试验结果应舍弃。

⑥ 检查试样是否破损。在试样背面照明的条件下，试样穿透即为破损。将结果记录在格纸上，用“o”表示不破损，“×”表示破损。

⑦ 如果第一个试样破损，用配重块 Δm 应减少落体质量。如果第一个试样不破损，须用配重 Δm 增加落体质量。依次继续进行试验。总之，配重块减少或增加落体质量，取决于前一个试样是否破损。

⑧ 20个试样试验后，计算破损的总数 N。如果 N 等于10，试验完成。如果 N 不等于10，试验应按如下进行。

如果 $N<10$，补充试样后，继续试验，直到 N 等于10为止；

如果 $N>10$，补充试样后，继续试验，直到不破损“o”的总数等于10为止。

（5）计算

典型的测试结果如图 2-6-5 所示。计算时，按照下面的公式进行。

$$m_f = m_0 + \Delta m\left(\frac{A}{N} - 0.5\right)$$

式中　m_f——冲击破损质量，g；

m_0——试验破损时的最小落体质量，g；

Δm——增减用相同配重块的质量，g。

$$A = \sum_{i=1}^{k} n_i z_i$$

式中　n_i——落体质量为 m_i 时的试样破损数；

z_i——落体质量由 m_0 到 m_i 时的配重块数（m_0时，z 为 0）。

$$N = \sum_{i=1}^{k} n_i$$

式中　N——破损试样总数。

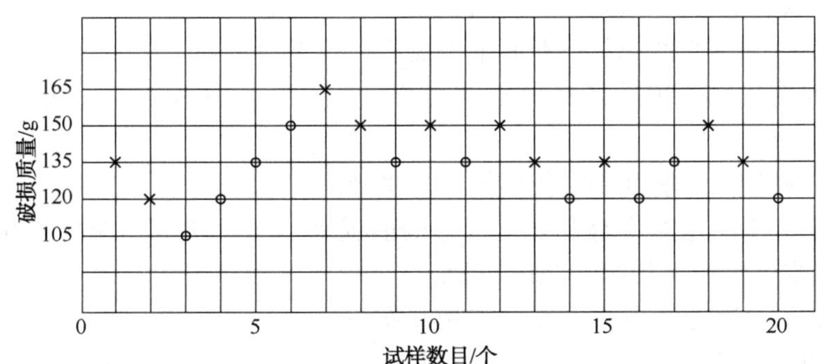

×＝破损

○＝不破损

N=10　　A=10

m_o=120g　　Δm=15g

$m_f = m_o + \Delta m(\frac{A}{N} - 0.5)$

$= 120 + 15(\frac{15}{10} - 0.5)$

$= 120 + 15(1.5 - 0.5)$

$= 135$g

$m_o+(i-1)\Delta m$	n_i	z_i	$n_i z_i$
120	1	0	0
135	4	1	4
150	4	2	8
165	1	3	3

图 2-6-5　计算示例

三、给您提个醒

① 为安全起见，调节 A 法、B 法高度时应移走砝码，防止砸伤；试验结束，卸下所有砝码。

② 试验过程中，禁止站在砝码下部，增减砝码质量时，注意砸伤。

③ 当试样滑动超过 0.10mm 时，可以将细纱布或合适的砂纸用双面胶带粘在夹具或橡胶垫圈上，磨损面与试样直接接触，就会产生足够大的夹紧力避免滑移。

④ 日常操作中，影响测试结果的主要原因是样片的厚度。操作过程中，需认真测量并记录试样冲击区域的平均厚度，厚度与标称值的偏差应在±10%之内。

四、请您想一想

① 检查试样滑动的方法有哪些？

② 冲击破损质量的数据影响因素有哪些？

③ 如何确保落镖锤冲击试样的中心位置？

第 7 章　橡胶物性分析

7.1　橡胶配方的设计

以质量分数来表示的配方，即以生胶的质量为 100 份，其他配合剂的用量都以相对的质量份数来表示。这是基本配方，被广泛采用。

一、要求

① 必须对制品的性能要求、使用条件等有充分的了解，根据指标进行有针对性的设计。既不可随意降低指标，也不能一味追求高指标，浪费贵重原材料。为确保制品满足规定的指标要求，半成品胶料的性能一般应高于成品指标的 15%左右。

② 要照顾制品的主要性能，而对其他性能应取得综合平衡。

③ 对多部件制品，必须从产品的整体考虑各部位胶料使用性能和硫化速度等的协调配合。

④ 要考虑胶料加工性能和制品使用性能的平衡。

⑤ 在保证满足制品性能或符合规定指标的前提下，尽可能节约原材料和降低成本，或在不提高制品成本的情况下提高产品的质量。

⑥ 要考虑各配合剂之间的内在联系和相互作用。

⑦ 应避免使用有毒原材料，减少污染和公害。

⑧ 在保证制品质量的前提下，配方要尽可能简化，原材料的选用应尽量立足于国内，立足于本地，使原材料的来源有充分保证。

二、提示

常用的橡胶助剂包括硫化剂、促进剂、活性剂、补强剂、防老剂、增塑剂等，应了解各种配合剂的作用及各种配合剂的实际加入量。

硫化剂，使橡胶发生硫化(交联)的配合剂，如硫黄等。

促进剂，能提高硫化速度及交联程度的配合剂，如噻唑类、秋兰姆类等。

活性剂，能提高促进剂效能的配合剂，包括氧化锌等无机活性剂和硬脂酸等有机活性剂两大类。

补强剂，能提高硫化胶物理机械性能的配合剂，如炭黑等。

防老剂，能延缓或抑制橡胶老化的配合剂，如防老剂 BHT 等。

增塑剂，能提高胶料可塑性的配合剂，如环烷烃油、链烷烃油等。

三、请您想一想

为什么橡胶配方要因胶料不同而各异呢？

7.2　拉伸试验影响因素及分析

橡胶随着分子量的增加，大分子柔性增加，大分子间作用力提高，其拉伸性能会逐渐提高。分子量增大到一定程度，拉伸性能会保持基本稳定。门尼黏度也可以反映橡胶分子量的情况，分子量增大则门尼黏度升高。分子量分布对橡胶的拉伸性能和门尼黏度也有影响，橡胶的低分子量部分会降低拉伸性能，高分子量部分会增大黏度，难以加工。橡胶拉伸性能与门尼黏度在理论上存在一定的关联，但两者在实际测试过程中还受到其他因素的影响，特别是拉伸性能影响因素较为复杂，数据不宜进行简单比较。与门尼黏度类似，热塑性橡胶的熔体流动速率也反映分子量和分子量分布的情况，与拉伸性能存在一定的关联，但拉伸性能还受到胶中塑料结构(如聚苯乙烯嵌段)的影响，数据也不宜进行简单比较。

一、培训准备

(1) 理论准备

了解拉力机的工作原理，掌握拉力机应保持的状态。

(2) 仪器准备

电子拉力机、测厚仪、冲片机、裁刀。

二、操作步骤

① 开启拉力机进行测试。

② 测试结果出现异常，查找原因。

③ 参照表 2-7-1，总结出现异常的原因。

表 2-7-1　拉伸试验影响因素及解决方案

影响因素	原因分析	解决方案
温　度	高分子材料的拉伸性能表现出对温度的依赖性，随温度升高，拉伸强度降低，而断裂伸长率升高	应在标准规定的温度下进行
拉伸速度	塑料属黏弹性材料，它的应力松弛与变形速度紧密相关，应力松弛需要一个时间过程。当低速拉伸时，分子链来得及位移、重排，呈现韧性行为，表现为拉伸强度减小，而断裂伸长率增大；高速拉伸时，高分子链段的运动跟不上外力作用速度，呈现脆性行为，表现为拉伸强度增大，断裂伸长率减小	严格按照标准要求的拉伸速度进行测试
拉力机	拉力机本身校验不合格或存在较大系统误差，会明显影响试验数据	校验仪器，消除系统误差
裁　刀	即使无意外损伤，裁刀刀口在使用中也会有残缺或不够锋利或宽度不均匀，都会对橡胶试片测试部分造成不可逆损伤从而降低试验数据	重新磨刀口或换新裁刀
试样调节	由于橡胶分子量和分布的不均匀，在加工后应有一个调节时间使其分子链能够舒展自然以降低内耗，从而增加其测试的重现性。如调节环境不标准，则起不到调节作用或作用不够，会影响测试数据	在标准状态下调节试样
硫　化	硫化机温度、压力未达到要求或硫化模具不标准，都会使硫化试片外形和内部结构产生偏差	严格按标准要求进行硫化
混　炼	炼胶机的性能、混炼的技术和配合剂质量对橡胶性能有决定性的影响	正确操作混炼机，严格按规定程序进行混炼
试　样	试样是否有代表性是其试验数据的关键	确保试样的代表性

④ 根据所查找的出现异常的可能原因，制定完善的解决方案。

⑤ 实施解决方案，确认方案实施效果。如问题解决则进行下一步操作，若问题仍然存在，则继续查找原因和制定、实施解决方案，直至出现测定结果异常现象消除。

⑥ 重新进行样品测定。

三、给您提个醒

拉伸试验影响因素还应包括测厚仪的准确度以及测量厚度操作的准确性。

四、请您想一想

① 为什么橡胶拉伸试验不以一个试片的拉伸结果作为最终结果而要取中值呢？

② 橡胶试片在拉伸试验时是吸热反应还是放热反应？

7.3 门尼试验影响因素及分析

从门尼黏度的大小可以预知物料加工性能的好坏。门尼黏度高，说明物料的可塑性小，反之则可塑性大，门尼黏度过大的生胶不容易塑炼，胶料也不容易混炼均匀，其加工流动性和挤出性能也差；门尼黏度过小，则生胶和胶料在加工时容易发生粘辊现象，还会降低硫化胶的力学强度。

一、培训准备

(1) 理论准备

了解门尼机和测定原理；掌握门尼机应保持的状态。

(2) 仪器准备

门尼机。

二、操作步骤

① 开启门尼机进行测试。

② 测试结果出现异常，查找原因。

③ 参照表 2-7-2，总结出现异常的原因。

④ 根据所查找的出现异常的可能原因，制定完善的解决方案。

⑤ 实施解决方案，确认方案实施效果。如问题解决则进行下一步操作，若问题仍然存在，则继续查找原因和制定、实施解决方案，直至出现测定结果异常现象消除。

⑥ 重新进行样品测定。

表 2-7-2　门尼试验影响因素及解决方案

影响因素	原因分析	解决方案
力矩校正	力矩校正不准	按规定程序定期对门尼机进行校正
温　度	温度偏低会使门尼黏度偏高；温度偏高会使门尼黏度偏低	严格按门尼黏度测定的操作规程控制温度，必要时对显示温度进行校准
压　力	压力偏低会造成门尼黏度偏低；压力偏高会造成门尼黏度偏高	严格按门尼黏度测定的操作规程控制压力
样　品	样品挥发分偏高会造成门尼黏度偏低	严格按规程取样
	样品量不足未能充满模腔会使门尼黏度偏低	对样品进行必要的前处理
	样品本身没有代表性	保证样品量

三、给您提个醒

门尼机属于疲劳性仪器，所以必须定期对其进行校准。

四、请您想一想

保证门尼分析进行的标准空气压力是多少？

7.4 熔体流动速率测定影响因素及分析

一、培训准备

(1) 理论准备

掌握熔体流动速率测定仪的原理及熔体流动速率测定仪应保持的状态。

(2) 仪器准备

熔体流动速率测定仪。

二、操作步骤

① 开启熔体流动速率测定仪进行测试。

② 测试结果出现异常，查找原因。

③ 参照表 2-7-3，总结出现异常的原因。

表 2-7-3 熔体流动速率测定试验影响因素及解决方案

影响因素	原因分析	解决方案
温度、负荷	橡胶属于热塑性材料，温度和负荷不准都会对测试结果造成较大影响	校验仪器，确保温度符合准确
样块大小和加样时间	样块大小和加样时间会影响预热时间和气泡的形成，造成测试误差和重复性差的后果	通过试验找出不同牌号产品的最佳称样块大小和加样时间
制　样	制样时进行塑炼，主要目的是除去胶中水分，但同时由开炼机前后速度差所引起的剪切力和热的作用等降低了橡胶的分子量；试验证明炼胶时间过长或过短都会造成误差	根据不同牌号产品选择挥发分已干而橡胶分子未被明显剪碎的阶段制样
标准口模	内径发生变化	按要求用塞规检查，必要时更换
料筒清洁度	料筒不清洁会带来较大误差	每次试验后要及时清理料筒和活塞杆，在进行连续试验时尤其要做到这一点

④ 根据所查找的出现异常的可能原因，制定完善的解决方案。

⑤ 实施解决方案，确认方案实施效果。如问题解决则进行下一步操作，若问题仍然存在，则继续查找原因和制定、实施解决方案，直至测定结果异常现象消除。

⑥ 重新进行样品测定。

三、给您提个醒

橡胶的测定有别于塑料，为防止气泡的产生，应尽可能地用样品条充满料筒。

四、请您想一想

试样加入时用活塞压紧，为什么必须在 1min 内加完？

7.5 橡胶硫化特性评价影响因素及分析

一、培训准备

(1) 理论准备

掌握橡胶硫化仪的工作原理及橡胶硫化仪应保持的状态。

(2) 仪器准备

橡胶硫化仪。

二、操作步骤

① 开启硫化仪进行测试。

② 测试结果出现异常，查找原因。

③ 参照表 2-7-4，总结出现异常的原因。

表 2-7-4 硫化特性测定试验影响因素及解决方案

影响因素	原因分析	解决方案
硫化仪	硫化过程中，硫化仪的温度、扭矩和模腔压力不准都会对测试结果造成较大影响	校验仪器，确保仪器性能准确
混炼效果	混炼效果，直接影响胶料的均匀性和整体物性	正确操作混炼机，严格按规定程序进行混炼，保证配合剂质量
温　度	温度偏低、偏高都会影响结果	严格按规程控制温度，必要时对温度进行校准

④ 根据所查找的出现异常的可能原因，制定完善的解决方案。

⑤ 实施解决方案，确认方案实施效果。如问题解决则进行下一步操作，若问题仍然存在，则继续查找原因和制定、实施解决方案，直至测定结果异常现象消除。

⑥ 重新进行样品测定。

三、给您提个醒

模腔的推荐体积为 3~5cm^3。为了获得可再现的结果(F_L，F_t，F_{max})，建议每次使用等体积的试样。

四、请您想一想

硫化曲线上的各个数值代表什么?

7.6 硫化橡胶硬度评价影响因素及分析

一、培训准备

(1) 理论准备

掌握邵氏硬度计的工作原理及邵氏硬度计应保持的状态。

(2) 仪器准备

邵氏硬度计。

二、操作步骤

① 开启硬度计进行测试。

② 测试结果出现异常，查找原因。

③ 参照表 2-7-5，总结出现异常的原因。

表 2-7-5　硬度测定试验影响因素及解决方案

影响因素	原因分析	解决方案
试样厚度	硬度值是由压针压入试运行的深度来测定的，厚度直接影响结果	严格按规定制样
读数时间	压针受压后立即读数与指针稳定后读数，两者之间的差异很大	依据标准规定读数
停放时间和环境温度	停放时间过长，相当于老化过程，导致硬度上升；环境温度会影响到样品硬度大小	依据标准规定的环境要求和停放时间调节试样

④ 根据所查找的出现异常的可能原因，制定完善的解决方案。

⑤ 实施解决方案，确认方案实施效果。如问题解决则进行下一步操作，若问题仍然存在，则继续查找原因和制定、实施解决方案，直至测定结果异常现象消除。

⑥ 重新进行样品测定。

三、给您提个醒

邵氏硬度计标尺选择原则如下：

① D 标尺值低于 20 时，选用 A 标尺；

② A 标尺值低于 20 时，选用 AO 标尺；

③ A 标尺值高于 90 时，选用 D 标尺；

④ 薄样品(样品厚度小于 6mm 时)选用 AM 标尺。

四、请您想一想

硫化橡胶和热塑性橡胶读数时间有何区别?

技师、高级技师篇

第 1 章　化 学 分 析

1.1　化学分析试剂与仪器的准备

1.1.1　酸碱滴定操作试剂与仪器的准备

技师和高级技师，应具备试验操作准备与指导他人操作的能力。通过对试验项目试剂和仪器的准备，提高他们综合考虑问题、发现并解决实际问题的能力，达到技师、高级技师的水平。

一、要求

① 准备酸碱滴定需用的仪器(规格、数量及需校验仪器)。

② 准备酸碱滴定需用试剂(规格、浓度计算及配制方法)。

③ 设计试验报告内容和格式(试验名称、原始数据、结果计算、试验分析)。

二、提示

① 以烧碱中 NaOH、Na_2CO_3含量的测定(双指示剂法)为准备依据。

② 不用氯化钡法。

③ 方案拟好，经审阅后，可进行试验并写出试验报告。

1.1.2　重量分析操作试剂与仪器的准备

一、要求

① 准备重量分析操作需用的仪器(规格、数量及需校验仪器)。

② 准备重量分析操作需用试剂(浓度计算及配制方法)。

③ 设计试验报告内容和格式(试验名称、原始数据、结果计算、试验分析)。

二、提示

① 以氯化钡中钡的测定为准备依据。

② 熟悉重量分析法的原理和操作过程。

③ 方案拟好后交指导教员，审阅后可进行试验并写出试验报告。

1.2　方 案 设 计

设计试验与基本试验和综合试验在内容、形式和要求上都有较大区别，仅仅给出主体要求和相关提示，由学员自己分析课题，查阅相关资料，设计试验方案，然后在指导教员指导下修改，再独立实施，最后写出试验报告。

每个试验课题包括以下几个方面内容：

(1) 设计试验方案

① 在指定的题目中，根据给出的提示，供学员参考，通过查阅有关书籍、期刊、手册，拟定出合适的试验方案，并按试验目的、原理、试剂(注明规格、浓度)、仪器、试验步骤等，写出切实可行的试验方案。

② 试验方案经审阅后，只要方法合理，试验条件具备，学员可按自己设计的方案进行试验。

(2) 独立完成试验

① 规范化的操作，以达到巩固基本操作的目的。

② 操作过程中仔细观察试验现象，认真思考，不断完善试验方法，考查独立分析问题和解决问题的能力。

(3) 撰写试验报告

写出试验报告，考查学员归纳、总结的能力。

1.2.1 盐酸、乙酸混合液的分析方案设计

一、要求

参考提示，学员自拟方案测定盐酸乙酸混合试液中两种酸的含量。

方案内容包括：

① 原理方法；

② 试剂(浓度、配制方法)和仪器(规格、型号)；

③ 操作步骤及注意事项；

④ 分析结果计算公式。

二、提示

① 对于已知成分的强酸、弱酸混合物的分析，可借不同变色范围的指示剂判断滴定的各个反应终点，再由标准溶液的浓度和耗用量求出混合物中各组分的含量。

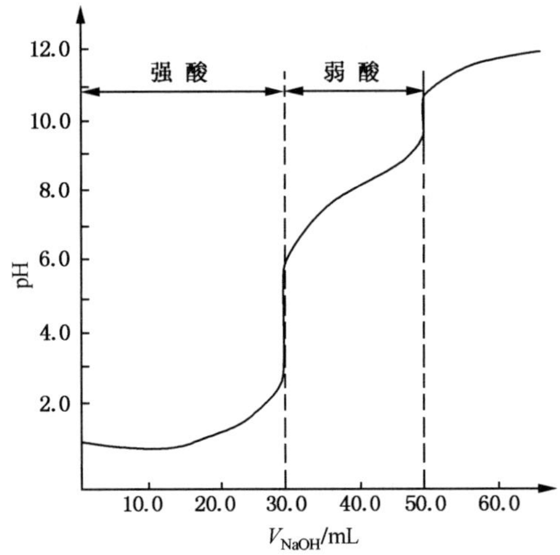

② 以 NaOH 溶液滴定盐酸和 HAc 的混合液，曲线如图 3-1-1 所示：

图 3-1-1 NaOH 溶液滴定盐酸和 HAc 的混合液曲线图

欲判断两个反应阶段的各个反应终点，可以使用两种不同变色范围的指示剂，也可以使用具有两段变色范围的单一指示剂。但其两段 pH 变化范围必须与滴定反应的两个终点的变色范围相吻合，如百里酚蓝。其两段变色范围分别为：pH = 1.2(红色)~2.8(黄色)；pH = 8.0(黄色)~9.6(蓝色)。

③ 方案拟好后交指导教员，审阅后由学员自己准备所需的仪器和试剂等，经同意后方可进行试验并写出试验报告。

三、给您提个醒

百里酚蓝在此变色范围的变色不敏锐，故使用的标准碱液浓度需浓一些。

四、请您想一想

请设计沉淀滴定法的试验方案？

1.2.2 盐酸、硼酸混合液的分析方案设计

一、要求

参考提示，学员自拟方案测定盐酸和硼酸(含量各为 0.1mol/L)混合试液中两种酸的含量。方案内容包括：

① 原理方法；

② 试剂(浓度、配制方法)和仪器(规格、型号)；

③ 操作步骤及注意事项；

④ 分析结果计算公式。

二、提示

① 硼酸为极弱酸，不能被直接准确滴定，可采用碱化的方法间接测定。

② 方案拟好后交指导教员，审阅后由学员自己准备所需的仪器和试剂等，经同意后方可进行试验并写出试验报告。

三、请您想一想

碱化的试剂除可以用甘油外，还可以用什么试剂？

1.2.3 返滴定法测定未知物中铝含量的分析方案设计

一、要求

参考提示，学员自拟分析方案返滴定法测定未知物中铝含量。方案内容包括：

① 原理方法；

② 试剂(浓度、配制方法)和仪器(规格、型号)；

③ 操作步骤及注意事项；

④ 分析结果计算公式。

二、提示

① 由于铝的水解倾向较强，故采用返滴定法测定铝。

② 此方法可用于简单试样的测定，如氢氧化铝、明矾[$KAl(SO_4)_2 \cdot 12H_2O$]等样品中的铝。

③ 计算试样中铝含量及相对平均偏差。

④ 铝的含量以 Al_2O_3%表示。

⑤ 方案拟好后交指导教员，审阅后由学员自己准备所需的仪器和试剂等，经同意后方可进行试验并写出试验报告。

三、请您想一想

EDTA 配位滴定法测铝时除用返滴定法外，能否用置换滴定法？

1.2.4 铅铋混合液中 Pb^{2+}、Bi^{3+}浓度测定的分析方案设计

一、要求

参考提示，学员自拟分析方案铅铋混合液中 Pb^{2+}、Bi^{3+}浓度的测定。方案内容包括：

① 原理方法；

② 试剂(规格、浓度和配制方法)和仪器(规格、型号)；

③ 操作步骤及注意事项；

④ 分析结果计算公式。

二、提示

① 由于 Pb^{2+}、Bi^{3+}的 $\lg K$ 值分别为 18.04 和 27.04，相差很大，故可控制不同的酸度分别进行滴定。

② 由于调节溶液酸度时要以精密 pH 试纸检验，故采用初步试验方法。

③ 在测定 Pb^{2+}时，由于加入 EDTA 标准溶液后体积增大，需加 4~6 滴二甲酚橙指示剂。

④ 方案拟好后交指导教员，审阅后由学员自己准备所需的仪器和试剂等，经同意后方可进行试验并写出试验报告。

1.2.5　编制并填写一份能力验证活动适宜性核查表

一、要求

① 能力验证活动组织/实施机构填写机构符合的条件。

② 能力验证活动适宜性核查表内容必须完整，符合 CNAS-RL02：2023《能力验证规则》要求。

③ 需要说明检查情况为“不适合”或“否”的情况下的填写方法。

二、提示

① 能力验证计划是指在检测、测量、校准或检验的某个特定领域，设计和运作的一轮或多轮次能力验证。

② 填写《能力验证活动适宜性核查表》是为了对所选能力验证活动的适宜性进行评价。

三、给您提个醒

① 合格评定机构选择能力验证活动必须符合规则要求。

② 合格评定机构参加了用于能力验证之外的其他目的的实验室间比对，诸如确认方法特性、为标准物质/标准样品赋值、支撑国家计量院间测量等效性声明的比对等并获得满意结果，也可作为其能力证明。

四、请您想一想

① 制定参加能力验证工作计划的要求有哪些？

② 能力验证不满意结果的处理要求有哪些？

第 2 章　电化学分析

2.1　仪器安装

2.1.1　卡尔·费休水分测定仪的安装

采用电化学原理进行水分分析的分析仪器装置目前主要有容量法卡尔·费休水分测定仪和电量法卡尔·费休水分测定仪。本节将主要介绍 CA-06 型电量法卡尔·费休水分测定仪的安装。

一、培训准备

(1) 理论准备

了解电量法卡尔·费休水分测定仪的构造及电量法卡尔·费休水分测定仪部件特征；掌握电量法卡尔·费休水分测定仪的安装方法。

(2) 仪器准备

电量法卡尔·费休水分测定仪(CA-06 型或其他型号)、使用说明书、必要工具、1mL 注射器、电子天平。

(3) 试剂准备

丙酮、硅胶、阴极液、阳极液。

二、操作步骤

① 按分析方法、仪器规程或使用说明书要求检查仪器和试剂是否齐全、完好。

② 检查试验台、电源等试验设施条件和温度、湿度等实验室环境条件是否符合要求。

③ 安装仪器，安装滴定池(按照图3-2-1 所示)，连接接线及安装打印纸。

④ 接通仪器电源，按下列方法进行仪器调试：

检查仪器显示是否正常；

检查打印机工作是否正常；

检查仪器按键功能是否正常；

检查仪器密封性能是否符合要求；

检查仪器稳定性能是否符合要求；

检查仪器测量过程中，精密度和准确度是否符合要求。

⑤ 填写 CA-06 型电量法卡尔·费休水分测定仪开箱验收单。

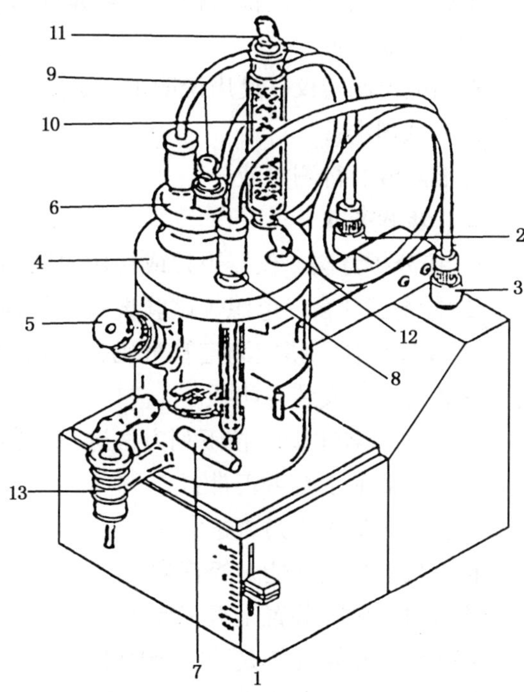

图 3-2-1　CA-06 型电量法卡尔·费休水分测定仪滴定池结构示意图

1—搅拌调节器；2—阴极液池接口；3—检测电极接口；4—池体；5—样品注入口；6—阴极液池；7—搅拌棒；8—检测电极；9—阴极液池密封接头；10—干燥管；11—干燥管接头；12—池体密封接头；13—废液排放口

三、给您提个醒

① 电源电压波动幅度应小于10%，以防止电压波动造成仪器损坏。

② 安装CA-06型电量法卡尔·费休水分测定仪的过程中，严禁将水分或含水分较多的物质带入滴定池，以防影响样品测定。

四、请您想一想

① 除测定水分含量外，CA-06型电量法卡尔·费休水分测定仪还有哪些测定功能？如何进行调试？

② CA-06型电量法卡尔·费休水分测定仪一般由哪几部分组成？还有哪些可供选择的附属备件？各有什么用途？

③ 一般卡尔·费休水分测定仪的安装应注意哪些问题？

2.1.2 电位滴定仪的安装

一个自动电位滴定仪，除了滴定终点检测器和控制电路外，还包括自动滴定管、自动阀、搅拌器、计量装置和滴定容器等。本节将以COMTITE-550型自动电位滴定仪为例，来介绍电位滴定仪的安装。

一、培训准备

(1) 理论准备

了解自动电位滴定仪的构造；掌握自动电位滴定仪的安装方法。

(2) 仪器准备

自动电位滴定仪、使用说明书、必要工具、1mL注射器、电子天平。

(3) 试剂准备

标准溶液、待测溶液。

二、操作步骤

① 按分析方法、仪器规程或使用说明书要求检查仪器和试剂是否齐全、完好。

② 检查试验台、电源等试验设施条件和温度、湿度等实验室环境条件是否符合要求。

③ 安装仪器，指定滴定管号码，连接仪器部件间的导线，安装试剂瓶、自动滴定管和自动搅拌装置，安装打印纸。

④ 接通仪器电源，按下列方法进行仪器调试：

检查仪器显示是否正常；

检查打印机工作是否正常；

检查仪器按键功能是否正常；

检查自动搅拌装置是否工作正常；

检查仪器稳定性能是否符合要求；

检查仪器测量过程中，精密度和准确度是否符合要求。

⑤ 填写自动电位滴定仪相关安装、调试记录。

三、给您提个醒

① 自动电位滴定仪需要使用220V电源，存在触电危险，操作中应该加以注意。

② 安装调试过程中，指定的滴定管号码不是唯一的，这一操作往往依据操作的不同而变化，但一定要保持一致，否则运行时将发生错误。

四、请您想一想

① 自动控制终点型滴定仪和曲线记录型滴定仪的仪器构成有何异同点?

② 电磁阀和换向阀的工作方式有何区别?

③ 磁力搅拌器和机械搅拌器各有何工作特点?

2.1.3 微库仑仪的安装

微库仑仪的型号和种类都很繁多。但一般来说，一台常用的微库仑仪主要由进样、裂解、滴定和数据处理几部分组成。本节将以 RPA-200 型微库仑仪为例，来介绍微库仑仪的安装。

一、培训准备

(1) 理论准备

了解微库仑仪的构造；掌握微库仑仪的安装方法。

(2) 仪器准备

微库仑仪(RPA-200 型或其他型号)、微库仑仪使用说明书、必要工具、10μL 微量注射器、容量瓶(100mL)、电子天平、棕色细口瓶(250mL)。

(3) 试剂准备

分析用标准样品、冰乙酸、碘化钾、叠氮化钠、氧气、氮气。

二、操作步骤

① 按分析方法、仪器规程或使用说明书要求检查仪器和试剂是否齐全、完好。

② 检查试验台、电源等试验设施条件和温度、湿度等实验室环境条件是否符合要求。

③ 安装仪器，放置好主机，安装搅拌器和进样器，安装电解池，连接电路和气路，连接上微机。

④ 接通仪器电源，按下列方法进行仪器调试:

检查仪器显示是否正常;

检查温控系统是否工作正常;

检查仪器按键功能是否正常;

检查进样器工作是否正常;

检查自动搅拌装置是否工作正常;

检查滴定池是否能够正常工作;

检查仪器稳定性能是否符合要求;

检查仪器测量过程中，精密度和准确度是否符合要求。

⑤ 填写 RPA-200 型微库仑仪开箱验收单。

三、给您提个醒

① RPA-200 型微库仑仪绝对不能在易燃、易爆的危险区域操作。

② 对于新铺设的气体管路所用材料，应用丙酮清洗，再用氮气或氧气吹扫 10min，以确保气体管路的清洁。

四、请您想一想

① 电极连接错误可能导致什么后果?

② 您使用过其他型号的微库仑分析仪吗?其结构上有什么特点?安装上有什么特殊的要求?

2.2 仪器故障处理

2.2.1 水分测定仪故障处理

电量法卡尔·费休水分测定仪和容量法卡尔·费休水分测定仪由于仪器设备构成上存在较大的差异，因而其常见的异常现象和问题的处理方式也不尽相同。本节将以 CA-06 型电量法卡尔·费休水分测定仪为例介绍电量法卡尔·费休水分测定仪水分测定过程中一些常见的异常现象及处理方法。

一、培训准备

(1) 理论准备

了解水分测定仪的正常工作要求；掌握测定中的异常现象的处理方法。

(2) 仪器准备

电量法卡尔·费休水分测定仪(CA-06 型或其他型号)、万用表、必要维修工具、1mL 卡介苗注射器、电子天平。

(3) 试剂准备

丙酮、硅胶、阴极液、阳极液。

二、操作步骤

① 更换电解液，接通电源，开机。

② 如果开机操作正常，则测定样品，查找异常现象。

③ 参照表 3-2-1，总结出该异常现象发生的可能原因。

表 3-2-1 CA-06 型电量法卡尔·费休水分测定仪常见故障及处理

故障现象	可能原因	处理方法
开机后仪器没有显示	1. 电源未接通 2. 显示器损坏 3. 保险丝损坏 4. 仪器内部电路故障	1. 接通仪器电源 2. 更换或维护显示器 3. 更换保险丝 4. 维护仪器电路或更换必要器件
电极故障	1. 电极接触不良 2. 电极断路 3. 电极短路	1. 重新安装电极 2. 检验并重新连接电极导线 3. 检查电极，必要时更换
不产生电解电流	1. 阴极池损坏 2. 试剂失效 3. 试样不含水	1. 维护或更换阴极池 2. 更换试剂 3. 更换含水样品进行测定
碘产生过量	1. 阳极吸附异物 2. 阳光照射 3. 温度波动 4. 样品含水过多	1. 清除阳极吸附的异物 2. 避免仪器受阳光照射 3. 保持室温恒定 4. 减少进样量或样品改用其他测定方法
滴定文件异常；计算机连接参数异常；天平连接参数异常；试剂消耗参数异常等	内存参数内容破坏	重新输入内存参数
天平连接故障	1. 连接线路接触不良 2. 连接导线断路 3. 设定参数错误	1. 重新连接导线 2. 维护或更换导线 3. 重新设定参数

续表

故障现象	可能原因	处理方法
计算机连接故障	1. 计算机程序错误 2. 连接线路接触不良 3. 连接导线断路 4. 设定参数错误	1. 更正计算机相关程序 2. 重新连接导线 3. 维护或更换导线 4. 重新设定参数
蒸发器故障	1. 自动进样舟不正常工作 2. 蒸发器温控不正常 3. 没有气体	1. 维护或更换自动进样舟 2. 维护或更换热检测器 3. 打开阀门保证气体通路畅通无泄漏
测定结果重复性差	1. 搅拌速度过快 2. 温度有波动 3. 进样重复性差 4. 称量误差	1. 降低搅拌速度 2. 尽量保持室温恒定 3. 尽量保证进样量一致 4. 尽量减小称量误差

④ 以操作的便利程度和难易程度为基准，确定故障原因查找及恢复的顺序，制定完善的解决方案。

⑤ 实施原因检查，确认后消除该原因。

⑥ 故障消除后，重新进行试验操作，确认仪器维修效果。

三、给您提个醒

① 水分测定仪中密封所用的真空脂的水分含量必须小于 10×10^{-6}，否则将导致空白值升高，低含量样品无法测定。

② 必须保证阴极液的液面比阳极液的液面高，否则测定将无法进行。此时，需要将阳极液从排样口处排出，直到液面低于阴极液液面为止。

四、请您想一想

① 用 CA-06 型电量法卡尔·费休水分测定仪测定溴指数时，经常会遇到哪些异常状况？如何处理？

② 用卡尔·费休水分测定仪测定水分含量时，常见的异常状况有哪些？如何处理？

2.2.2 电位滴定仪故障处理

在自动电位滴定仪组成部件中，自动滴定管、自动阀和搅拌器是三个主要部件。这些主要部件的差异，以及检测方式和控制电路等的变化，使不同的电位滴定仪的异常现象表现形式也存在差异。本节将以 COMTITE-550 型自动电位滴定仪为例，介绍电位滴定仪使用过程中一些常见的异常现象及处理方法。

一、培训准备

(1) 理论准备

了解电位滴定仪的正常工作要求；掌握电位滴定仪的故障处理方法。

(2) 仪器准备

自动电位滴定仪(COMTITE-550 型或其他型号)、万用表、必要维修工具、1mL 卡介苗注射器、电子天平、烧杯(100mL)。

(3) 试剂准备

标准溶液、待测溶液。

二、操作步骤

① 选择好标准溶液并装入仪器试剂瓶。

② 检查操作条件后接通电源，开机操作。

③ 如果开机操作正常，则测定样品，查找异常现象。

④ 参照表 3-2-2，总结出该异常现象发生的可能原因。

表 3-2-2　COMTITE-550 型自动电位滴定仪常见故障及处理

故障现象	可能原因	处理方法
数据丢失	备用电池没电	重新充电或更换电池
方法不连接	1. 方法太多 2. 方法设定错误 3. pH 测定未连接在最后的条件文件 4. 文件间设定不一致	1. 将方法文件减少到 3 个以内 2. 修改方法设定中的错误 3. 将 pH 测定方式连接为最后的条件文件 4. 保持文件间的设定一致
不能正常开机	1. 电源未接通 2. 指示系统损坏 3. 保险丝损坏 4. 仪器内部电路故障	1. 接通仪器电源 2. 更换或维护指示系统 3. 更换保险丝 4. 维护仪器电路或更换必要器件
电极故障	1. 电极接触不良 2. 电极断路 3. 电极短路	1. 重新安装电极 2. 检验并重新连接电极导线 3. 检查电极，必要时更换
排液故障	1. 排液导管堵塞 2. 排液开关失灵 3. 仪器故障	1. 疏通排液导管至清洁 2. 维护或更换排液开关 3. 维护仪器
滴定终点检测不到	1. 终点设定不合理 2. 样品含量过高 3. 电极故障	1. 重新设定滴定终点 2. 减少样品用量 3. 维护或更换电极
不滴定	1. 自动滴定管损坏 2. 管路堵塞 3. 滴定管选择错误 4. 启动键失灵	1. 维护或更换自动滴定管 2. 疏通管路 3. 重新设定滴定管号 4. 维护启动键
测定结果重复性差	1. 搅拌速度过快 2. 进样重复性差 3. 称量误差 4. 测定环境变化大	1. 降低搅拌速度 2. 尽量保证进样量一致 3. 尽量减小称量误差 4. 保持测定环境稳定

⑤ 根据操作的难易程度确定故障原因查找及恢复的顺序，制定完善的解决方案。

⑥ 按照方案实施原因检查，确认后消除产生异常的原因。

⑦ 重新进行试验操作，确认仪器维修效果。

三、给您提个醒

① 滴定操作完成后，应将电极放到电极存放架上，以免仪器运转过程中损伤电极。

② 电极的转向和升降可以通过手动完成。此时，一定要确认仪器未进行其他操作，以免误操作造成仪器故障。

四、请您想一想

① 如果滴定用导管内有气泡，应如何操作仪器进行排出？

② 重新设定滴定终点时，应考虑哪些因素？如何进行选择？

2.2.3　微库仑仪拖尾峰的处理

拖尾峰将影响测定的准确性，延长测定时间，严重时甚至导致测定无法进行。本节内容将以 RPA-200 型微库仑仪为例，讲述氧化微库仑法测定硫含量过程中产生拖尾峰时的仪器处理过程。

一、培训准备

(1) 理论准备

掌握微库仑仪的结构和微库仑仪测定硫含量过程中拖尾峰产生的原因及处理方法。

(2) 仪器准备

微库仑仪(RPA-200型或其他型号)、万用表、必要的维修工具、10μL微量注射器、容量瓶(100mL)、电子天平、棕色细口瓶(250mL)。

(3) 试剂准备

分析用标准样品、冰乙酸、碘化钾、叠氮化钠、氧气、氮气、分析用油样。

二、操作步骤

① 检查确认仪器工作条件。

② 取出石英管，检查是否有样品吸附现象，若有吸附物，则清洗石英管。

③ 检查滴定池，观察池口是否有积炭，电极是否被污染，如果发现有此现象出现，应进行清洗，电极污染严重时应重镀。

④ 检查仪器气路系统，查看是否有漏气现象，有则排除。

⑤ 接通仪器电源，检查加热带，如果不热，则应接通加热带或提高加热带电压。

⑥ 观察加热炉温度，炉温不正常则应关机检查加热炉电路系统，炉温设定偏低则改变设定温度。

⑦ 进行标样分析，如果仍然有拖尾现象，则应按顺序检查偏压→增益→反应气/载气比例→进样速度。

⑧ 检查中发现异常应立即调整，相应的调整方法为：适当增大偏压→适当增大增益→重新调整反应气/载气比例→适当提高进样速度。

⑨ 故障处理完毕，正常操作，检查仪器性能。

⑩ 仪器降温，当温度降到200℃以下时关闭仪器，整理试验台。

三、给您提个醒

① 提高进样速度的过程中，一定要注意观察燃烧状况，因为进样速度增加到一定程度时，将会引起燃烧不充分，从而导致燃烧管和滴定池污染。

② 配制硫电解液的去离子水要保证阻值在2μΩ以上，配好的电解液用棕色瓶在阴暗凉爽处保存，以减少由电解液原因所引起的分析异常。

四、请您想一想

① 造成RPA-200型微库仑仪测定硫含量过程中产生拖尾峰的原因有哪些?

② 炉温不正常的可能原因有哪些? 如何处理?

2.2.4 微库仑仪超调峰的处理

微库仑法测定硫含量过程中,超调峰的出现将使测定时间延长,影响测定的重复性和准确性。

一、培训准备

(1) 理论准备

掌握微库仑仪的结构和微库仑仪测定硫含量过程中超调峰产生的原因及处理方法。

(2) 仪器准备

微库仑仪(RPA-200型或其他型号)、万用表、必要的维修工具、10μL微量注射器、容量瓶(100mL)、电子天平、棕色细口瓶(250mL)。

(3) 试剂准备

分析用标准样品、冰乙酸、碘化钾、叠氮化钠、氧气、氮气、分析用油样。

二、操作步骤

① 检查电源电压，如果波动较大，则将仪器连接在稳压器上。

② 检查确认仪器环境条件，按照正确的仪器操作规程开机操作。

③ 连接滴定池，按顺序检查滴定池池帽→池参比电极→测量电极。

④ 检查中发现异常时的处理方式相应为：更换失效池帽→更换失效池参比电极池或重镀→活化迟钝的测量电极。

⑤ 进行标样分析，如果仍然有超调峰出现，则应按顺序检查进样量→偏压→增益→采样电阻→搅拌速度→载气流量。

⑥ 检查中发现异常应立即对参数进行调整，相应的调整方法为：减小进样量→适当降低偏压→适当减小增益→适当减低采样电阻→适当提高搅拌速度→适当降低载气流量。

⑦ 故障处理完毕，正常操作，检查仪器性能。

⑧ 仪器降温，当温度降到200℃以下时关闭仪器，整理试验台。

三、给您提个醒

① 电极帽表面有锈生成也会引发接触不良，在仪器维护过程中要注意经常擦拭，不用时最好封装保存，以减少与腐蚀性气体的接触。

② 由于测定中各参数之间是互相联系的，因而参数调整的过程有时需要反复进行，其处理过程也不是一成不变的，实际运用中一定要灵活掌握。

四、请您想一想

① 硫含量测定过程中，进样量过大为什么会产生超调现象？

② 搅拌速度太慢造成硫含量测定过程中产生超调峰的原理是什么？

2.2.5 微库仑仪基线噪声的处理

微库仑仪分析过程中，基线噪声将使测定无法找到一个稳定的测定起始偏压，甚至影响积分，使测定无法进行。

一、培训准备

(1) 理论准备

掌握微库仑仪的结构和微库仑仪测定硫含量过程中基线噪声产生的原因及处理方法。

(2) 仪器准备

微库仑仪(RPA-200 型或其他型号)、万用表、必要的维修工具、10μL 微量注射器、容量瓶(100mL)、电子天平、棕色细口瓶(250mL)。

(3) 试剂准备

分析用标准样品、冰乙酸、碘化钾、叠氮化钠、氧气、氮气、分析用油样。

二、操作步骤

① 检查仪器各部分的地线接触是否良好，必要时重新连接。

② 检查确认仪器环境条件，按照正确的仪器操作规程开机，启动仪器升温。

③ 冲洗滴定池，保证电解液量符合要求，然后检查滴定池侧臂是否有气泡，如果有气泡存在，应赶走气泡，重新冲洗滴定池。

④ 连接滴定池，检查池帽接触，如有接触不良现象，则应重新连接、清洗或重焊。

⑤ 进行标样分析，如果基线噪声仍不能消除，则应按顺序检查偏压→增益→电解液

量→电解液是否污染→搅拌速度。

⑥ 检查中发现异常应立即对参数进行调整，相应的调整方法为：适当降低偏压→适当减小增益→添加电解液并保证无渗漏→更换电解液→适当降低搅拌速度。

⑦ 故障处理完毕，正常操作，检查仪器性能。

⑧ 仪器降温，当温度降到200℃以下时关闭仪器，整理试验台。

三、给您提个醒

① 电解液一定要保证新鲜，加入量一定要合理。因为太少将导致铂片受损，太多则使灵敏度降低。

② 搅拌速度太快时，有时会产生碰撞池体的现象，并将产生较大的噪声，甚至危害电极，所以调节搅拌速度应以产生轻微旋涡为宜。

四、请您想一想

① 测定氯含量过程中，为何要避光？

② 测定硫含量过程中，电解液渗漏为什么会引发基线噪声？

2.2.6 微库仑仪回收率低的处理

氧化微库仑法测定硫含量过程中，回收率低将使小含量样品的测定无法完成，影响测定的准确性。

一、培训准备

(1) 理论准备

掌握微库仑仪的结构和微库仑仪测定硫含量过程中回收率低的原因及处理方法。

(2) 仪器准备

微库仑仪(RPA-200型或其他型号)、万用表、必要的维修工具、10μL微量注射器、容量瓶(100mL)、电子天平、棕色细口瓶(250mL)。

(3) 试剂准备

分析用标准样品、冰乙酸、碘化钾、叠氮化钠、氧气、氮气、分析用油样。

二、操作步骤

① 检查确认仪器工作条件。

② 检查石英管和滴定池是否有积炭，有则清洗滴定池，测定前反烧石英管。

③ 检查系统是否有漏气现象，有则消除。

④ 启动仪器，检查炉区设定温度，保证温度控制正确。

⑤ 进行标样分析，如果回收率依然偏低，则应按顺序检查进样针位置→偏压→增益→采样电阻→反应气/载气比例→燃烧状况。

⑥ 检查中发现异常的相应调整方法为：将进样针针头插到高温区→调节偏压适当→适当增加增益→适当增大采样电阻→降低氧气流量或增大氮气流量→减少进样量或提高炉温。

⑦ 故障处理完毕，正常操作，检查仪器性能。

⑧ 仪器降温，当温度降到200℃以下时关闭仪器，整理试验台。

三、给您提个醒

① 关闭氧化微库仑仪时，应先断开滴定池和石英管的连接处，用新鲜的电解液洗涤池体，然后再降温关机。否则可能产生倒吸现象，造成滴定池和裂解管寿命降低。

② 微库仑法测定氯含量时，一定要接加热带，因为盐酸易被凝结在毛细管入口处的水吸收，造成回收率低和峰型间断。

四、请您想一想

① 进行硫含量测定时，如何检验一个滴定池是否合格？

② 偏压调节如何影响 RPA-200 型微库仑仪测定硫含量？

2.2.7 微库仑仪回收率高的处理

氧化微库仑法测定硫含量过程中，回收率偏高将会影响测定的准确性。

一、培训准备

(1) 理论准备

掌握微库仑仪的结构和微库仑仪测定硫含量过程中回收率偏高的原因及处理方法。

(2) 仪器准备

微库仑仪(RPA-200 型或其他型号)、万用表、必要的维修工具、10μL 微量注射器、容量瓶(100mL)、电子天平、棕色细口瓶(250mL)。

(3) 试剂准备

分析用标准样品、冰乙酸、碘化钾、叠氮化钠、氧气、氮气、分析用油样。

二、操作步骤

① 对仪器工作条件进行检查确认。

② 检查石英管口硅橡胶垫是否污染，污染则更换。

③ 按照正确的操作程序启动仪器，进行仪器升温。

④ 检查滴定池是否有污染，污染则清洗滴定池，然后用新鲜的电解液冲洗电解池，保证电解液适量。

⑤ 进行标样分析，如果回收率依然偏高，则应按顺序检查进样量→增益→电解液的量→载气纯度→标样。

⑥ 检查中发现异常的相应调整方法为：保证进样量准确→适当降低增益→补充电解液到适量并保证无渗漏→更换载气→更换标样。

⑦ 故障处理完毕，正常操作，检查仪器性能。

⑧ 仪器降温，当温度降到 200℃以下时关闭仪器，整理试验台。

三、给您提个醒

① 微库仑法测定氯含量时，电极长期使用后，会因卤化银的沉积而迟钝，此时，可用浓氨水或稀硝酸做短时间处理，再用去离子水冲洗活化。

② 微库仑法测定硫含量时，偏压过高需要降低偏压。此时，应先将采样电阻调小，然后再每次适当降低 1~5mV，不可一次降低过多。

四、请您想一想

① 造成 RPA-200 型微库仑仪测定硫含量过程中回收率偏高的原因有哪些？

② 增益调节如何影响微库仑仪测定硫含量？

③ 叙述确定载气不纯的简便方法。

2.2.8 微库仑仪结果不重复的处理

氧化微库仑法测定硫含量过程中，结果不重复，也就是数据的准确性不能保证，数据测定无法进行。

一、培训准备

(1) 理论准备

掌握微库仑仪的结构和微库仑仪测定硫含量过程中测定结果不重复的原因及处理方法。

（2）仪器准备

微库仑仪（RPA-200型或其他型号）、万用表、必要的维修工具、10μL微量注射器、容量瓶（100mL）、电子天平、棕色细口瓶（250mL）。

（3）试剂准备

分析用标准样品、冰乙酸、碘化钾、叠氮化钠、氧气、氮气、分析用油样。

二、操作步骤

① 检查确认仪器工作条件。

② 测试电源电压，如果发现波动较大，则将仪器连接在稳压器上使用。

③ 检查系统是否有漏气现象，有则排除。

④ 接通仪器电源，检查加热带，如果不热，则应接通加热带或提高加热带电压。

⑤ 冲洗滴定池，保证参考电极无气泡，确认滴定池中有适量的电解液。

⑥ 测试参比电极，失效时应重镀或更换。

⑦ 确保搅拌器工作正常。

⑧ 观察加热炉温度，炉温不正常则应关机检查加热炉电路系统。

⑨ 进行标样分析和样品分析，如果仍然有测定结果不重复现象，则标样分析阶段检查电解液量，样品分析阶段检查电解液量→样品状况。

⑩ 检查中发现异常应立即调整，相应的调整方法为：补充电解液到适量，并保证无渗漏→将样品混合均匀。

⑪ 故障处理完毕，正常操作，检查仪器性能。

⑫ 仪器降温，当温度降到200℃以下时关闭仪器，整理试验台。

三、给您提个醒

① 微库仑法测定硫含量时，燃烧管应定期进行反烧（将氮氧气路反接），这样可以消除燃烧管积炭，延长使用寿命。

② 搅拌器开关门要小心，因为磁力搅拌器有吸引力，可能因为振动过大，损坏裂解管或滴定池。

四、请您想一想

① 简述硫含量测定过程中，增益调节与偏压调节的关系。

② 搅拌器不工作造成测定结果不重复的原因是什么？

2.3 方案设计

2.3.1 编写仪器操作规程

操作规程是分析化验工作过程中指导实际操作的技术性文件。分析工作中，一个完善的操作规程可以指导一次试验操作的全过程，并提示出过程中需要注意的问题。

一、要求

编写卡尔·费休一般滴定装置测定油样中水分的操作规程。

二、提示

编写的操作规程应包含如下内容：

① 方法的适用范围；

② 试验中所有溶液的配制方法；

③ 仪器操作的具体步骤；

④ 标准曲线的制作方法或仪器调整、标样分析的方法步骤；

⑤ 样品分析的方法步骤；

⑥ 数据处理的方法；

⑦ 结果报出的原则；

⑧ 试验过程中的注意事项。

2.3.2 未知样品水分测定分析方案设计

通过设计测定一个未知样品水分含量的分析方案，可以使我们对水分分析的方法原理、仪器功用、技术要素等知识进行系统掌握、合理选择。

一、要求

设计一个用电量滴定法测定油品试样中水分含量的分析方案。

二、提示

设计方案中应包含如下内容：

① 您所了解的样品的性质，如样品名称、外观、影响分析的样品属性等。

② 试验方法选择依据及试验原理。

③ 分析仪器及相应的仪器备件。

④ 试验中需要的试剂和材料，对于其中的溶液，要包括具体的浓度要求和配制方法。

⑤ 根据仪器的正确操作方法，结合选择方法的试验原理，制定出正确的分析步骤，如：仪器准备；样品初步检验；试验条件选择；样品分析等。

⑥ 结果处理方法。

⑦ 仪器使用及试验操作的注意事项。

⑧ 分析方案试验验证情况。

⑨ 方案的可行性报告。

三、请您想一想

① 采用卡尔·费休法测定水分含量时，如何确定样品的量？

② 如果试验样品为固体，仪器选择应如何改变？

2.3.3 未知样品微库仑法测定硫含量的分析方案设计

通过设计测定未知样品硫含量的分析方案，可以使我们更全面地了解硫含量测定的方法途径，对硫含量测定的方法原理、仪器功用、技术要素等知识进行系统掌握、合理选择。

一、要求

设计一个用氧化微库仑法测定油品试样中硫含量的分析方案。

二、提示

设计方案中应包含如下内容：

① 样品的基本情况，如样品名称、是否含水、氯含量、氮含量等可能影响分析测定的因素。

② 试验方法选择依据及试验原理。

③ 分析仪器及相应的仪器备件。

④ 试验中需要的试剂和材料，对于其中的溶液，要包括具体的浓度要求和配制方法。

⑤ 根据仪器的正确操作方法，结合选择方法的试验原理，制定出正确的分析步骤，如：仪器准备；标样选择；试验条件选择；回收率测定；样品分析等。

⑥ 结果处理方法。

⑦ 仪器使用及试验操作的注意事项。

⑧ 分析方案试验验证情况。

⑨ 方案的可行性报告。

三、给您提个醒

① 样品中的氯和氮如何干扰氧化微库仑法硫含量测定？

② 如果试验样品为气体，仪器选择应如何改变？

第3章　光谱分析

3.1　仪器使用与维护

3.1.1　分光光度计指示灯故障处理

分光光度计的指示灯是试验前判断仪器状态是否正常最直接的一条路径。由于目前分光光度计的型号种类较多，所以故障现象和处理方法也不相同，这里主要介绍721型分光光度计指示灯故障的处理。

一、培训准备

(1) 理论准备

了解分光光度计的结构，掌握分光光度计指示灯不亮的原因及处理方法。

(2) 仪器准备

分光光度计(721型或其他型号)、吸量管。

(3) 试剂准备

比色溶液。

二、操作步骤

① 检查确认仪器工作条件，按照正常顺序开机。

② 检查确认仪器故障现象的表现方式。

③ 如果表现为指示灯不亮，则确定检查路线方式为：指示灯与灯座之间的接触状况→指示灯是否损坏→电源变压器初级线圈中6V输出线是否断开。

④ 检查中发现故障应立即排除，相应的排除方法为：沿顺时针方向旋紧指示灯→更换同规格指示灯→重新焊接或绕制。

⑤ 如果表现为指示灯和光源都不亮，则确定检查路线方式为：保险丝是否完好→电源开关是否接触不良→电源开关是否损坏→电源变压器初级线圈是否断开。

⑥ 检查中发现故障应立即排除，相应的排除方法为：更换同规格保险丝→解决接触问题→更换同型号开关→更换变压器或重新绕制。

⑦ 故障处理完毕，正常操作，检查仪器性能。

⑧ 关闭分光光度计，整理试验台。

三、请您想一想

指示灯和电源灯都不亮，是否可能存在指示灯不亮的故障原因？

3.1.2　721型分光光度计电流表故障的处理

分光光度计电流表故障是721型分光光度计在使用过程中的一种较为常见的故障现象，这里简单介绍其常见的故障种类及相应的处理方法。

一、培训准备

(1) 理论准备

了解分光光度计的结构；掌握分光光度计电流表故障的表现形式及处理方法。

（2）仪器准备

分光光度计(721 型或其他型号)、吸量管。

（3）试剂准备

比色溶液。

二、操作步骤

① 检查确认仪器工作条件，按照正常顺序开机。

② 检查确认电流表故障的具体表现方式。

③ 根据现象总结出相应的原因，参见表 3-3-1，并制定出检查方案。

表 3-3-1　721 型分光光度计电流表故障及处理

故障现象	可能原因	处理方法
电流表指针不偏转	1. 电流表活动线圈不通 2. 仪器内部放大系统导线有脱焊或断线	1. 更换同规格电表或修理线圈 2. 查出脱焊或断线处，重新焊接
光电管光门未打开时指针偏至 100%，无法调回 0 位	光电管暗盒内硅胶受潮	更换或烘干硅胶，或用电风机向硅胶筒送入干燥热风
接通电源后，指针偏向 0 位以下，调零电位器无法调回 0 位	1. 调零电位器已坏 2. 七芯插头、插座脱落 3. 放大器电路系统中有脱焊或元件损坏之处	1. 更换电位器 2. 将脱落处重新焊接 3. 检查放大器，重新焊接或更换
变换灵敏挡，电表 0 位相差较大	硅胶受潮	更换或烘干
电表指针摇晃不定，光门开启时晃动得更厉害	1. 温压电源失灵 2. 光源灯附近有严重的气浪波动 3. 光电管暗盒受潮 4. 光门机械元件松动或弹簧变形	1. 找出损坏元件并更换 2. 减小气体流动 3. 更换硅胶或吹干暗盒 4. 更换元件
仪器使用中 0 点经常变化	1. 电表性能太差 2. 调零电位器接触不良 3. 光电管光门漏光	1. 更换电表 2. 更换调零电位器 3. 黑布等遮光或排除漏光处
仪器使用中 100%处经常变化	1. 光源不稳定 2. 光电管暗盒内硅胶受潮 3. 机箱变形 4. 比色槽定位不精密 5. 光源灯玻璃泡部分和金属灯头部分松动 6. 比色皿安放位置不一致或有溶液溢出	1. 检修稳压器 2. 更换硅胶 3. 对机箱整形或更换光门顶杆 4. 重新校正比色槽定位安装部件 5. 更换灯泡 6. 用擦镜纸擦拭或重新定位
调节 100%旋钮时指针不变化或乱动	1. 多圈电位器损坏或旋钮与多圈电位器松脱 2. 指针被卡住 3. 电位器接触不良或结钩松脱	1. 更换多圈电位器或重新修好 2. 修理电表 3. 更换电位器

④ 检查中发现故障应立即排除。

⑤ 故障处理完毕，正常操作，检查仪器性能。

⑥ 关闭分光光度计，整理试验台。

三、请您想一想

故障处理完毕后进行测试试验的目的包括哪些?

3.1.3 红外吸收光谱的一般操作

红外吸收光谱是鉴别化合物和确定物质分子结构的常用方法。它是以光源辐射出来的不同波长红外线透过样品并对其强度进行测定，通过扫描产生的红外光谱对样品进行定性或定量分析。

一、培训准备

(1) 理论准备

了解红外吸收光谱的基本原理；掌握红外分光光度计操作方法。

(2) 仪器准备

红外分光光度计(IR-408 型或相当)。

(3) 试剂准备

标准样品、参比样品。

二、操作步骤

① 打开红外分光光度计电源并进行预热，8min 后打开光源开关。

② 调节图形波数标尺到 4000cm^{-1}。

③ 调节扫描速度到设定值。

④ 慢慢关闭遮光器，调节透过率零点。打开遮光器，调节透过率 100%。

⑤ 放入标准样品和参比样品，进行扫描绘图。

⑥ 完成扫描后，按次序复原样品遮光板、参比遮光板、光源开关、主机开关。

三、请您想一想

① 红外光谱的样品制备是一个非常重要的操作。固体样品一般有几种制备方法？都怎么制备?

② 如何利用内标法测定固体样品中的组分含量?

3.1.4 红外吸收光谱仪的日常维护

红外吸收光谱仪是实验室中比较大型的分析仪器，作为一台贵重的分析仪器，其安装、使用都有很多特殊的要求。

一、培训准备

(1) 理论准备

了解红外吸收光谱的基本原理；掌握红外吸收光谱仪的使用维护方法。

(2) 仪器准备

红外光谱仪(AVATAR360 型或相当)、仪器操作说明书。

二、操作步骤

(1) 安装条件检查

红外吸收光谱仪所在实验室内应该装有温湿度控制装置，如空调等。同时控制湿度要小于 60%。安装仪器的试验台要牢固防震。

(2) 电气条件检查

检查红外吸收光谱仪稳压电源是否工作正常，接地是否良好，仪器附近是否有大功率电磁设备。

(3) 更换光源

更换仪器光源，动作要小心轻柔，避免折断。设定合适的灯电流，应该在满足要求的情况下尽量小。

(4) 仪器维护

用合适的润滑剂润滑仪器传动部件；

按照仪器说明书检查仪器性能。

三、请您想一想

你所用的红外光谱仪是什么型号？有什么操作须注意的事项？

3.1.5 原子吸收分光光度计的基础操作

现有的常见原子吸收分光光度法分析包括火焰原子吸收分光光度法、石墨炉原子吸收分光光度法和流动注射原子吸收分光光度法。原子吸收分光光度计的种类和型号也极其繁多。本节将以石墨炉原子吸收分光光度法为例，结合具体型号的原子吸收分光光度计来叙述原子吸收分光光度计的使用。

一、培训准备

(1) 理论准备

了解原子吸收分光光度计的测定原理；掌握原子吸收分光光度计的一般操作。

(2) 仪器准备

原子吸收分光光度计(AA-7000 型或相当其他型号)、自动进样器、仪器说明书等。

(3) 试剂准备

铜标准溶液、被测样品、硝酸(优级纯)。

二、操作步骤

(1) 开机操作

① 检查仪器设备状态符合试验要求；

② 接通氩气和空气；

③ 按照正确的顺序接通电源，启动仪器；

④ 启动分析程序软件，进入分析操作状态。

(2) 分析方法的建立

① 阅读仪器说明书，查找铜分析所需的推荐使用条件；

② 将推荐条件和标准溶液浓度输入方法文件中，并保存文件。

(3) 样品测定

① 将标准溶液和空白溶液放在与方法对应的位置；

② 打开方法文件，输入样品个数和位置；

③ 将样品放在设定的位置上；

④ 进入分析画面，启动分析程序，测定样品；

⑤ 分析完毕，按正确顺序关闭仪器。

(4) 记录

将操作记录填在表 3-3-2 中。

表 3-3-2　操作记录表

空气泵压力		氩气二次压力	
灯电流		狭缝宽度	
波　长		测定方式	
进样体积		升温程序	
样 品 测 定			
测定结果	第一次测定结果		第二次测定结果
平均值			

三、给您提个醒

① 使用空气泵时，应等待空气泵压力达到设定值后再启动仪器。

② 测量开始前，空心阴极灯应充分预热，以便得到稳定的光源。

四、请您想一想

火焰原子吸收分光光度法与石墨炉原子吸收分光光度法有何区别？

3.2　光谱分析方法的应用

3.2.1　原子吸收法测定精制水中的铜

精制水中的铜含量很小，如果采用标准曲线法，配制标准溶液本底所带来的误差就很大。因此，采用标准加入法来消除可能存在的本底干扰。

一、培训准备

(1) 理论准备

了解原子吸收分光光度计及石墨炉的原理和使用方法；掌握标准加入法应用。

(2) 仪器准备

原子吸收光谱仪(AA-7000 型或相当其他型号)、仪器操作说明书、容量瓶、吸量管、移液管。

(3) 试剂准备

99.999%氩气、铜标准溶液(1.0μg/mL 铜，酸性，使用前配制)、硝酸溶液(1∶4)。

二、操作步骤

(1) 仪器开机预热

检查冷却水、氩气、空心阴极灯、电源情况正常后开机。正确设定灯参数、仪器参数、石墨炉参数、自动进样器参数并预热。

(2) 标准溶液配制

在 5 个 50mL 容量瓶中，各加入约 25mL 样品精制水和 1mL 硝酸溶液，然后依次加入 0.00mL、1.00mL、2.00mL、3.00mL、4.00mL 铜标准溶液，最后用样品精制水定容摇匀。

(3) 测定

待仪器稳定，净化石墨炉后，分别测定 5 瓶标准溶液的吸光度填入表 3-3-3。

表 3-3-3　操作数据记录表

铜标液用量/mL	0.00	1.00	2.00	3.00	4.00
铜含量/μg	0.00	1.00	2.00	3.00	4.00
吸光度(*A*)					

按照仪器要求关闭原子吸收分光光度计。

(4) 绘图与计算

以吸光度为纵坐标，铜含量为横坐标作图，绘制标准加入曲线。将直线外推到与横坐标相交，交点到原点的距离在横坐标上对应的浓度就是样品精制水中的铜含量(μg)。

样品精制水中铜的浓度可用下面的公式计算

$$c_{Cu} = \frac{c_x}{V}$$

式中 c_x——样品精制水中的铜含量，μg；

V——样品精制水的用量，L(即 50mL，0.05L)。

三、给您提个醒

采用的试剂应不含有铜杂质，少量的铜杂质都可能带来较大的误差。

四、请您想一想

① 对不同浓度的样品，如何选择合适的标液浓度和加入量?

② 为什么要加入硝酸?

③ 如何净化石墨炉?

④ 仪器如何调零?

3.2.2 原子吸收测定石脑油中的铜

本节内容将着重阐述利用石墨炉测定石脑油中微量铜的方法。本方法将油样用碘氧化，然后用硝酸萃取，采用石墨炉法进行测定。

一、培训准备

(1) 理论准备

了解原子吸收分光光度计和石墨炉的工作原理，掌握测定石脑油中铜含量的方法。

(2) 仪器准备

原子吸收分光光度计(AA-7000 型或其他型号)、自动进样器、循环水浴、分液漏斗、移液管、量筒等。

(3) 试剂准备

氩气、纯铜丝、测定用石脑油、硝酸、碘-甲苯溶液(1.0g 碘溶于 100mL 甲苯中)、1mg/mL 铜储备液[称 0.250g 纯铜用 5mL(1+1)硝酸溶解，然后用 1%(体积分数)硝酸稀释到 250mL]。

二、操作步骤

(1) 开机操作

① 检查仪器设备状态符合试验要求；

② 接通氩气和空气；

③ 按照正确的顺序接通电源，启动仪器。

(2) 启动分析程序软件，进入分析操作状态。

根据表 3-3-4 内容确定仪器工作条件。

表 3-3-4 仪器工作条件

波长/nm	327.4	灯电流/mA	9
狭缝/nm	0.2	测定方式	贝克曼校正

根据表 3-3-5 内容输入石墨炉温度程序。

表 3-3-5　石墨炉温度程序表

项目分类		温度/℃	升温时间/s	保持时间/s	内管流量/(mL/min)
Cu	进　样	110	1	30	250
	干　燥	150	15	30	250
	灰　化	1220	10	20	250
	原子化	2200	0	5	0
	热清洗	2450	1	3	250

(3) 标准曲线的制作

① 用铜储备液制备系列浓度的铜标准溶液。

② 在试验方法设定状况下设定空白、标样位置，选择合适的进样量。然后将空白溶液和配制好的标准溶液放在对应的位置上。等待样品处理完毕后测定。

(4) 样品的测定

① 准确测定油样密度。

② 量取 200mL 油样于 1000mL 分液漏斗中，加 2mL 碘振荡，然后用 5%硝酸 5mL 振荡萃取。

③ 将萃取液底层放入烧杯，仔细除去浮油，倒入自动进样小烧杯内。

④ 打开方法文件，设定状态下输入样品个数和位置。

⑤ 将样品放在设定的位置上。

⑥ 进入分析画面，启动分析程序，测定自动完成。

⑦ 分析完毕，按正确顺序关闭仪器。

⑧ 关闭气路，整理试验台。

(5) 记录

将结果记录在表 3-3-6 中。

表 3-3-6　操作结果记录表

<table>
<tr><td>空气泵压力</td><td></td><td>氩气二次压力</td><td></td></tr>
<tr><td rowspan="2">样品测定结果</td><td colspan="2">第一次测定值</td><td>第二次测定值</td></tr>
<tr><td colspan="2"></td><td></td></tr>
<tr><td>平均值</td><td colspan="3"></td></tr>
</table>

三、给您提个醒

① 样品测定过程中要注意防止辐射。

② 标准曲线在标准样品测定后自动生成。

四、请您想一想

如何用石墨炉原子吸收分光光度法测定石脑油中铅含量?

3.2.3　原子吸收测定精对苯二甲酸产品中的铬

依据 GB/T 30921.2—2016《工业用精对苯二甲酸(PTA)试验方法　第 2 部分：金属含量的测定》。

在规定的条件下，将样品点火燃烧，再在 750℃下灰化 45min，之后加入硫酸，加热直到没有白烟产生，加热溶解后用蒸馏水稀释到要求体积。用原子吸收法测定其中的铬含量。

一、培训准备

(1) 理论准备

了解石墨炉原子吸收分光光度计的工作原理；掌握原子吸收分光光度法测定精对苯二甲

酸产品中铬含量的测定方法。

(2) 仪器准备

原子吸收分光光度计(AA-7000型或其他型号)、铂坩埚、容量瓶、移液管、可调式电炉、马弗炉、坩埚钳等。

(3) 试剂准备

氩气、硫酸溶液(1+1)、无水乙醇(优级纯)、铬标准储备液(1000×10^{-6})、测定用精对苯二甲酸样品。

二、操作步骤

(1) 开机操作

① 检查仪器设备状态符合试验要求;

② 接通氩气和空气;

③ 按照正确的顺序接通电源,启动仪器。

(2) 启动分析程序软件,进入分析操作状态

根据表3-3-7内容设定仪器工作条件。

表3-3-7 仪器工作条件

波长/nm	359.3	灯电流/mA	10
狭缝/nm	1.3	测定方式	贝克曼校正

根据表3-3-8内容输入石墨炉温度程序。

表3-3-8 石墨炉温度程序表

项目分类		温度/℃	升温时间/s	保持时间/s	内管流量/(mL/min)
Cr	进样	60	1	30	250
	干燥	90	15	30	250
	灰化	700	10	20	250
	原子化	3000	0	5	0
	热清洗	3000	1	3	250

(3) 标准曲线的制作

① 用铬储备液制备系列浓度的铬标准溶液。

② 在试验方法设定状况下设定空白、标样位置,选择合适的进样量。然后将空白溶液和配制好的标准溶液放在对应的位置上。等待样品处理完毕后测定。

(4) 样品的测定

① 用洁净干燥的铂坩埚称取(50±0.1)g精对苯二甲酸样品,吸取1~2mL无水乙醇均匀地滴加在试样表面,将坩埚放在可调式电炉上加热,待试样冒烟,马上用燃烧的滤纸点燃试样,调节电炉功率,防止火焰过大,使试样慢慢地燃烧炭化。

② 燃烧停止后,将坩埚放入马弗炉,设定温度为(750±25)℃,灼烧灰化45min。

③ 取出铂坩埚,冷却后,沿铂坩埚内壁周围滴入5mL硫酸溶液,把坩埚置于可调式电炉上缓缓加热,使液体处于亚沸或微沸状态下挥发,加热过程中轻轻摇动坩埚2~3次,至溶液恰好蒸干。

④ 沿铂坩埚内壁周围加入1mL硫酸溶液,用少量水冲洗内壁,再置于可调式电炉上加热片刻,轻轻摇动坩埚数次,然后取下坩埚冷却。

⑤ 将溶液转移至 50mL 的容量瓶中，用蒸馏水稀释到刻度，摇匀。此为试样溶液。

⑥ 与此同时，在另一只铂坩埚中滴加 1~2mL 无水乙醇，在可调式电炉上蒸干，再按步骤②~⑤同样处理，此为空白溶液。

⑦ 打开方法文件，设定状态下输入样品个数和位置。

⑧ 将样品放在设定的位置上。

⑨ 进入分析画面，启动分析程序，测定自动完成。

⑩ 分析完毕，按正确顺序关闭仪器。

⑪ 关闭气路，整理试验台。

（5）记录

将结果记录在表 3-3-9 中。

表 3-3-9　操作结果记录表

空气泵压力		氩气二次压力	
样品测定结果	第一次测定值		第二次测定值
平均值			

三、给您提个醒

① 通风橱一定要符合标准。

② 标准样品的最大浓度一定要高于样品中的铬含量。

四、请您想一想

测定精对苯二甲酸中的 Mg 元素一般采用什么方法？为什么？

3.2.4　红外法水中油含量的测定

依据 HJ 637—2018《水质　石油类和动植物油类的测定　红外分光光度法》。

水样在 pH≤2 的条件下用四氯乙烯萃取后，经红外光照射，油类含量由在波数分别为 $2930cm^{-1}$、$2960cm^{-1}$、$3030cm^{-1}$ 处的吸光度，根据校正系数进行计算。

一、培训准备

（1）理论准备

掌握红外吸收光谱的基础知识及红外测油仪的使用方法。

（2）仪器准备

红外测油仪或红外分光光度计、石英样品池（4cm）、烧杯、移液管、分液漏斗、玻璃漏斗、水平振荡器等。

（3）试剂准备

四氯乙烯、盐酸溶液（1+1）、无水硫酸钠、玻璃棉、广泛 pH 试纸。

二、操作步骤

① 按使用操作说明打开红外测油仪并预热。

② 采集约 500mL 水样后，加入盐酸溶液（1+1）酸化至 pH≤2。

③ 将样品转移至 1000mL 分液漏斗中，量取 50mL 四氯乙烯洗涤样品瓶后，全部转移至分液漏斗中，充分振荡 2min，并经常开启旋塞排气，静置分层。

④ 用镊子取玻璃棉置于玻璃漏斗，取适量的无水硫酸钠铺于上面；打开分液漏斗旋塞，将下层有机相萃取液通过装有无水硫酸钠的玻璃漏斗放至 50mL 比色管中，用适量四氯乙烯

润洗玻璃漏斗，润洗液合并至萃取液中，用四氯乙烯定容至刻度。将上层水相全部转移至量筒，测量样品体积并记录。

⑤ 用试验用水加入盐酸溶液(1+1)酸化至 pH≤2，按照和试样制备③④相同的步骤进行空白试样的制备。

⑥ 将萃取液转移至 4cm 石英比色皿中，以四氯乙烯作参比，于 $2930cm^{-1}$、$2960cm^{-1}$、$3030cm^{-1}$ 处测量其吸光度 A_{2930}、A_{2960}、A_{3030}。同时进行空白测定。

⑦ 根据校正系数计算样品中油类的质量浓度。

三、请您想一想

如何配制标准油样品？如何检验仪器的校正系数？

3.2.5 电感耦合等离子体发射光谱法(简称 ICP 法)

依据标准 HG/T 2778—2020《高纯盐酸》中 6.4.2。

样品经稀释处理后，在不同波长下测定光谱强度，用标准加入法进行定量计算。

一、培训准备

(1) 理论准备

掌握 ICP 的基础知识及电感耦合等离子体发射光谱仪的使用方法。

(2) 仪器准备

电感耦合等离子体发射光谱仪、容量瓶(50mL，聚乙烯材质)、移液管(1mL、2mL、5mL，聚乙烯材质)等。

(3) 试剂准备

高纯氩气、钙储备标准溶液(0.1mg/mL)、镁储备标准溶液(0.1mg/mL)、铁储备标准溶液(0.1mg/mL)、水(GB/T 6682 中二级水或相当纯度的水)、高纯盐酸样品等。

二、操作步骤

(1) 准备

① 将储备标准溶液分别稀释为使用标准溶液：钙标准溶液(2μg/mL)、镁标准溶液(1μg/mL)、铁标准溶液(5μg/mL)。

② 用移液管量取 10mL 试样，置于 4 个 50mL 聚乙烯容量瓶中，分别加入上一步钙、镁、铁标准溶液 0.0mL、1.0mL、2.0mL、4.0mL 用水稀释至刻度，摇匀。

(2) 测定

① 根据不同仪器，按使用操作说明打开 ICP 仪并点燃等离子体。

② 根据不同仪器优化操作条件，选择元素测定波长(推荐按表 3-3-10 选择)。

表 3-3-10 钙镁铁元素的测定波长

元素	钙	镁	铁
测定波长/nm	393.366	279.553	259.940

③ 按仪器操作说明进样，根据提示输入相关数据，仪器给出各元素的浓度。

④ 试验完毕，按正确顺序关闭仪器，整理试验台。

(3) 计算

钙镁铁含量按以下公式计算，单位用 mg/L 表示：

$$X=\frac{c\times 50}{10}$$

式中　c——仪器给出被测溶液中元素（Ca、Mg、Fe）的浓度，mg/L；

50——容量瓶的体积，mL；

10——移取试样的体积，mL。

三、给您提个醒

① 试验中使用的器皿使用完毕后应用5%硝酸清洗，单独保存、专用；且试验中涉及的试剂均应为优级纯及以上等级试剂。

② 试验完毕后，需使用5%硝酸对进样管线进行20min清洗，然后再用纯水清洗20min，熄火后过2min关闭冷却水循环水，再过30min关氩气。

③ 进样前应检查ICP仪进样蠕动泵状态，确保进样流量稳定。

④ 仪器运行情况下，不要打开防护罩，注意防触电、防高温、防紫外线。

四、请您想一想

① ICP分析与原子吸收光谱分析相比有什么优势？

② 试验中器皿为什么使用聚乙烯材质？

第4章　色谱分析

4.1　仪器结构与操作

4.1.1　色谱柱的装填

填充柱色谱具有柱容量大、稳定的优点。实验室中，填充柱通常是现场制备的。正确装填色谱柱，可以得到更好的分离效果和分析准确度。

一、培训准备

(1) 理论准备

了解担体和固定液的相关知识；掌握固定液的涂渍方法及色谱柱的装填老化方法。

(2) 仪器准备

色谱仪、工作站、不锈钢色谱柱(2m)、真空泵、红外灯、量筒、烧杯、三通玻璃活塞、缓冲瓶。

(3) 其他准备

色谱固定液(如邻苯二甲酸二壬酯)、担体(80~100目，如6201红色担体)、固定液溶剂(如乙醚)、5%~10%的NaOH溶液、玻璃棉、细纱布等。

二、操作步骤

(1) 色谱柱的准备

① 堵住色谱柱的一端，在另一端加上与使用压力相当的载气，将色谱柱全部浸入水中，检查色谱柱是否漏气。

② 用热的NaOH溶液洗涤4~5次，去除管内的油渍和污物。

③ 用蒸馏水冲洗色谱柱至中性后烘干。

(2) 固定相制备

① 选用适量的80~100目的担体(可用80目和100目的筛子进行筛分)。

② 根据担体用量和固定液涂渍比，计算并量取固定液于100mL烧杯中。加入20mL固定液溶剂，混合均匀至完全溶解。

③ 将担体慢慢倒入烧杯，轻轻摇动，让担体刚好浸在液面下。

④ 将烧杯放在通风橱中自然挥发，适时摇动，避免结块。

⑤ 待担体接近干燥后，将烧杯用红外灯烘烤，并经常拍打摇动，避免结块，直到担体完全干燥，无溶剂气味。

⑥ 如担体有轻微结块情况，可用筛子重新筛分。

(3) 色谱柱的装填

① 将干燥好的色谱柱一端塞入适量的玻璃棉，用细纱布数层包住管口。用真空管经缓冲瓶与真空泵连接。

② 开启真空泵，给色谱柱减压抽气。

③ 色谱柱另一端连接小漏斗，采用少量多次的办法，向色谱柱中加入制备好的固定相。加入过程中要不断轻轻敲击色谱柱，以便于填充均匀。

④ 当漏斗中固定相不再下降时，视为柱子已经装满。

⑤ 将三通活塞通大气，关闭真空泵，去掉漏斗，取下色谱柱。

⑥ 从漏斗端倒出少量固定相，塞入适量的玻璃棉，并做好标记。

(4) 色谱柱的老化处理

① 将色谱柱标记端与载气连接，装入色谱仪，注意不要连接检测器。检测器端可以用细连接管连接后排大气，以避免玻璃棉被吹出，损失固定相。

② 开启色谱仪载气，在低流速下供载气(10~15mL/min)。

③ 以较低的升温速度使柱箱温度升到比固定液最高使用温度低20~30℃的温度下(注意应比实际使用温度高10℃以上)。例如采用邻苯二甲酸二壬酯，应在100~110℃左右。

④ 在此温度下维持适当时间(如4~8h，最好过夜)。

⑤ 冷却后，连接色谱柱与检测器，再次升温，检查基线。

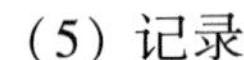

⑥ 保持老化温度，直到升温过程中的基线平直度满足要求。

(5) 记录

记录色谱柱编号、制备日期、柱材料、长度、内径、担体名称、规格和用量、固定液名称和用量、溶剂、担体处理方法、涂渍方法、老化温度等相关信息，保存在适当位置，以便于查询。

三、给您提个醒

① 红外灯烘烤时注意温度不能过高，避免损害固定液或发生火灾危险。

② 装填振荡时不能用力过猛，避免担体破碎。

③ 部分固定相(如聚乙二醇PEG)对温度和空气很敏感，不能使用红外灯进行烘干。

四、请您想一想

为什么老化色谱柱时，先不连接检测器?

4.1.2 色谱仪进样口的维护

色谱进样口有时会因为各种原因发生污染，这时候就需要对进样口进行拆洗或者更换衬管和石英棉。拆洗进样口之前，应该让色谱仪停机充分冷却，如果是毛细管色谱柱，还要先断开毛细管与进样口的连接，待完成更换或清洗后，重新连接毛细管和进样口。

一、培训准备

(1) 理论准备

了解色谱仪进样口的内部结构及进样口的工作原理；掌握清洗进样口的方法。

(2) 仪器准备

色谱仪、分流不分流进样口、色谱安装工具等。

二、操作步骤

(1) 色谱状态的检查

清洗前，色谱仪应断开电源、切断载气，进样口冷却充分。

(2) 进样口的拆卸

① 如图3-4-1所示，断开色谱仪毛细管柱与分流不分流进样口的连接。

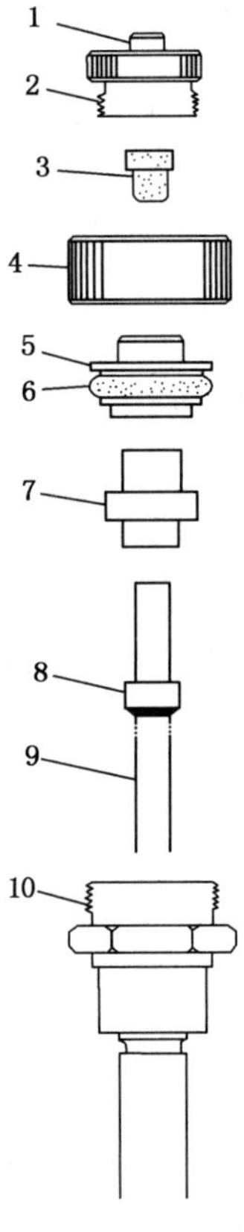

图3-4-1 GC-14B型分流不分流进样口结构

1—导针孔；2—胶垫紧固螺栓；3—进样胶垫；4—衬管紧固螺母；5—密封环；6—O形密封环；7—衬管固定箍；8—石墨箍；9—玻璃衬管；10—进样口主体

② 取下衬管紧固螺母 4，将密封环 5 向上推，让 O 形环 6 暴露出来。

③ 用镊子取出金属固定箍 7。

④ 用镊子取出带有石墨箍 8 的玻璃衬管 9。

⑤ 取下石墨箍和衬管内的石英棉。

(3) 衬管的清洗

① 用丙酮浸泡衬管 12~18h，去除有机污染物。

② 用蒸馏水清洗衬管，用超声波清洁器去除残余污染物。

③ 烘干并冷却衬管待用。

(4) 玻璃衬管的安装

① 取合适量的新的石英棉加入玻璃衬管中央位置。

② 将石墨箍轻轻套上衬管。

③ 用镊子将衬管轻轻放入进样口并调整到合适位置。

④ 用镊子放入金属箍固定器。

⑤ 检查 O 形环状态，如有损坏，更换 O 形环。

⑥ 放好密封环和 O 形环。

⑦ 拧紧固定螺母，安装好上面的进样胶垫。

⑧ 正确连接毛细管柱和进样口。

(5) 进样口的老化

正常开启色谱仪，检查色谱仪基线情况。如果基线有波动，则适当老化进样口。当基线满足分析要求，可视为进样口处理合格。

三、请您想一想

① 您使用的色谱仪进样口结构是什么样的，应该如何进行清洗?

② 如何判断进样口已经污染，需要进行清洗?

4.1.3 色谱仪 FID 检测器的维护

长时间运行或者其他原因，可能造成 FID 喷嘴的污染甚至堵塞。污染较轻时，可以通过老化来解决问题；污染较重时，就需要对 FID 喷嘴进行清洗、疏通或者更换。

一、培训准备

(1) 理论准备

了解 FID 的结构(图 3-4-2)、工作原理；掌握 FID 的清洗方法。

(2) 仪器准备

色谱仪、FID 检测器、色谱安装工具等。

二、操作步骤

(1) 色谱状态的检查

清洗前，色谱仪应断开电源、切断载气，检测器冷却充分。

(2) 检测器的拆卸

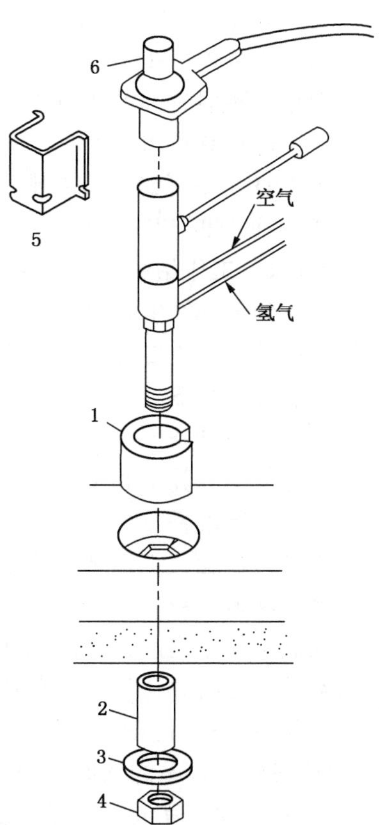

图 3-4-2 GC-14B 型色谱仪 FID 结构

1—绝缘衬；2—固定衬；3—垫圈；4—螺母；5—保护板；6—池帽

① 如果色谱仪使用了毛细管色谱柱，应首先断开毛细管柱与检测器的连接。

② 取下 FID 上的保护罩。

③ 取下色谱仪上部盖板和保温棉，让 FID 充分暴露出来。

④ 取下 FID 收集极和信号电缆，让 FID 的喷嘴暴露出来。注意不要污染收集极。

⑤ 用小扳手将 FID 的喷嘴取下。如果转动困难，可以先取下带缺口的保温套。

(3) 喷嘴的清洗

① 用丙酮浸泡喷嘴 12~18h，去除有机污染物。

② 用蒸馏水清洗喷嘴，用超声波清洁器去除残余污染物。

③ 低温烘干并冷却喷嘴待用。

(4) 喷嘴的安装

① 轻轻装回喷嘴，并用小扳手拧紧。

② 逐件装回保温套、收集极、信号电缆。注意保证收集极中的高压电源卡口与喷嘴充分接触，不要将收集极反向安装。

③ 恢复色谱仪上部保温棉和盖板，放好保护套。

④ 如果是毛细管柱，重新连接毛细管柱与 FID。

⑤ 开启色谱仪，检查色谱仪基线情况。如果基线有波动，则适当老化 FID 到基线平直。

三、给您提个醒

老化检测器时，可适当选用较高温度加快老化速度。

四、请您想一想

① FID 污染可能会带来哪些色谱故障?

② 如何判断 FID 已经被污染，需要处理?

4.1.4 工作站的安装与调试

考虑到工作站电脑可能会发生损坏，因此作为微机化的工作站，其软件的安装工作是日常维护中的一个重要部分。对于不同的工作站软件，安装的方式略有不同。

一、培训准备

(1) 理论准备

熟练使用计算机和 Windows 操作系统；掌握工作站的应用知识。

(2) 仪器准备

工作站电脑，工作站软件包。

二、操作步骤

安装工作站之前，应仔细阅读相关的安装说明。找到原有工作站软件目录，备份原来的分析数据、分析方法等有用资料到指定的目录下。备份完成后，在电脑上删除(反安装)原来的工作站。然后，按下列顺序安装工作站:

① 找到工作站的软件备份，开始进行安装工作。注意选择合适的盘符和安装目录。

② 软件安装完成后，运行设置程序。

③ 按照说明和色谱仪本身的设置，设置色谱仪的网络地址。

④ 如果操作系统重新安装过，注意重新设定工作站本身的网络地址。

⑤ 退出设置程序，进入工作站程序。按照说明和实际情况确认各参数。

⑥ 调用备份好的分析方法。

⑦ 分析样品检查安装的效果。

三、给您提个醒

① 运行设置程序，设置色谱仪网络地址时，应该保持色谱仪处于开机状态，与工作站的网络连接正常工作。在软件中设置的色谱仪网络地址，应该与在色谱仪上设置的网络地址一致。

② 完整的工作站软件删除过程，还应该包括清理操作系统的注册表等步骤。而且不同工作站的删除方式也各自不同。因此，应注意参考工作站的安装说明操作。

③ 备份工作站软件时，可以采用重命名工作站的工作目录为其他名字的方法，这样还可以省略删除目录的步骤。这个做法可以有效地减少备份工作内容，而且安装失败后易于用此目录恢复；但这样的备份，数据存储混乱，给将来的数据和方法查找恢复过程带来一定的困难。

四、请您想一想

① 您所用的工作站软件，如何备份和安装？

② 能否不删除原来的安装目录，直接安装工作站软件？

4.2 故障处理

4.2.1 FID 故障的排除

色谱仪 FID 作为一个最常用的气相色谱检测器，发生故障的概率比较大。因此，这里单独对 FID 本身的故障进行讨论。

一、培训准备

(1) 理论准备

了解色谱仪 FID 的结构和工作原理；掌握色谱仪 FID 故障处理的相关知识。

(2) 仪器准备

色谱仪、工作站、FID 检测器、色谱仪使用说明书等。

二、操作步骤

① 检查 FID 工作状态，参考表 3-4-1 内相应内容，找到存在的故障。

② 分析故障发生的可能原因，确定切实可行的检查方案。

③ 按照制定的方案检查 FID 和色谱仪，找到故障发生的原因。

④ 处理故障，并检查处理结果。

三、给您提个醒

① FID 火焰是否点燃的手动检查方法：用一根冷的光亮的金属棒，靠近 FID 上方保护罩的出气口，检查是否有露珠在金属棒上生成，使光亮面变模糊。如果有露珠，则说明 FID 处于点燃状态，否则说明 FID 熄火。

② 工作站判断 FID 是否点火正确时，采用的方法是判断点火前后基线电平变化值。点火后电平提高值高于设定的阈值，即认为点火成功。否则，则判断点火失败，会关闭氢气，以保证安全。因此，点火阈值应设定为一个合理的数值，避免点火后达不到阈值，导致色谱仪 FID 自动熄火。

③ FID 常见故障和原因可参见表 3-4-1：

表 3-4-1　FID 故障与维修表

故障描述	可能原因	处理方法
FID 熄火	1. 氢气压力不足 2. 氢气、氮气、空气配比不合理 3. 喷嘴堵塞 4. 氢气管线堵塞 5. 点火时空气泄漏	1. 恢复氢气供给 2. 调整配比 3. 清洗或更换 4. 更换 5. 处理
FID 不出峰	1. 火焰熄灭 2. 嘴头无高压 3. 漏气，造成样品逸出 4. 零点错误 5. 处理机等其他部件故障	1. 重新点火 2. 检查 FID 连接和电气情况 3. 检查是否漏气 4. 调整 FID 零点 5. 检查并排除
基线不稳	1. 电压波动 2. 漏气 3. 检测器污染 4. 控制器故障 5. 其他部件故障	1. 检查供电 2. 检查是否漏气 3. 老化、清洗或更换喷嘴 4. 更换 5. 检查并处理
峰变宽	1. 毛细管柱与喷嘴连接处有死体积 2. 检测器温度低 3. 其他部件故障	1. 重新连接毛细管柱 2. 提高检测器温度 3. 检查并处理

4.2.2　TCD 故障的排除

色谱仪 TCD 也是一个常用的气相色谱检测器，虽然 TCD 比较稳定，故障率较低，且不允许使用者打开 TCD 进行维护，但使用中也经常因为使用不当而发生故障。因此，这里对 TCD 的一些常见故障进行讨论。

一、培训准备

(1) 理论准备

了解色谱仪 TCD 的结构和工作原理；掌握色谱仪 TCD 故障处理的相关知识。

(2) 仪器准备

色谱仪、工作站、TCD 检测器、色谱仪使用说明书等。

二、操作步骤

① 检查 TCD 工作状态，参考工作站中 TCD 设置页面下的相应内容，找到存在的故障。

② 分析故障发生的可能原因，确定切实可行的检查方案。

③ 按照制定的方案检查 TCD 和色谱仪，找到故障发生的原因。

④ 处理故障，并检查处理结果。

三、给您提个醒

① TCD 最经常出现的故障是由于换钢瓶等造成短时间载气中氧含量超标，导致色谱仪 TCD 检测器保护性桥流切断。此时，确认载气纯度已经合格后，重新开启桥流即可解决故障。

② 当由于做卫生等各种原因，导致 TCD 加热器开关被切断时，TCD 会出现失温，多数情况下会导致峰面积变小。此时，应检查 TCD 页面，查看 TCD 当前温度是否与设定值一致，如不一致，找到原因并加以解决即可。

③ 特殊情况下，TCD 可能由于某种原因发生极性错误，导致 TCD 出现反峰。此时，应在工作站或者色谱仪上进行设置，对 TCD 做一次极性翻转，即可解决问题。注意此时不能

两处都进行翻转。

④ 有时候，TCD 桥流可能因为某种原因被改变，导致 TCD 分析结果中所有组分的峰高和峰面积发生方向一致的变化，此时应注意对比当前桥流值与记录值是否一致。发现桥流设定值被人为改变时，应及时调整回到原有值。

4.2.3 气相色谱仪基线不稳故障的排除

稳定的色谱仪基线是色谱分析的基础。但很多原因都有可能导致色谱仪出现基线不稳的问题，及时找出原因并排除，是保证色谱工作良好的关键。载气不纯、进样口污染、色谱柱污染、检测器污染、TCD 桥流过大、FID 氢气流量过大、FID 空气流量过大等都是造成色谱仪基线不稳的主要原因。

一、培训准备

(1) 理论准备

了解色谱仪的结构和分析原理；掌握色谱故障处理的相关知识。

(2) 仪器准备

色谱仪(带注射器进样口)、工作站、仪器使用说明书等。

二、操作步骤

首先，发现色谱仪基线不稳时，可按照以下几个方面进行排查：

(1) 色谱仪基线不稳非污染性原因的检查和排除

检查钢瓶更换记录，查看是否基线不稳发生在载气、氢气等钢瓶的更换后。如果良好的基线在更换载气后不久就出现基线不稳的问题，则气体不纯的可能性较大。此时应更换载气，等待载气置换完全后检查色谱仪基线情况。

检查检测器工作状态，是否在故障发生前有过误调整。如果是 TCD，则首先检查桥流是否过大，如果是 FID，则应注意检查 FID 温度、供气压力和配比等相关因素。

检查数据处理机，是否处理机衰减处于过低设定值，造成基线噪声视觉上被放大。

检查实验室供电，如果多台独立的色谱仪同时出现基线不稳故障，可能是因为供电电压不稳造成。

基线不稳的倒查方法：断开色谱仪、积分仪之间的信号线，如基线不稳，查积分仪；断开检测器、放大器之间的信号线，如基线不稳，查仪器电流、放大单元；关 TCD 电源或 FID 灭火，如基线已稳定，查检测器、色谱柱、进样口、载气系统。

(2) 进样口污染原因的检查和排除

检查色谱仪故障发生和发生前分析的样品情况，确认是否有含污染物样品被分析。如果故障发生前分析过可能含污染物样品或有更换过进样口衬管等操作，则进样口污染的原因较大。长时间的运行后发生的逐渐性基线不稳，进样口因素也不可忽视。

提高进样口温度 10~20℃，观察色谱仪基线的变化情况。如果基线波动明显加强，可以确认进样口发生了污染。如果基线波动情况基本没有变化，则可以排除进样口污染的原因。

如果确认进样口发生污染，可根据污染情况酌情处理。污染程度较低，可提高进样口温度、柱箱温度、检测器温度各 20℃左右进行老化，老化 4~8 h 后降温，检查基线是否已经好转。如果污染情况较严重，则应对进样口进行维护，拆洗进样口。

(3) 色谱柱污染原因的检查和排除

含污染物的样品同样可能污染色谱柱，特别是在进样口温度与柱箱温度差异较大的时候。过高地使用温度造成色谱柱损害也能带来基线不稳的故障。

提高柱箱温度 10~20℃，观察色谱仪基线的变化情况。如果基线波动明显加强，可以确认色谱柱发生了污染。如果基线波动情况基本没有变化，则可以排除色谱柱污染的原因。

如果色谱柱发生污染，可以提高色谱柱箱和检测器温度 20℃，对色谱柱进行老化，但注意不要超过色谱柱的最高使用温度。如果老化处理无法解决，则应该更换色谱柱。

（4）检测器污染原因的检查和排除

长时间运行、气体纯度差、含污染物的样品都可能给检测器带来污染。当怀疑检测器发生污染时，可提高检测器温度 10~20℃，观察色谱仪基线的变化情况。如果基线波动明显加强，可以确认检测器发生了污染。如果基线波动情况基本没有变化，则可以排除检测器污染的原因。

检测器发生污染，同样可以通过提高检测器温度来老化检测器。如果老化不能解决，则应考虑清洗检测器或更换 FID 喷嘴。

最后，查找到上述故障原因并做出相应处理后，检查处理结果。

三、给您提个醒

附录 11 中给出了色谱仪可能发生的主要故障现象、原因和处理办法。

四、请您想一想

① 为什么怀疑色谱供气不纯时，要更换另一批次的气体钢瓶？

② 如何确认 FID 供气配比是否合理？

③ 更换进样口垫片后，是否需要老化进样口？为什么？

4.2.4 气相色谱仪峰形失真的故障排除

色谱峰形失真有多种情况，包括拖尾峰、前伸峰、平头峰等。运行良好的色谱仪发生这些情况，主要是由于进样系统或色谱柱方面的原因造成，其他一些因素，如甲烷化器等也可能造成类似的现象。

一、培训准备

（1）理论准备

了解色谱仪的结构和分析原理；掌握色谱故障的原因分析和处理方法。

（2）仪器准备

色谱仪、工作站等。

（3）试剂准备

色谱标准样品。

二、操作步骤

① 对比正常的样品谱图，判断失真色谱图的故障现象。

② 参考附录 11 故障原因分析中各种峰形失真的可能原因，分析实验室中最可能出现的原因并制定合适的检查方案。

③ 执行检查方案，找到故障原因，并适当处理。

④ 检查处理结果。

三、给您提个醒

① 色谱调试阶段出现的故障与正常运行色谱发生的突发性故障、渐变式故障，即使故障的表现相似，但其故障原因一般是不同的。

② 色谱柱进水等特殊原因带来的色谱柱损害，可能会带来很多峰形上的故障，工作中要注意避免。

四、请您想一想

① 在什么情况下，工作中出现部分色谱峰峰形失真是允许的？

② 样品中高含量组分与低含量组分，哪个组分容易发生峰形失真？为什么？

4.2.5　气相色谱仪重现性差的故障排除

重现性差可能表现在两个方面：定性重现性差和定量重现性差。定性重现性差主要表现在色谱峰出峰时间波动性较大，进样问题和色谱仪温度压力稳定性问题是故障的主要原因；定量重现性差则要根据基线情况不同考虑不同的故障可能原因。

一、培训准备

(1) 理论准备

了解色谱仪的结构和分析原理；掌握色谱故障处理的相关知识。

(2) 仪器准备

色谱仪、工作站。

(3) 样品准备

色谱标准样品。

二、操作步骤

① 分析标准样品几次，观察故障现象。

② 参考附录 11 故障原因分析中相应故障的可能原因，分析实验室中最可能出现的原因并制定合适的检查方案。

③ 执行检查方案，找到故障原因，并适当处理。

④ 检查处理结果。

三、给您提个醒

(1) 峰保留时间不稳定的原因查找办法

① 检查保留时间的变化情况，检查是否存在进样手法上的问题；

② 检查色谱仪载气压力控制系统，是否色谱仪存在压力波动；

③ 检查色谱柱箱温度控制系统，是否柱箱温度存在波动；

④ 检查色谱仪各接头是否存在微小漏气，造成保留时间波动。

(2) 单纯定量性差的故障原因查找办法

① 检查进样器具，是否存在堵、漏等问题；

② 如果样品有预处理过程，检查是否存在问题；

③ 重复进样，考察是否进样手法存在问题。

(3) 定量性差同时伴随基线不稳的故障原因查找办法

① 检查检测器状况，确认检测器是否被污染；

② 检查检测器灵敏度设置状况，确认灵敏度设置是否过高，或载气配比发生变化；

③ 检查数据处理机，是否存在参数设置错误，造成峰起止判断错误。

四、请您想一想

① 正常情况下，色谱仪定量的允许误差范围有多大？

② 不同的进样方式可能带来多大的偶然误差？

③ 待测组分的浓度不同，可能的误差是否相同？

4.3 数据处理

在工作站上，有很多分析结果的数据处理方法，包括外标法、内标法、百分比法、归一化法等，不同工作站上这些方法的命名还存在一些差异。在这里，我们介绍并试用一种工作站上没有的数据处理方法，即内加法。内加法又叫标准加入法，可以在没有合适的内标物的情况下测定特定组分，也可以用于消除本底干扰。

一、培训准备

(1) 理论准备

了解色谱分析内加法的相关原理；掌握内加法定量的使用方法。

(2) 仪器准备

色谱仪、工作站。

(3) 其他准备

色谱样品、标准物(内加物)、天平、可穿刺样品瓶(10mL)、注射器、微量注射器等。

二、操作步骤

(1) 样品与内加物的考察

正确将样品进入色谱仪，获得峰形良好的色谱图，检查谱图上内加物所在位置是否出峰，并记录各组分的峰面积。

(2) 内加物的添加

① 根据样品中待测组分的预期浓度，计算样品用量和内加物的加入量。

② 根据计算结果，在样品瓶中加入适当的样品和内加物，精确称量计算加入量，并盖好盖子，混合均匀。

(3) 分析添加后样品

将加入内加物的样品正确进入色谱仪分析，得到良好的色谱图。记录各组分峰面积。

(4) 结果的计算

根据内加组分和另一个与内加组分邻近的、峰形良好的组分峰面积，用以下公式计算内加组分的含量

$$s = \frac{A_{s1}A_{x2}W_i}{(A_{s2}A_{x1} - A_{s1}A_{x2})W_s} \times 100\%$$

式中 s——内加组分的含量，%；

A_{s1}——内加组分在未添加内加物的谱图中峰面积；

A_{s2}——内加组分在添加内加物后的谱图中峰面积；

A_{x1}——另一峰形良好组分在未添加内加物的谱图中峰面积；

A_{x2}——另一峰形良好组分在添加内加物后的谱图中峰面积；

W_i——内加标准物的质量，g；

W_s——样品的质量，g。

得到内加组分含量后，根据其他组分的峰面积和与内加组分的相对校正因子，计算待测组分含量。

三、给您提个醒

下面是一个内加法应用的实际例子，其中对计算公式进行了分解，列出了详细的计算过程。

在分析某混合芳烃样品时，测得样品中苯的面积为1100，甲苯的面积为2000(其他组分面积忽略不计)。精确称取40.00g样品，加入0.40g甲苯后混合均匀，在同一色谱仪上进混合后样品测得苯的面积为1200，甲苯的面积为2400，试计算甲苯的含量。

解法1：不采用公式，分步进行计算。

① 由于两次进样苯的面积不同，调整第二次分析到两次分析中苯含量相同(即面积相同)时甲苯的校正面积为

$$2400 \times \frac{1100}{1200} = 2200$$

此时，甲苯的面积增加为2200-2000=200

② 所添加的甲苯在样品中的浓度为

$$\frac{0.40}{40.00} \times 100 = 1.0\%$$

③ 由于甲苯面积的增加是添加了甲苯的缘故，所以甲苯的绝对校正因子为

$$g = \frac{1.0\%}{200} = 5.0 \times 10^{-5}$$

所以，原样品中，甲苯的含量为

$$m = g \times A = 5.0 \times 10^{-5} \times 2000 \times 100 = 10\%$$

解法2：利用公式计算内加组分的含量为

$$s = \frac{A_{s1}A_{x1}W_{i}}{(A_{s2}A_{x1} - A_{s1}A_{x2})W_{s}} \times 100\%$$

$$s = \frac{2000 \times 1200 \times 0.40}{(2400 \times 1100 - 2000 \times 1200) \times 40.00} \times 100\% = 10\%$$

四、请您想一想

内加法与内标法有何异同?

4.4 色谱分析方法

4.4.1 色谱分析方法的建立

在一台色谱仪上建立并运行一个全新的分析方法，是一个高级分析人员应该具备的能力。建立分析方法时，必须考虑周全，对整个要完成的任务有良好的通盘考虑。还要具备良好的应变能力，在调试过程中把握好方向，迅速找到合适的分析条件。

一、理论准备

了解色谱分离的相关理论和色谱部件的相关知识；了解各种色谱柱的性能和使用条件；掌握色谱分析方法的建立过程。

二、操作步骤

(1) 分析任务的确认

仔细阅读分析任务书，确认要分析的样品情况、待测组分情况。

(2) 仪器硬件的选择

① 根据样品情况，确认样品是否需要预处理。

② 根据样品情况，选择合适的进样方式、进样条件。

③ 根据样品中组分的情况，选择合适的分析色谱柱和分离条件。

④ 根据样品中组分的浓度情况，选择合适的检测器和检测器条件。

(3) 在色谱仪上建立方法并调整

① 根据上面的选择，在色谱仪上实现硬件并设定好参数，达到稳定后进样分析。

② 根据分析的情况，适当调节仪器参数，对分析条件进行优化。

(4) 定性和定量

① 根据样品组分情况，选择合适的标准气体，对色谱仪进行定性，并确立定量方法。

② 如果需要，根据样品组分浓度情况，选择合适浓度的标准气体，测定各组分的校正因子。

三、给您提个醒

① 建立实验室的新分析方法时，应多参考相关标准和资料，以及其他实验室的分析方法。这样可以有效地提高效率，避免因为选择错误而导致整个方法的失败。

② 建立分析方法时，应考虑分离性能与稳定性之间的平衡。对分离难度要求不高的样品，应注意使用填充柱色谱；对分离要求高的样品，应注意选用毛细管色谱。

③ 选择固定液时，可参考表 3-4-2，并据此设定合适的分析条件。

表 3-4-2　常见固定液分类和使用表

极性描述	固定液	最高使用温度/℃	常用溶剂	相对极性	分析对象
非极性	十八烷	室温	乙醚	0	低沸点烃类
	角鲨烷	140	乙醚	0	C_8 以前烃类
	阿匹松	300	苯	+1	高沸点有机化合物
	硅橡胶	300	丁醇+氯仿	+1	高沸点有机化合物
中等极性	癸二酸二辛酯	120	乙醚	+2	烃、醇、醛酮、酸酯等有机物
	邻苯二甲酸二壬酯	130	乙醚	+2	
	磷酸三苯酯	130	乙醚	+3	芳烃、酚类、卤化物
	丁二酸二乙二酯	200	丙酮	+4	
极性	苯乙腈	常温	甲醇	+4	卤代烃、芳烃、烷烯烃
	二甲基甲酰胺	0	氯仿	+4	低沸点烃类
	有机皂土	200	甲苯	+4	芳烃、二甲苯的各异构体
	氧二丙腈	100	丙酮	+5	低级烃、芳烃、含氧有机物
氢键型	甘　油	70	乙醇	+4	醇和芳烃
	季戊四醇	150	氯仿+丁醇	+4	醇、酯、芳烃
	聚乙二醇 400	100	乙醇	+4	极性化合物
	聚乙二醇 20M	250	乙醇	+4	极性化合物

注：相对极性 012345 应作定性描述，如 0 为完全无极性；5 为强极性。

四、请您想一想

可以选用多个检测器检测时，应遵循什么原则选择最合适的检测器？

4.4.2　气相色谱仪的标定

新购入色谱仪、长时间运行色谱仪、改造维修后色谱仪都应该进行标定，对于色谱仪定性、定量发生怀疑时，也应该对色谱仪进行标定。不同的目的，选用的标定项目是不同的。对要标定的色谱仪采用合适的方法标定必要的项目，是一个高级分析人员必须具备的能力。

一、理论准备

掌握色谱仪标定体系相关知识；掌握色谱仪标定方法和标定工具的相关知识。

二、操作步骤

(1) 检查确认色谱仪硬件情况

检查色谱仪，确认色谱仪所采用的进样方式、色谱柱、检测器、数据处理机等硬件情况；确认各分析计算等参数情况。

(2) 检查确认色谱仪的工作任务情况

① 检查色谱仪所承担的分析任务，确认样品情况，待分析组分情况。

② 检查色谱仪标定情况，确认标定后运行的时间、分析效果等情况。

③ 根据上面的检查，确立需要标定的项目。

(3) 一般项目检查

一般项目检查包括仪器标志、气体泄漏、仪器旋钮、按键、指示灯等。

(4) 温度检定

温度检定包括进样口控温、柱箱控温、升温速度和稳定性、检测器控温等。

(5) 检测器检定

检测器检定包括基线稳定性、灵敏度、线性范围等。

(6) 稳定性检查

稳定性检查包括保留时间稳定性、峰面积稳定性等与色谱定性定量相关的各因素检查。通常的标定工作，应主要注意这里的校正因子的内容。

三、给您提个醒

详细的色谱仪标定方法，可参考标准 JJG 700—2016《气相色谱仪》。

四、请您想一想

正常情况下，色谱仪应该多久标定一次？有哪些必须标定的项目？

4.5　混合碳四组成的测定

混合碳四样品是典型的液化气体样品，通常需要进行闪蒸变成气体后进样分析，并采用面积归一化法进行定量。要做好这一分析，除需要掌握色谱仪的使用方法之外，还需要掌握闪蒸仪的使用和归一化定量方法。

一、培训准备

(1) 仪器准备

色谱仪、工作站、闪蒸仪。

(2) 样品准备

混合碳四样品钢瓶。

(3) 其他准备

参考色谱图(图 3-4-3)。

二、操作步骤

① 从工作站调用正确的测定方法，并下载方法到色谱仪。

② 在控制菜单下启动单次运行，输入正确的样品 ID。如果需要，按下“preRUN”(或“预运行”)按钮，使色谱仪进入分析前准备状态。

③ 将样品钢瓶与闪蒸仪连接好，将闪蒸仪与色谱仪进样口端连接好。确认闪蒸仪温度

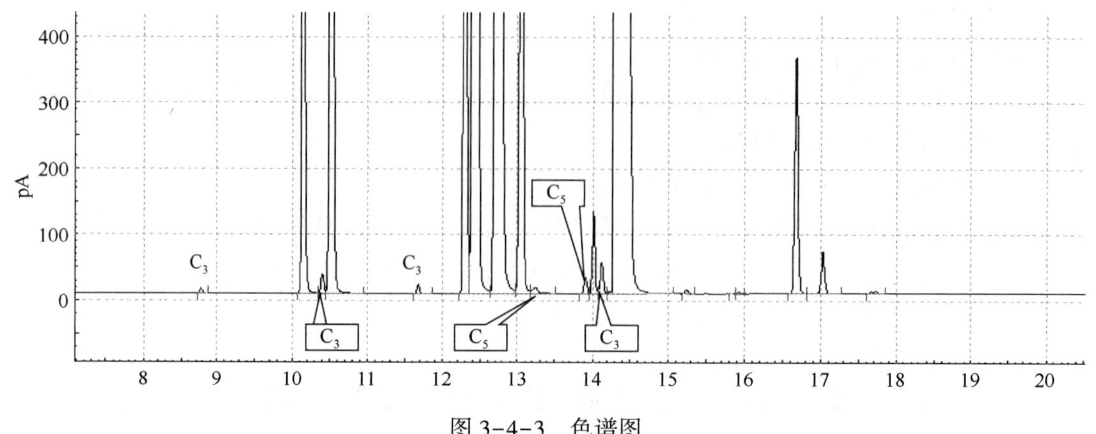

图 3-4-3　色谱图

正常，工作状态良好。确保钢瓶倒置放置，缓慢打开钢瓶阀，控制钢瓶阀开度并观察积泡器出泡情况，得到每分钟 50~100 个气泡的稳定流速，在此流速下置换定量环至少 30s。确认色谱仪“ready”(或“就绪”)状态，按动色谱仪上“start”键，完成进样操作。之后，关闭钢瓶阀。

④ 待第一次测定结束，重复②③操作，进行第二次平行进样分析。

⑤ 两次测定结束后，在工作站上进行数据处理。放大色谱图，确认色谱峰定性正确，定量方法正确，色谱峰积分参数正确，确认无误后记录测定结果。测定结果记录在表3-4-3 中。

表 3-4-3　试验结果记录表

	第一次	第二次	平均值
碳三含量/%(质量分数)			
碳四含量/%(质量分数)			
碳五含量/%(质量分数)			
丁烯含量/%(质量分数)			
1,3-丁二烯含量/%(质量分数)			

三、给您提个醒

① 不同厂家不同型号色谱仪操作可能不同，具体操作需要根据实际色谱仪使用要求进行调整。

② 混合碳四中含有 1,3-丁二烯，其自聚温度通常在 40℃，因此闪蒸仪温度不宜控制过高。

③ 液化气体控制闪蒸仪汽化速度比较难，需要仔细调整阀门开度。

四、请您想一想

① 为什么这一分析不需要积泡器停泡进样?

② 混合碳四取样时应注意哪些事项?

③ 如果色谱峰保留时间略有变化，该如何调整才能正确识别?

4.6 高效液相色谱

4.6.1 正相高效液相色谱法的应用

高效液相色谱是以液体作为流动相，借助于高压输液泵获得相对较高流动速度的液流提高分离速度，用颗粒极细的高效固定相制成的色谱柱进行分离和分析的一种色谱方法，它更适合于稳定性差、相对分子质量较大的样品的分离和分析。

在化学键合相液相色谱中，当流动相的极性低于固定相时，称为正相色谱。

一、培训准备

（1）理论准备

了解高效液相色谱仪的结构和使用方法；掌握正相色谱分离系统的理论知识及归一化法在高效液相色谱中的应用。

（2）仪器准备

高效液相色谱仪、2×150mm YWG 硅胶柱(3μm)、UV 检测器(254nm)、超声波发生器、25μL 微量注射器、25mL 容量瓶。

（3）试剂准备

标准环己烷、苯、乙苯混合样品(溶剂：正庚烷)、正庚烷(流动相)。

二、操作步骤

① 按操作说明开机，设定合适的参数，稳定高效液相色谱仪到基线平稳。

② 进 5.0μL 样品，分析并得到谱图。重复分析三次。

③ 用面积归一化法分别计算每次进样的各组分含量，取平均值作为最终结果。

三、请您想一想

正相色谱分离系统主要适用于什么情况?

4.6.2 反相高效液相色谱法的应用

在高效液相色谱中，如果采用非极性固定相，如十八烷基键合相，流动相采用极性的流动相，就构成了反相色谱分离系统。与正相色谱分离系统相比，反相色谱分离系统有着更为广泛的应用。

一、培训准备

（1）理论准备

了解高效液相色谱仪的结构和使用方法；掌握反相色谱分离系统的理论知识及标准曲线法在高效液相色谱中的应用。

（2）仪器准备

高效液相色谱仪、4.6×250mm UltraspHere ODS 柱(5μm)、UV 检测器(254nm)、超声波发生器、25μL 微量注射器、25mL 容量瓶。

（3）试剂准备

分析纯咖啡因、20%甲醇+80%蒸馏水流动相、待测样品(可口可乐)。

二、操作步骤

（1）开机操作

按操作说明开机，设定合适的参数，稳定高效液相色谱仪到基线平稳。

（2）溶液的配制

① 用流动相溶解精确称量的咖啡因，配制成2.5g/L的储备溶液。（0.25g溶解于100mL容量瓶中）

② 用储备溶液在25mL容量瓶中配制25mg/L、50mg/L、75mg/L、100mg/L的系列标准溶液。

③ 取2mL可口可乐样品于25mL容量瓶内，用流动相定容，作为处理后样品。

（3）分析样品

分别分析系列标准溶液和处理后样品，进样量5μL。记录咖啡因组分的峰面积。

（4）计算

① 用系列标准溶液的峰面积和咖啡因含量(25mL溶液中的量，mg)作标准曲线。

② 根据处理后标准溶液的峰面积得到2mL可口可乐样品中含有的咖啡因总量。

③ 计算得到可口可乐中咖啡因的含量。

三、请您想一想

① 为什么反相色谱分离系统的应用范围更为广泛？

② 为什么高效液相色谱一般在室温下分离，而不像气相色谱那样加热且恒温？

第 5 章　油 品 分 析

5.1　仪器故障处理

5.1.1　运动黏度测定仪的常见故障处理

运动黏度测定仪是依据 GB/T 265—1988《石油产品运动黏度测定法和动力黏度计算法》设计制造的分析专用测试仪器。该仪器采用电子控温仪控温，传感器选用 Pt 铂电阻，双向可控硅自动调压，温度采用数字显示。

一、培训准备

（1）理论准备

掌握运动黏度测定仪常见故障的认知及运动黏度测定仪应保持的状态。

（2）仪器准备

相应运动黏度测定仪及所需的仪器配件。

二、常见故障处理

运动黏度测定仪常见故障处理见表 3-5-1。

表 3-5-1　运动黏度测定仪常见故障处理

故　　障	产 生 原 因	处 理 方 法
指示灯不亮	1. 电源插头不紧 2. 保险丝烧断 3. 开关接触不良 4. 指示灯损坏 5. 无工作电压	1. 插紧电源插头 2. 更换保险丝 3. 检修开关 4. 更换指示灯 5. 检查供电线路及仪器
恒温浴不升温	加热器烧坏，不加热	检查加热系统
恒温浴温度不能保持恒定到 ±0.1℃	1. 温控系统是否损坏 2. 传感器是否损坏 3. 风的影响，室内温度不恒定	1. 检查温控系统 2. 检查传感器 3. 关闭门窗
恒温浴温度超温	1. 温控系统失灵 2. 未正确操作升温旋钮	1. 检查温控系统 2. 正确调整操作
恒温浴内搅拌器停止转动	搅拌电机损坏	检修恒温浴内搅拌电机
黏度计无法固定在浴缸里	黏度计夹子太松	调整黏度计夹子
恒温浴缸振动，恒温浴内液体晃动较剧烈，影响试样的分析结果，造成分析误差大	1. 因实验室周围施工等原因引起试验台及恒温浴缸振动 2. 恒温浴内自动搅拌器转速太快	1. 停止实验室周围施工 2. 检修恒温浴内搅拌电机
恒温浴内温度计测温的刻度不能调整到位于恒温浴的液面上 10mm 处	1. 恒温浴固定温度计的支架及夹子损坏 2. 浴缸内水等液体量太少	1. 检查维修恒温浴固定温度计的支架及夹子 2. 浴缸内加入足够的水等液体
数码管显示浴缸实际温度不准	1. 仪器内部故障 2. 环境因素影响	仪器进行检查校对
照明灯不亮	照明灯坏	更换照明灯
黏度计无法调整成垂直状态	1. 浴缸不水平 2. 固定黏度计支架上的旋转调整螺钉损坏	1. 用水平仪检测调整运动黏度测定仪的水平 2. 检修黏度计支架

三、给您提个醒

① 运动黏度测定仪要定期检测其是否水平。

② 仪器在使用前，外壳必须可靠接地。

③ 仪器不允许在潮湿，有腐蚀性气体的环境中使用和存放。

④ 有时夏季室温高于恒温浴温度，要开启空调恒定室温。

⑤ 恒温浴内的水必须采用蒸馏水。

⑥ 运动黏度测定仪阶段停用时，必须将恒温浴内的水清除干净，以免损坏仪器。

⑦ 恒温浴升温时要缓慢开启升温旋钮，以免恒温浴突然超温，引起恒温浴内温度计水银冲出，损坏温度计。

⑧ 恒温浴中的矿物油最好加入抗氧化添加剂，延缓氧化，延长使用时间。

⑨ 对毛细管黏度计的具体要求如下：

毛细管的横截面要成圆形，在整个长度上的直径要均匀、一致，不许有能看得出的膨大、歪斜和弯曲等现象；

所有焊接处应保持圆滑，由较宽部分过渡到狭窄部分的焊接处要做成光滑的喇叭口；

环形标线必须清晰地刻在垂直于管轴的平面上，不允许有断线；

为了减少误差，必须使毛细管有足够的长度(10±3)mm。

四、请您想一想

① 运动黏度测定应注意哪些事项?

② 毛细管测定运动黏度的原理如何？计算式是怎样得来的?

③ 测定运动黏度时，为什么要将黏度计调成垂直状态?

5.1.2 铜片腐蚀测定仪的常见故障处理

铜片腐蚀测定仪是依据 GB/T 5096—2017《石油产品铜片腐蚀试验法》设计制造的分析专用测试仪器。适用于测定航空汽油、喷气燃料、车用汽油、天然汽油或具有雷德蒸气压不大于 124 kPa 的其他烃类、溶剂油、煤油、柴油、馏分燃料油、润滑油和其他石油产品对铜的腐蚀性程度。

一、培训准备

(1) 理论准备

掌握铜片腐蚀测定仪常见故障的处理方法及铜片腐蚀测定仪应保持的状态。

(2) 仪器准备

相应铜片腐蚀测定仪及所需的仪器配件。

二、常见故障处理

铜片腐蚀测定仪常见故障处理见表 3-5-2。

表 3-5-2　铜片腐蚀测定仪常见故障处理

故　　障	产生原因	处理方法
指示灯不亮	1. 电源插头不紧 2. 保险丝烧断 3. 开关接触不良 4. 指示灯损坏	1. 插紧电源插头 2. 更换保险丝 3. 检修开关 4. 更换指示灯
水浴不升温	加热器烧坏，不加热	检查加热系统
水浴温度不能保持恒定到±1℃	温控系统是否损坏	检查温控系统
水浴内搅拌器停止转动	搅拌电机损坏	检查搅拌电机
水浴内搅拌器运转震动大	1. 工作电压不正常 2. 炭刷损坏	1. 检查电路系统 2. 修复炭刷

三、给您提个醒

① 某些石油产品，特别是天然汽油，其蒸气压比车用汽油或航空汽油的蒸气压更高。因此，必须特别注意，不要把装有高蒸气压的天然汽油或其他产品的试验弹放在100℃浴中。雷德蒸气压超过124kPa的试样，要采用SH/T 0232《液化石油气铜片腐蚀试验法》来测定其腐蚀性。

② 操作人员离开岗位时，应关闭仪器电源，以确保安全。

③ 仪器在使用前，外壳必须可靠接地。

四、请您想一想

① 铜片腐蚀试验应注意哪些事项？

② 铜片腐蚀试验法的实质是什么？

③ 铜片腐蚀试验对生产和应用有何意义？

5.1.3 残炭测定仪的常见故障处理

残炭测定仪是依据SH/T 0170—1992《石油产品残炭测定法(电炉法)》设计制造的分析专用测试仪器。适用于测定润滑油、重质液体燃料或其他石油产品。它是在规定的试验条件下，用电炉来加热蒸发润滑油、重质液体燃料或其他石油产品的试样，并测定燃烧后形成的黑色残留物残炭的质量分数。该仪器是通过三组加热器得到均匀加热，保证控温精度。

一、培训准备

(1) 理论准备

掌握残炭测定仪常见故障的处理方法及残炭测定仪应保持的状态。

(2) 仪器准备

相应残炭测定仪及所需的仪器配件。

二、常见故障处理

残炭测定仪常见故障处理见表3-5-3。

表3-5-3 残炭测定仪常见故障处理

故　障	产生原因	处理方法
指示灯不亮	1. 电源插头不紧 2. 保险丝烧断 3. 开关接触不良 4. 指示灯损坏	1. 插紧电源插头 2. 更换保险丝 3. 检修开关 4. 更换指示灯
指示灯亮，加热器不热	1. 加热器烧坏或引出线头脱开 2. 中间继电器控制触点接触不良 3. 中间继电器触点粘连	1. 检查加热系统 2. 检查中间继电器
温控表不控温	温控表损坏或引线脱开	检查温控系统
不能准确地测量控制电炉温度	热电耦损坏	1. 检查热电耦 2. 检测校对热电耦
仪器有跳闸现象	整机是否短路	检查电路系统
仪器超温	接线部分短路	检查电路系统
电炉温度达不到要求	电炉丝断	检查电炉
仪器指示温度不准	1. 传感器失灵 2. 传感器未校验	检查传感器

三、给您提个醒

① 保持仪器整洁，防止酸、碱、油的污染。

② 电控箱不要受潮或进水。

③ 由于仪器运输和存放的缘故，电炉内保温棉受潮，所以初次通电加热时，筒内会有水珠析出，可能还伴有轻微的漏电。

④ 将仪器的电加热炉和温度测量控制系统按照仪器说明书安装调整好。其中热电偶要经过校正，并用相应的补偿导线引出冷端，再用普通导线连接冷端和温度指示调节仪表；冷端要插入盛有变压器油的玻璃管内，并放进盛有冰水的保温瓶里，以保障冷端恒温于0℃；温度测量和控制要用热电偶检验结果进行补正，以确保准确地测量控制电炉温度。

⑤ 高温电炉使用注意事项：

高温电炉必须放置在稳固的试验台上，将热电偶棒从高温炉背后的小孔插入炉膛内，将热电偶的专用导线接至温度控制器的接线柱上。注意正、负极不要接错，以免温度指针反向而损坏。

查明电炉所需电源电压，配置功率合适的插头插座和保险丝，并接好地线，避免危险。炉前地上应铺一块厚胶皮布，这样操作时较安全。

灼烧完毕后，应先拉下电闸，切断电源。但不应立即打开炉门，以免炉膛骤然受冷碎裂。一般可先开一条小缝，让其降温快些，最后用长柄坩埚钳取出被烧物件。

高温炉在使用时，要经常照看，防止自控失灵，造成电炉丝烧断等事故。

炉膛内要保持清洁，炉子周围不要堆放易燃易爆物品。

高温炉不用时，应切断电源，并将炉门关好，防止耐火材料受潮气侵蚀。

四、请您想一想

① 石油产品残炭测定应注意哪些事项？

② 何谓石油产品的残炭？形成残炭的主要物质是哪些？

③ 测定石油产品中的残炭对生产和应用有何意义？

5.1.4　闭口闪点测定仪的常见故障处理

闭口闪点测定仪是依据GB/T 261—2021《闪点的测定　宾斯基-马丁闭口杯法》设计制造的分析专用测试仪器。石油产品的闪点是在规定条件下加热到它的蒸气与空气的混合气接触火焰发生闪火时的最低温度。

一、培训准备

(1) 理论准备

掌握闭口闪点测定仪常见故障的处理方法及闭口闪点测定仪应保持的状态。

(2) 仪器准备

相应闭口闪点测定仪及所需的仪器配件。

二、常见故障处理

闭口闪点测定仪常见故障处理见表3-5-4。

表3-5-4　闭口闪点测定仪常见故障处理

故　障	产生原因	处理方法
指示灯不亮	1. 电源插头不紧 2. 保险丝烧断 3. 开关接触不良 4. 指示灯损坏	1. 插紧电源插头 2. 更换保险丝 3. 检修开关 4. 更换指示灯
仪器不加热	电炉丝烧坏，不加热	检查加热系统，电炉丝是否断了

续表

故　　障	产 生 原 因	处 理 方 法
仪器加热控制失灵	1. 可调电位器接触不良 2. 双向可控硅损坏	1. 检查可调电位器 2. 检查双向可控硅
电压表指针晃动，影响加热升温速率	1. 可调电位器接触不良 2. 电压不稳	检查可调电位器
搅拌器停止转动	搅拌器损坏	检查搅拌器系统
点火管火苗经常熄灭	点火系统损坏	1. 检查点火管 2. 检查点火管调节螺丝是否松动
仪器漏电	1. 地线未连接正确 2. 电炉丝凸出未进入槽中	1. 重新连接地线 2. 重新安装电炉丝

三、给您提个醒

① 闪点测定仪要放在避风和较暗的地点，有利于观察闪火。为了更有效地避免气流和光线的影响，闪点测定仪应围着防护屏。

② 做完分析，应关闭仪仪电源，以确保安全。

③ 仪器不要受潮或进水，以免引起短路。

④ 闭口闪点测定仪不要放置于分析及存有易燃易爆样品的房间，以免发生危险。

四、请您想一想

① 闭口闪点测定应注意哪些事项?

② 试油含水对测定闪点有何影响?

③ 石油产品的闪点和哪些测定条件有关?

5.1.5　闪(燃)点测定仪的常见故障处理

闪(燃)点测定仪是依据 GB/T 3536—2008《石油产品　闪点和燃点的测定　克利夫兰开口杯法》设计制造的分析专用测试仪器。适用于用克利夫兰开口杯法仪器测定石油产品的闪点和燃点。闪(燃)点测定仪符合该国家标准附录 A《克利夫兰开口杯仪》的技术条件。

一、培训准备

(1) 理论准备

掌握闪(燃)点测定仪常见故障的认知及闪(燃)点测定仪应保持的状态。

(2) 仪器准备

相应闪(燃)点测定仪及所需的仪器配件。

二、常见故障处理

闪(燃)点测定仪常见故障处理见表 3-5-5。

表 3-5-5　闪(燃)点测定仪常见故障处理

故　　障	产 生 原 因	处 理 方 法
指示灯不亮	1. 电源插头不紧 2. 保险丝烧断 3. 开关接触不良 4. 指示灯损坏	1. 插紧电源插头 2. 更换保险丝 3. 检修开关 4. 更换指示灯
仪器不加热	加热器损坏	检查加热系统，加热丝是否断了
仪器加热控制失灵	1. 可调电位器接触不良 2. 双向可控硅损坏	1. 检查可调电位器 2. 检查双向可控硅

续表

故　障	产生原因	处理方法
电压表指针晃动，影响加热升温速率	1. 可调电位器接触不良 2. 电压不稳	检查可调电位器
点火管火苗经常熄灭	点火系统损坏	1. 检查点火管 2. 检查调节液化气球胆的阀门是否失灵
点燃试验火焰，火焰直径调节不到规定要求：4mm	1. 点火器堵塞 2. 点火器不慎浸入蜡油中造成点火器不通	1. 检查点火管调节螺丝是否松动 2. 修理点火器 3. 调整点火器固定位置支架 4. 正确安装金属比较小球
温度计无法正确插入克利夫兰开口杯中	支架位置不对	重新调整支架位置
点火用的液化气泄漏	液化气球胆连接胶管漏气	更换连接胶管
温度计下端有时炸裂小口	1. 做完分析后，油温度太高，温度计取出时下端受冷风造成的 2. 做完分析后，油温度太高，温度计取出时下端碰到支架造成的	做完分析后，要等油温降下来后，再将温度计取出

三、给您提个醒

① 闪点测定仪要放在避风和较暗的地点，有利于观察闪火。为了更有效地避免气流和光线的影响，闪点测定仪应围着防护屏。

② 做完分析，要等油温降下来后，再将其倒入废油缸中，以免发生危险。

③ 做完分析，应关闭仪器电源，以确保安全。

④ 仪器不要受潮或进水，以免引起短路。

⑤ 开口闪点测定仪不要放置于分析及存有易燃易爆样品的房间，以免发生危险。

⑥ 电炉使用注意：

电源电压应和电炉本身规定的电压相符；

使用电炉的连续工作时间不应过长，以免影响其使用寿命；

电炉凹槽中要经常保持清洁，及时清除焦煳物(清除时必须断电)，保持炉丝导电良好。

四、请您想一想

① 克利夫兰开口杯法测定闪点应注意哪些事项？

② 什么叫石油产品的闪点？

③ 测定石油产品闪点对生产和应用有何意义？

5.1.6　馏程测定仪的常见故障处理

馏程测定仪是依据 GB/T 6536—2010《石油产品常压蒸馏特性测定法》设计制造的分析专用测试仪器。本标准适用于天然汽油(稳定轻烃)、车用汽油、航空汽油、喷气燃料、特殊沸点的溶剂、石脑油、石油溶剂油、煤油、柴油、粗柴油、馏分燃料和相似的石油产品。该仪器采用压缩机制冷，单片微型计算机测控的前置式双管智能化仪器，数据输入通过轻触式薄膜键盘进行操作。

一、培训准备

(1) 理论准备

掌握馏程测定仪常见故障的处理方法及馏程测定仪应保持的状态。

（2）仪器准备

相应馏程测定仪及所需的仪器配件。

二、常见故障处理

馏程测定仪常见故障处理见表3-5-6。

表3-5-6　馏程测定仪常见故障处理

故　障	产生原因	处理方法
指示灯不亮	1. 电源插头不紧 2. 保险丝烧断 3. 开关接触不良 4. 指示灯损坏	1. 插紧电源插头 2. 更换保险丝 3. 检修开关 4. 更换指示灯
冷管温度不能降至0~5℃	压缩机损坏，不制冷	检查压缩机系统
电炉不加热	加热炉丝烧断	更换炉丝
电压表指针晃动，影响加热升温速率	1. 可调电位器接触不良 2. 电压不稳	检查可调电位器
电压表无电压指示	1. 插头、插座接触不良 2. 保险丝烧断	检查电路系统
电压表指针无法指在220V	电炉加热不够	检查电炉
加热结束后，电炉温度降不下来	风扇不运转	检查风扇系统
电子秒表不运行	电子秒表损坏	检查电子秒表系统
电子秒表无法清零	电子秒表损坏	检查电子秒表系统
分馏瓶无法安装在仪器上	仪器电炉支架上下调节旋钮损坏	检修电炉支架系统
用缠在铜丝上的软布擦拭冷凝管内壁时，拉条拉不过去	冷凝管内污物太多，部分堵塞冷凝管	清除冷凝管内污物
照明灯不亮	照明灯坏	更换照明灯
加热分馏瓶沸腾不均匀	分馏瓶不符合标准	更换分馏瓶
加热时，油蒸气突然增大	分馏瓶底部可能有裂口	1. 立即关闭电炉电源 2. 用石棉布覆盖电炉，以免着火发生危险 3. 更换分馏瓶

三、给您提个醒

① 保持仪器整洁，防止酸、碱、油的污染。

② 仪器不能进水，以免发生短路现象。

③ 必须打开主机上盖后，再启动压缩机制冷，以免烧坏仪器。

④ 先打开主机总电源，再启动压缩机运行开关制冷。关机时先关闭压缩机运行开关，再关闭主机总电源，以免损坏仪器。

⑤ 整机在通电前先给冷浴箱加水约13L左右，将仪器接通电源。

⑥ 仪器在第一次使用时，应加水直到溢水口有水流出为准，否则恒温精度将受影响。

⑦ 夏季室温高于30℃时，做完分析要立即关闭仪器电源，避免仪器过热烧坏制冷元件。

四、请您想一想

① 电炉使用注意事项有哪些？

② 石油产品馏程测定应注意哪些事项？

③ 测定石油产品馏程对生产和应用有何意义？

5.1.7 减压馏程测定仪的常见故障处理

减压馏程测定仪是依据 SH/T 0165—1992《高沸点范围石油产品高真空蒸馏测定法》，参照美国材料协会标准 ASTMD1160 设计制造的分析专用测试仪器。本标准适用于测定蜡油、润滑油等重质馏分的馏程。

一、培训准备

（1）理论准备

掌握减压馏程测定仪常见故障的处理方法及减压馏程测定仪应保持的状态。

（2）仪器准备

相应减压馏程测定仪及所需的仪器配件。

二、常见故障处理

减压馏程测定仪常见故障处理见表 3-5-7。

表 3-5-7 减压馏程测定仪常见故障处理

故　障	产 生 原 因	处 理 方 法
指示灯不亮	1. 电源插头不紧 2. 保险丝烧断 3. 开关接触不良 4. 指示灯损坏	1. 插紧电源插头 2. 更换保险丝 3. 检修开关 4. 更换指示灯
电压表无电压指示	1. 插头、插座接触不良 2. 保险丝烧断	检查电路系统
电压表指针无法指在 220V	电炉加热不够	检查电炉
仪器超温，无指示	1. 仪器控温失灵 2. 传感器故障	1. 检查仪器温控系统 2. 检查传感器 3. 定期校验传感器
指示电压不能调节	1. 可控硅损坏 2. 电炉丝断或接触不良	1. 检修可控硅 2. 检修电炉丝
照明灯不亮	照明灯坏	更换灯泡
仪器有跳闸现象	整机是否短路	检查电路系统
真空泵不运转	1. 真空泵故障 2. 无工作电压	1. 检查真空泵 2. 检查电路系统
真空泵电机发热	真空泵故障	检查真空泵
水银压力计指示不准	1. 水银压力计脏、污染 2. 水银压力计未定期校准	1. 清洗水银压力计 2. 定期校准水银压力计
真空度达不到要求	系统密封不严	检查系统密封

三、给您提个醒

① 减压馏程测定仪不允许在潮湿，有腐蚀性的气体环境中使用。

② 使用前要向水浴槽内注入水或蒸馏水，其水面要高于受器量筒 100mL。

③ 将压力计紧固螺钉松开，压力计便可自动推出，取下压力计向内注入适量的水银，安装好胶管，再按原位装好，向内推入，便可自动复位。

④ 将试样注入蒸馏烧瓶，打开保温炉，安装好烧瓶、量筒、温度计。再将真空泵胶管

与箱体后面的抽气口相连接、量筒胶管与端面抽气口相连接。

⑤ 要牢固接好地线，再将电源接通。

⑥ 启动真空泵，关闭放空阀，检查系统气密程度，再调节放空阀，使残压达到测定要求。

⑦ 减压馏程装置的各连接处应极其紧密，要有良好的密闭性。在整个测定过程中，残压尽可能保持不变。

⑧ 为使试样均匀沸腾，避免跳溅，可于瓶中加入玻璃纤维，其高度稍高于液面4~5mm。

⑨ 蒸馏瓶要合乎规格，不许有裂痕，否则会毁掉整个蒸馏试验，甚至会引起压碎爆炸。

⑩ 测定蜡油减压馏程时，在初馏前可用适当方法对蒸馏支管处进行温热，使其不能沉积石蜡，让含石蜡馏出物及时溶于受器量筒中。

⑪ 在进行减压蒸馏操作过程中，应戴安全眼镜或防护面罩，以防意外。

⑫ 进行减压蒸馏操作时，应先开真空泵，抽成必要的真空，再加热。若在试验过程中真空泵突然停止，应立即停止加热。使蒸馏液稍冷却，才可恢复原有真空并继续加热。当蒸馏瓶内液体温度还较高时就接通真空，会引起液体的飞溅。停止蒸馏时，也应先停止加热，并当蒸馏瓶中的液体冷却至100℃以下，才能慢慢除去真空和关闭真空泵，防止由于突然增大压力而将真空压力计的密闭端冲破。

⑬ 控制好加热强度，使蒸馏速度达到规定要求。

四、请您想一想

① 使用真空泵要注意哪些事项？

② 减压蒸馏瓶为什么做成曲颈？

③ 高沸点范围石油产品减压蒸馏操作应注意哪些事项？

5.1.8 能量色散 X 射线荧光硫测定仪的常见故障处理

能量色散 X 荧光硫测定仪是依据 GB/T 17040—2019《石油和石油产品中硫含量的测定　能量色散 X 射线荧光光谱法》设计制造的分析专用测试仪器。适用于测定硫的质量分数范围为 0.0017%(17mg/kg)~4.6%(46000mg/kg)。适用于测定单相的、常温下或适当加热下为液态，或可以溶解于某类溶剂中的石油和石油产品。

一、培训准备

(1) 理论准备

掌握能量色散 X 射线荧光硫测定仪常见故障及仪器应保持的状态。

(2) 仪器准备

相应 X 射线硫测定仪及所需的仪器配件(MERAK-LEⅡ)。

二、常见故障处理

X 射线硫测定仪常见故障处理见表 3-5-8。

表 3-5-8　X 射线硫测定仪常见故障处理

故　　障	产生原因	处理方法
出气口没有气泡冒出	橡胶圈脱落	更换橡胶圈
	密封不严	在样品口涂抹少量真空脂

续表

故　障	产 生 原 因	处 理 方 法
测定值整体偏低	氢气发生器出气量偏低	提高出气量
	光管震动导致光斑偏移	联系厂家更换
软件无法连接	接口松动，线路故障	更换电脑 USB 接口
两次测试结果偏差较大	样品污染	保证样品清洁
	样品膜不平整	保持膜紧绷，干净

三、给您提个醒

① 仪器表面为喷塑和喷漆涂层，为保持仪器表面清洁，可使用干净的纱布蘸取稀释的洗洁精擦拭，再用干净湿纱布擦洗，切忌用酒精擦拭而导致仪器表面发生掉漆现象。

② 氢气发生器运行 30h 后，需要及时加水。氢气发生器中装有变色硅胶，长期使用，硅胶会由蓝色变为粉色，变色以后要及时更换。

③ 样品室上盖开启或关闭时，要轻开轻放，以防损坏 X 射线和高压电源安全装置开关。

四、请您想一想

① 影响 X 射线测定含硫量的因素有哪些？

② X 射线法测定石油产品含硫量的原理是怎样的？

③ X 射线法测定含硫量对样品膜有哪些要求？

5.1.9　辛烷值测定仪的常见故障处理

辛烷值测定仪是依据 GB/T 5487—2015《汽油辛烷值的测定　研究法》、GB/T 503—2016《汽油辛烷值的测定　马达法》设计制造的分析专用测试仪器。适用于测定汽车用油以及点燃式航空发动机用汽油（辛烷值低于 100）的抗爆性。辛烷值机由于安装不当，或由于长期运转，会产生多种故障。遇到故障，出现异常，一定要慎重处理，及时停机防止事故扩大。

一、培训准备

（1）理论准备

掌握辛烷值测定仪常见故障的认知及辛烷值测定仪应保持的状态。

（2）仪器准备

相应辛烷值测定仪及所需的仪器配件。

二、常见故障处理

辛烷值测定仪常见故障处理见表 3-5-9。

表 3-5-9　辛烷值测定仪常见故障处理

故　障	产 生 原 因	处 理 方 法
1. 辛烷值机转不起来	单相电源损坏 三相电源损坏 有积水或燃料等物质 马达损坏	（1）检查单相电源启动开关 开动启动继电器，继电器激发同步马达的磁力启动器。打开启动开关，检查启动继电器是否通电。用万能表检查继电器线圈上的交流电，如果电压不合适，则检查线圈绕阻

续表

故障	产生原因	处理方法
1. 辛烷值机转不起来	单相电源损坏 三相电源损坏 有积水或燃料等物质 马达损坏	(2)检查三相电源 磁力启动器控制同步马达的电源。启动继电器激发后，检查磁力启动器是否通电。如果不通电用万能表检查起动器线圈端头上的220/440V交流电。如果这些端头上没有电，继续检查反相转接电路，直至找到断电处为止。检查线路电压的保险丝或电路断续器 (3)检查同步马达 检查磁力起动器输出端上是否有电压存在，电压可能受到超载加热器的干扰。最新的同步马达有一个内部热超载保护，它可使马达跳闸。如果电流已通到马达，可能是马达绕组烧坏，或内部有断线
2. 辛烷值机转动，但不点火	点火系统故障 燃料供应情况不正常	(1)检查点火 检查点火定时是否正确。如果见不到闪光，检查去线圈的点火电压；检查火花塞脏污程度，间隙是否正确。如果有问题就更换火花塞。检查点火电容器是否漏电 (2)检查燃料供应情况 如果进气受到限制，会导致混合气过于富化而不燃烧 观察溢流式气化系统的浮子液面计。如果液面在1.0左右，慢慢在各燃料杯之间旋转燃料选择阀来试验其他燃料杯 取下空气进口管，并观察燃料是否由通气管流过喉管。并检查空气管的位置 (3)检查压缩压力 用压缩压力表检查压缩压力。由于辛烷值机温度低，此压力不得高于正常压力。检查阀间隙，以确信阀未打开。阀黏住，扭曲，阀弹簧变软或断裂 (4)检查排气系统的背压 排气系统中过高的背压会使辛烷值机不能点火。背压可能是由于排气管中积炭增多，排气管长度过长或弯曲处过多、共振过大所引起的
3. 不稳定的爆震强度	爆震传感器异常 传感器电缆，爆震仪异常 活塞密封不良	检查包括爆震传感器，传感器电缆，爆震仪和爆震表在内的仪表使用情况。如果有万能表和信号发生器的话，可以用来检查出任何失灵的零件，或者用新的零件代用，以验证问题原因所在。检查点火，检查点火定时是否由于定时器松动而发生变化。检查火花塞点火是否正确 检查润滑油“上串”情况。检查活塞顶部有无活塞环密封不良引起的异常润滑油沉积现象
4. 过高的爆震强度	点火定时不正确 压缩压力是否过高 燃料，参比燃料掺配比例有差错 实验室内的空气有杂质	检查点火定时是否正确 检查压缩压力是否过高 检查燃料，参比燃料掺配比例是否有差错；样品桶上贴错标签 检查实验室内的空气是否有杂质(即氯化烃或硫化物)
5. 辛烷值机点火时转速太快	皮带的松紧程度不合适 线路电压起伏很大	检查皮带的松紧程度，如果速度经常变化，则应检查线路电压是否起伏很大，频率是否符合要求 点火不良，阀不严或火花塞太脏

续表

故　障	产生原因	处理方法
6. 辛烷值机的机械噪声	活塞销子与轴承间隙过大 活塞裙部间隙过大 连杆轴瓦松动 曲轴轴承松动 飞轮在轴上固定不紧 定时齿轮的齿间间隙过大或间距过大 凸轮轴的轴向间隙过大 松动的皮带撞击声	检查机械噪声，可将压缩比降低，用高辛烷值燃料，使之不产生爆震。例如，将压缩比调到计数器 264，用异辛烷加铅燃料
7. “回火”通过汽化器的回火	低贫油混合气 进气阀卡住 发动机不着火 吸入空气系统漏 阀定时不准 提前点火	检查汽化器
8. 排气系统的“二次燃烧”	点火系统失灵 发动机着火不良 排气阀关不严 点火定时延迟 阀定时不准 燃料-空气比过大	二次燃烧导致排气系统的部件破裂，应立即排除
9. 油耗过多	活塞，活塞环或汽缸磨损过大 活塞，活塞环或汽缸被划出沟痕 活塞环卡住，无弹性或坏了 油杯或排油孔堵塞 润滑油牌号不对 曲轴箱润滑油液面太高 漏油 连杆轴承松动 连杆没有找直(扭曲) 油压太高 曲轴箱呼吸阀堵塞	检查活塞，活塞环或汽缸
10. 积炭形成过多	由于生成了积炭形成一个绝缘层，由此引起与清洁的发动机燃烧室产生温差，改变了效应，明显影响评定的准确度。在燃烧室内引起积炭快速生成的原因是： 富油混合气下工作 阀状态不正常，关闭不严 用未精制的燃烧油过多 机油消耗过多 由于汽缸夹套积垢太多，引起汽缸活塞冷却不良	检查燃烧室
11. 润滑系统中油压不正常	发动机运行中，油压应在规定压力范围内，如经调节减压阀仍达不到标准，则说明润滑系统出了毛病。油压不正常可能由以下原因造成： 曲轴箱中的滤网或机油过滤器堵塞 减压阀失灵 油槽堵塞 油位过高或过低 轴承状态不合要求 油泵齿轮磨损	处理润滑系统

故　　障	产 生 原 因	处 理 方 法
12. 压缩比降低	用手旋转发动机飞轮时，压缩压力或压缩比减低，由下列原因引起： 阀门不严密 气体流进曲轴箱 空气难以进入空气调节柱	检查发动机系统
13. 阀门不严密	造成阀门不严的原因有： 阀与阀座烧蚀 阀杆与阀导管中有黏滞现象 阀与阀座接触不紧密 阀门与阀座积炭过多	处理阀门系统
14. 气流进入曲轴箱	活塞环张力过大，引起活塞环损坏 增加汽缸和活塞的磨损。汽缸镜面的竖直方向和活塞环表面会出现裂痕 会造成活塞环的开口都在同一直线上 机油太稀或机油压力太高 汽缸垫与火花塞漏气	检查曲轴箱
15. 发动机运转中断	阀门烧蚀或阀门黏住 阀门弹簧损坏 活塞、阀门或燃烧室壁上的积炭过多 火花塞故障 炽点点火 磁电机断续器触点污染或烧蚀 磁电机断续器间隙调整不当 点火角不对 由于磁电机的高压导线故障而引起火花(或导线断裂) 磁电机发生故障 点火线路中电压不足	检查发动机
16. 汽化器的故障	针型阀关不严，因而引起浮子室的燃料液面发生变化，或造成燃料从排气孔流失 汽化器浮子损坏，使浮子室里的燃料液面下落，不能维持一定高度 汽化器喷油嘴选择不当，使浮子里的燃料液面无法维持在规定范围内 汽化器喷油嘴堵塞，三通阀孔或垂直的喷油嘴堵塞，汽化器喉管安装不合要求或喉管的尺寸大小与大气压不相称等，都是引起汽化不正常的原因。燃料选择阀的旋塞上出现环形划痕，造成各燃料混串，影响辛烷值的评定值	检查汽化器
17. 排气冒黑烟	液面太高(混合气过富) 火花塞高压火花太弱(间隙大，电压低) 点火时间太迟 排气阀漏气 气阀间隙过小 配气相位不对	检查排气工况
18. 排气冒蓝烟	燃烧室内机油严重上串，机油参加燃烧 机油液面过高 活塞环磨损，封闭作用降低	检查排气系统
19. 排气冒白烟	火花塞故障 点火太迟 白金断电器工况不良 汽缸垫漏水，有水串入汽缸 汽缸裂漏 空气湿度太高	检查排气系统

续表

故障	产生原因	处理方法
20. 排气冒火烟	点火时间过迟 配气相位不对 气阀间隙过大 燃烧室内积炭过多 排气管内积炭过多	检查排气系统
21. 辛烷值机发生抱轴事故	曲轴箱没有加润滑油，液面看不见，致使烧瓦抱轴，开不起来	检查曲轴箱
22. 顶坏汽缸	由于停机后未使活塞转到上死点，排气门未关闭，水进汽缸。水是不可压缩的，这样启动就会使汽缸破损和连杆弯曲 380V 电源反相，致使进气门反相，使冷却水吸入汽缸	检查汽缸
23. 冷凝器温度过高，冒蒸气	自来水的流量太小造成上述现象，是由于自来水不洁，在冷却盘管结垢，管径变小 汽缸冷却液未用蒸馏水及重铬酸钾，致使汽缸套中沉积物多	应及时清理冷却盘管 必须定期清理汽缸套

三、给您提个醒

① 一台辛烷值机标准的机械状态，直接影响测定结果的准确。而辛烷值机能否经常保持良好状态又与正确的维护、保养、精心仔细的检修分不开。

② 辛烷值机的维护保养分为三种类型：即每日的检查维护；按规定强制性的中短期检查维修；较长时期间隔、全面地对机器进行大修。

③ 辛烷值机每日维护，包括以下对机器的一般检查和正确使用维护：

燃料系统，检查汽化器管路和阀门是否泄漏；

检查曲轴箱机油液面，如油量不足及时补加规定牌号的机油；

检查点火系统，检查点火定时，如不符合要求要进行调整；

阀系统，检查气阀间隙，不合标准及时调整；

开车一定要盘车，停机一定要转动飞轮压缩冲程上死点处。每次开车要检查蒸馏水液面，各点温度压力等情况的变化，停车后清理环境，清擦机器。

④ 辛烷值机每周维护，包括检查储罐内冷却液液面，并加入蒸馏水以保持储罐内有一半高度液面。

⑤ 辛烷值机每月维护，包括用一支防冻自动比重计测量冷却液相对密度，并加入蒸馏水或冷却液以保持混合液的凝点在-18～-15℃。

乙二醇 $\rho_{20}=1.1088$，水：乙二醇(5：1)混合 $\rho_{20}=1.1018$。

⑥ 辛烷值机每半年维护包括：

在冷却液循环泵的每个油孔内滴入一滴轻质润滑油；

用低压压缩空气吹扫，以清洁空气过滤器；

排出冷却液并用新配冷却液替换。

⑦ 辛烷值机每年维护，包括更换空气过滤器。

四、请您想一想

① 马达法测定汽油辛烷值应注意哪些事项？

② 测定汽油辛烷值的意义何在？

③ 什么是马达法辛烷值和研究法辛烷值？

5.1.10 磨斑直径测定仪的常见故障处理

磨斑直径测定仪是依据 NB/SH/T 0765—2021《柴油润滑性的评定　高频往复试验机法》设计制造的分析专用测试仪器，适用于测定柴油的润滑性测定。该仪器需要在加载情况下以设定的功率和冲程往复运动，操作不当易发生故障。本节主要以 CMS-01 型仪器为例进行介绍。

一、培训准备

(1) 理论准备

掌握磨斑直径测定仪常见故障的认知及磨斑直径测定仪应保持的状态。

(2) 仪器准备

相应磨斑直径测定仪(CMS-01 型)及所需的仪器配件。

二、常见故障处理

磨斑直径测定仪常见故障处理见表 3-5-10。

表 3-5-10　磨斑直径测定仪常见故障处理

故　障	产生原因	处理方法
数据断流告警	上位机无法接收下位机发送的数据	检查下位机是否上电 检查上/下位机的通信电缆是否连接正确复位
参数下发失败告警	上位机先于下位机开启	先启动下位机
油温异常告警	试验油加热长时间达不到设定值，试验油被加热到高于设定值 7℃以上	检查铂电阻是否安装到位 检查铂电阻是否完好 检查加热片是否完好
激振器异常告警	运行参数异常 光栅读数头异常 激振器损坏 光栅或激振器电路损坏	重新设置合适的参数 调整光栅读数头与栅尺间的平行位置 联系厂家更换

三、给您提个醒

① 试验开始前，与试件接触的零部件应彻底清洗。上下试件及它们各自的夹具、固定试件的螺钉等用清洗剂浸没后，进行超声清洗。

② 操作前请戴好橡胶手套，将试件固定好。

③ 装卸上试件夹具时，不可用力拧动固定螺钉，以免损坏激振器内的弹簧片。

④ 安装下试件夹具时也不可过力拧螺钉，防止损伤加热平台内螺孔。

⑤ 测油温的铂电阻插入下试件夹具内测温孔中，铂电阻的端面一定要与测温孔的底面相接触，否则油温控制不准。

四、请您想一想

① 影响磨斑直径测定的因素有哪些?

② 环境温度、湿度对试验结果影响如何?

③ 异常处置的注意事项有哪些?

5.2　未知样品馏程测定分析方案设计

车用无铅汽油、煤油、轻柴油、喷气燃料等其中的重要质量指标之一是馏程。在决定一种原油的用途和加工方案时，必须先知道其中所含轻、重馏分的数量，测定馏程可大致看出原油中含有汽油、煤油、轻柴油等馏分数量之多少。石油炼制过程中，控制炼油装置操作条件(如温度、压力、塔内液面、侧线拔出量、蒸汽用量等)是以馏出物的馏程结果为基础的。如按航煤馏程来确定塔顶温度，若航煤干点高于指标，一般加大回流量，以降低塔顶温度，炼得的航煤便轻起来，使航煤量相应减少；若航煤干点比指标低，则又需减少回流量，以升高塔顶温度，则航煤变重，油量也会增加。所以，定期做馏程控制分析，准确及时与否对产品的质量和产量关系很大。另外，测定发动机燃料的馏程，可鉴定其蒸发性，从而判断其在使用时的适用程度。灯用煤油的馏程，控制干点不高于 310℃，是限制煤油中的轻、重馏分有适当的量，不至于过多或过少，以达到照明光度大、火焰均匀、灯芯结灯花少、耗油量省的要求。煤油中轻馏分过多，因挥发性大，耗油量也大。重馏分过多，使用时会使灯芯毛细孔堵塞，造成灯芯吸油困难，影响照明光度，且灯芯易结灯花。因此，分析样品馏程，为生产提供准确的数据具有非常重要的意义。石油产品馏程测定分析方法是：100mL 试样在规定的仪器及试验条件下，按产品性质的要求进行蒸馏，测定样品的密度和蒸气压，选择正确的组别，按照不同的参数及仪器配置进行分析，系统地观察温度计读数和冷凝液体积，然后从这些数据算出测定结果，同时测量环境大气压用于校正。

一、要求

(1) 未知样品的油品类别确定

按照 GB/T 1884—2000《原油和液体石油产品密度实验室测定法(密度计法)》测定未知样品的密度。根据所测得的密度确定未知样品的油品类别是汽油还是煤油或轻柴油。

(2) 馏程测定方法的仪器准备

(3) 馏程测定方法准备工作的实施

(4) 馏程测定方法的操作步骤

二、提示

判断未知样品的油品类别；掌握馏程测定方法准备工作的实施及馏程测定方法操作步骤的实施。

三、给您提个醒

根据所测得的密度确定未知样品的油品类别后，按 GB/T 6536 的要求确定被测油品属于 0~4 组的哪一组，然后按照这一组对应的要求选择仪器，控制温度。

四、请您想一想

① 测定温度经大气压力修正的修正公式是什么？

② 试样的蒸馏损失如何计算？

③ 为什么测定不同石油产品馏程时冷凝器内温度不同？

④ 测定汽油馏程时，量筒口部用棉花塞住的目的是什么？

⑤ 造成馏出液体积过多或过少的原因有哪些？

⑥ 为什么试油中有水时，试验前应进行脱水？

⑦ 为什么要严格控制加热速度？

⑧ 为什么蒸馏不同石油产品时要选用不同孔径的石棉垫？

第 6 章　塑 料 分 析

6.1　塑料试样的状态调节及标准试验环境

标准环境是指优先选用的、规定了空气温度和湿度且限制了大气压强和空气循环速度范围的恒定环境，该空气中不含明显的外加成分，且环境未受到任何明显的外加辐射影响。标准环境使样品或试样能够达到并保持规定的状态。标准环境相当于实验室的平均环境条件，并能建立在（环境可控制的）状态调节柜、箱或房间中。

状态调节环境是指进行试验前保存样品或试样的恒定环境。

试验环境是指在整个试验期间样品或试样所处的恒定环境。

状态调节是指为使样品或试样达到温度和湿度的平衡状态所进行的一种或多种操作。

室温是指相当于没有控制温、湿度的实验室一般大气条件的环境。

一、培训准备

（1）理论准备

掌握状态调节及标准试验环境的定义和状态调节及标准试验环境对测定结果的影响；了解在标准试验环境下进行状态调节和测试的重要性。

（2）仪器、设备准备

环境可控制的状态调节柜、箱或房间。

所需试验仪器、设备。

（3）试样准备

测定所需试样。

二、操作步骤

（1）原理

所谓的状态调节就是把试样暴露在规定的状态调节环境或温度中，那么试样与状态调节环境或温度之间即可达到可再现的温度和/或含湿量平衡的状态。

（2）标准环境

除非另有规定，在大气压强为 86~106kPa 的一般海拔高度及空气循环速度≤1m/s的场合，适用于表 3-6-1 规定的标准环境。

表 3-6-1　标准环境

标准环境代码	空气温度 t/℃	相对湿度 U/%	备　　注
23/50	23	50	应该使用这种标准环境，除非另有规定
27/65	27	65	对于热带地区如各方商定，可以使用

（3）标准环境的等级

表 3-6-2 给出了标准环境的两种不同等级，对应于温度和相对湿度的不同容差（即容许偏差）水平。表 3-6-2 给出的容差适用于试验环境内或状态调节环境内试样所处空间，并且

包括了对环境内试样位置两方面的偏差。通常，容差是配合成对的，即1级容差或2级容差都是相对于温度和相对湿度两者而言的。

表3-6-2 对应于不同容许偏差的标准环境等级

等　级	温度容许偏差 Δt/℃	相对湿度容许偏差 ΔU/%	
		23/50	27/65
加　严	±1	±5	±5
一　般	±2	±10	±10

(4) 标准温度和室温

如果湿度对所测性能没有影响或其影响忽略不计，则不必控制相对湿度，相应的两个环境称作“温度23”和“温度27”。

同样，如果温度和相对湿度对所测性能没有任何显著影响，则温度和相对湿度都不必控制。在这种情况下，该环境称为“室温”。

“室温”是指其空气温度保持在规定范围内，而不考虑相对湿度、大气压或空气循环流速的影响。通常，空气温度范围为18~28℃，应称作“18~28℃的室温”。

(5) 程序

状态调节：

状态调节周期应在材料的相关标准中规定。

当在相应标准中未规定状态调节周期时，应采用下列周期：

对于标准环境23/50和27/65，不少于88h；

对于18~28℃的室温，不少于4h。

对于具体试验和已知能够很快或很慢才能达到温度及湿度平衡的塑料或试样，可以在相应的标准中规定一个较短或较长的状态调节周期。

在某种环境中进行状态调节的试样，其吸湿量和吸收或解吸湿气的速率是否显著取决于制作试样材料的特性和形状。

(6) 试验

除非另有规定，状态调节后的试样应在与状态调节相同的环境或温度下进行试验。任何情况下，试验都应在试样从状态调节环境内取出后立即进行。具体操作如下：

将样品置于标准环境中，按规定时间进行状态调节；

状态调节完成后，取出试样，立即进行相应项目的测定。

三、给您提个醒

(1) 对某些情况的处理与考虑

上文给出的状态调节时间可能对于下列情况不适用：

① 已知只有经很长时间才能与其状态调节环境达到平衡的材料(例如某些聚酰胺类)；

② 其吸湿能力与到达平衡所要求的时间都无法事先估算的不熟悉材料。在这些情况中，可任选下列一种方法：

方法一，在不会使材料发生明显或永久变化的高温下烘干该材料[对于很多材料，可接受的温度为(50±2)℃]；

方法二，在标准环境23/50中调节该试样，直至达到平衡；

方法三，将放置在鼓风烘箱或状态调节箱内的试样保持在一个指定的高温下，直至到达湿含量平衡(该温度和相对湿度应由有关各方商定并应写入试验报告中)。

方法一有个缺点，即某些性能值，尤其是力学性能值，在干态下与在标准环境 23/50 中状态调节后得到的测定值不同。

对于方法二，下列经验做法可能是有用的，如果间隔 d^2 个星期进行称量，所得结果的变化率不大于 0.1%时，可以假定为已经到达平衡(其中 d 为试样厚度，单位为 mm)。

如果已知聚合物的湿扩散特性并能用来确定适宜的暴露周期和条件时，则使用方法三。应把试样放置在烘箱或状态调节箱内，直到其处在湿含量平衡的状态。如果在状态调节期间材料平均湿含量的变化率小于 0.01%时，即到达了该状态。使用下述准则估计到达湿含量平衡的时间：如果已知湿扩散系数 D_{zt}，则到达湿含量平衡的时间应为 $0.02d^2/D_{zt}$ 或 1 天，取两者中的较大者(d 为试样厚度，单位为 mm，t 为状态调节时间，单位为 s)。

(2) 状态调节与标准环境

试样状态调节操作时，应将试样分散放置在标准环境中，标准环境应该是均匀而稳定的。从状态调节到进行试验的过程应是连续的过程，要避免试样在这个过程的某一环节离开标准环境。状态调节的时间要满足标准的规定。

四、请您想一想

试样状态调节的作用是什么?

6.2 仪器的安装与调试

在塑料的性能测试过程中，仪器的安装对测试结果及仪器本身的正常运行都有很大的影响。在进行仪器安装前必须认真地阅读仪器的使用说明书，选择合适的环境，按照仪器说明书的要求，进行仪器安装和调试是非常有必要的。本节主要介绍几种仪器的安装和调试，更多的内容请详见仪器说明书。

6.2.1 熔体流动速率测定仪的安装及调试

一、培训准备

(1) 理论准备

了解熔体流动速率测定仪的构造；掌握熔体流动速率测定仪的安装方法。

(2) 设备准备

熔体流动速率测定仪、熔体流动速率测定仪开箱验收单、熔体流动速率测定仪使用说明书、必要工具。

(3) 试剂准备

熔体流动速率测定标准样品。

二、操作步骤

(1) 环境要求

① 一般的熔体流动速率测定仪仅限于室内使用，要求室内环境的温度变化范围为 5~40℃，最大相对湿度为 80%，安装熔体流动速率测定仪的场所还应避免振动，以免对测试结果或仪器本身造成影响。

② 在某些情况下，为了排出在测试过程中释放的过热气体和异味，可能需要使用排气系统，如果需要的话，还应具备排气条件。

(2) 仪器的开箱和检查

① 仪器包装箱，取出仪器周围的包装物，然后小心地从包装箱内取出仪器，按照仪器

装箱单检查所有的部件及附件，如有遗漏应停止安装并与生产厂商联系。

② 检查仪器外观是否正常，如有异常应停止安装并与生产厂商联系。

(3) 仪器安装

① 仪器放在坚硬、水平的平案上。

② 将孔嘴插入汽缸中，然后插入活塞组件。

③ 将精密的水平仪置于活塞的顶端，活塞杆必须垂直，水平仪的底座清洁地安置在活塞的台肩上。

④ 利用底座可调节螺丝将仪器调节到水平状态，在仪器到达水平状态后拧紧底座的锁紧螺母。

⑤ 从活塞上取下水平仪。

⑥ 按照仪器说明书要求进行仪器调试。

(4) 填写开箱验收单

三、给您提个醒

由于熔体流动速率测定仪较重，从箱中取出仪器时，必须非常小心。提拉仪器时，必须拉住基座板，禁止提拉如加热炉组件等部位。

四、请您想一想

熔体流动速率测定仪哪些部件需要定期校验和检查？

6.2.2 维卡软化点测定仪的安装

一、培训准备

(1) 理论准备

了解维卡软化点测定仪的构造；掌握维卡软化点测定仪的安装方法。

(2) 设备准备

维卡软化点测定仪、维卡软化点测定仪开箱验收单、维卡软化点测定仪使用说明书、必要工具。

二、操作步骤

(1) 环境要求

① 维卡软化点测定仪的安装地点必须考虑空间、温度、湿度和空气质量，一般要求安装后仪器周围至少有0.8m的空间，温度最好在16~29℃，湿度0~35%无冷凝，无腐蚀和放射性，房间应通风良好、无粉尘和空气污染。

② 因为仪器在测试过程中会产生油蒸气，所以必须提供排风系统。

③ 仪器台能满足承重要求。

④ 安装环境具备符合仪器要求的水、电条件。

(2) 仪器的开箱及检查

① 开箱前，确定包装箱的完好和处于水平状态放置。

② 打开包装箱。

③ 除去箱内的防震材料。

④ 按照说明书要求取出仪器。

(3) 安装及调试

① 将仪器放置在仪器台上，调节仪器至水平状态。

② 按照仪器说明书要求对需要连接的管路进行连接，并保持密闭不泄漏。

③ 按照说明书要求进行电路的连接。

④ 按照说明书要求进行其他组件的安装。

⑤ 按照要求装入硅油。

(4) 调试

按照说明书对仪器进行调试。

(5) 填写开箱验收单

三、给您提个醒

本仪器为加热仪器，对环境温度有一定影响，安装环境周围不应有对温度环境有要求的其他检验设备。

四、请您想一想

维卡软化点测定仪的负荷如何进行校准?

6.2.3 薄膜机的清洗与回装

一、培训准备

(1) 理论准备

了解薄膜流延膜机的构造；掌握流延膜机的安装和清理方法。

(2) 设备准备

流延膜机和必要工具。

二、操作步骤

(1) 流延膜机清洗过程

① 膜机开机，设置仪器各控制点温度在200℃以上，待温度达到设定值后，恒温30min。

② 降低模头温度控制点ZONE5、ZONE6、ZONE7，设定温度至150℃，佩戴隔热手套，拔出模头部位热电偶。

③ 松开模头与过渡体连接螺栓，拆下隔热板，卸下模头。松开模头连接螺栓，将两片模头分开。趁热用铜刷和石蜡清理模头，直至模头接触面洁净。

④ 降低过渡体温度控制点ZONE4，设定温度150℃，佩戴隔热手套，拔出过渡体部位热电偶。松开仪器与过渡体螺栓，拆下过渡体，趁热用铜刷和石蜡清理过渡体，直至过渡体各部件内部洁净。

⑤ 用铜刷和石蜡清理膜机、过渡体、模头等连接部件，直至洁净。

⑥ 在料斗内加入清机料，开启螺杆挤出部分，将清机料自螺杆挤出，完成螺杆初步清洁。

⑦ 降低螺杆各段温度控制点ZONE1、ZONE2、ZONE3，设定温度至150℃，佩戴隔热手套，拔出螺杆各部位热电偶。

⑧ 打开螺杆末端固定螺栓，拆下护板，用特制的顶出棒，将螺杆顶出，趁热用铜刷和石蜡清理螺杆，直至螺杆洁净。

⑨ 用特制的清扫棒，清理挤出机腔体，在清扫棒顶部包裹洁净的纱布，清洁挤出机腔体，直至洁净。

⑩ 将仪器各部件清洁干净。

(2) 流延膜机回装

① 回装螺杆。

② 回装过渡体。

③ 回装模头和隔热板。

④ 回装热电偶。

⑤ 调节模头间隙。

三、给您提个醒

流延膜机必须趁热清洗，否则不易清除模头和螺杆上的余料。清理时做好防护，防止烫伤。

四、请您想一想

流延膜机回装好后如何调校？

6.3 影响测定结果的因素及解决方案

6.3.1 影响拉伸性能测定结果的因素及解决方案

拉伸试验是用标准试样，在规定的标准化环境下进行测定的。标准化环境包括：试样制备、状态调节、试验环境和试验条件等。这些因素都将影响试验结果。

一、培训准备

(1) 理论准备

掌握塑料拉伸性能的测定原理及操作步骤；掌握测定过程中出现异常现象的处理方法。

(1) 仪器准备

拉伸性能试验装置。

(2) 试样准备

用于测定拉伸性能的试样。

二、操作步骤

① 检查拉伸性能测定试验设备，在满足试验要求的情况下开始进行样品测定。

② 测定试样，测定结果出现异常，查找原因。

③ 参照表 3-6-3，总结出现测定结果异常的原因。

表 3-6-3 影响塑料拉伸性能测定结果的因素

影响因素	原因分析	解决方法
温度	高分子材料的拉伸性能表现出对温度的依赖性，随温度升高，拉伸强度降低，而断裂伸长率升高	在标准环境规定的温度下进行试验
拉伸速度	塑料属黏弹性材料，它的应力松弛与变形速度紧密相关，应力松弛需要一个时间过程。当低速拉伸时，分子链来得及位移、重排，呈现韧性行为，表现为拉伸强度减小，而断裂伸长率增大；高速拉伸时，高分子链段的运动跟不上外力作用速度，呈现脆性行为，表现为拉伸强度增大，断裂伸长率减小	严格按照标准要求控制拉伸速度

④ 根据所查找的出现测定结果异常的可能原因，制定完善的解决方案。

⑤ 实施解决方案，确认方案实施效果。如问题解决则进行下一步操作，若问题仍然存在，则继续查找原因和制定、实施解决方案，直至测定结果异常现象消除。

⑥ 重新进行样品测定。

三、给您提个醒

① 在塑料拉伸性能测定过程中，试验机性能、试验者个人操作水平、熟练程度、责任心等也会对测试结果产生影响。

② 本节中未列出仪器故障、原因分析及解决方案，如在实际测试中遇到该类问题，可查找该仪器的使用说明书进行原因分析和故障处理。

四、请您想一想

如果缺少受试材料资料，应如何确定拉伸速度？

6.3.2 影响热塑性塑料熔体流动速率测定结果的因素及解决方案

一、培训准备

（1）理论准备

掌握热塑性塑料熔体流动速率的测定原理及操作步骤；掌握测定过程中出现异常现象的处理方法。

（2）仪器准备

热塑性塑料熔体流动速率仪。

（3）试样准备

用于测定的试样及熔体流动速率测定标准样品。

二、操作步骤

① 检查熔体流动速率仪，在满足试验要求的情况下开始进行样品测定。

② 测定试样，测定结果出现异常，查找原因。

③ 参照表 3-6-4，总结出现测定结果异常的原因。

表 3-6-4 影响热塑性塑料熔体流动速率测定结果的因素

影响因素	原因分析	解决方法
弹性因素	高聚物熔体是一种黏弹性液，在外力作用下，发生不可逆的弹性流动，但同时发生可恢复的弹性形变，在试验中发现，将负荷骤然施加于活塞上，熔体挤出量最初反映出是下降的，这主要是由弹性因素造成的	把试料加入料筒后，先加上负荷的一部分，可使熔体弹性得到一定的衰减
容量效应	测定过程中，熔体流速逐渐增大，表现出挤出速率与料筒中熔体高度有关，这可能是由于熔体与料筒有黏附力，这种力阻碍活塞杆下移	应在同一高度截取样条
温度梯度的影响	料筒中部的温度比上下部要高，存在一定的温度梯度，因而影响熔体的黏度。温度高，黏度低，挤出速率快	应在同一高度截取样条
热降解的影响	聚合物在料筒中，受热发生降解，特别是粉状聚合物，由于空气中的氧更容易加速热降解效应，使黏度降低，从而加快聚合物的流动速率	对于粉状试样，尽量压实，减少空气，同时加入一些热稳定剂；测试时通入氮气保护，这样可以使降解减到最小
温度波动的影响	熔体流动速率与温度的关系十分密切。温度偏高，流动速率大，温度偏低，则反之。如用聚丙烯树脂做试验，229.5℃熔体流动速率为 1.83g/10min，230℃则为 1.86g/10min，可见温度波动对测定结果是有影响的	在测试中要求温度稳定，波动尽量控制在±0.1℃以内
试样中水分含量的影响	试样中含水的量对熔体流动速率是有影响的。水分子是极性分子，就类似于加入了增塑剂一样，水分含量越大，熔体流动速率就越大	在试验前，有必要对试样进行干燥处理

④ 根据所查找的出现测定结果异常的可能原因，制定完善的解决方案。

⑤ 实施解决方案，确认方案实施效果。如问题解决则进行下一步操作，若问题仍然存在，则继续查找原因和制定、实施解决方案，直至测定结果异常现象消除。

⑥ 测定标准样品。

⑦ 重新进行样品测定。

三、给您提个醒

本节中未列出仪器故障、原因分析及解决方案，如在实际测试中遇到该类问题，可查找该仪器的使用说明书进行原因分析和故障处理。

四、请您想一想

两个实验室对相同样品的熔体流动速率结果不相同，如本实验室的测定结果偏低，应从哪些方面查找原因？

6.3.3 影响简支梁冲击试验测定结果的因素及解决方案

一、培训准备

(1) 理论准备

掌握简支梁冲击试验的测定原理及操作步骤；掌握测定过程中出现异常现象的处理方法。

(2) 仪器准备

简支梁冲击试验设备。

(3) 试样准备

用于测定的试样。

二、操作步骤

① 检查简支梁冲击试验设备，在满足试验要求的情况下开始进行样品测定。

② 测定试样，测定结果出现异常，查找原因。

③ 参照表 3-6-5，总结出现测定结果异常的原因。

表 3-6-5　影响简支梁冲击试验测定结果的因素

影响因素	原因分析	解决方法
飞出功	由于试样在冲击过程中要产生弹性变形，这种弹性变形积蓄在试样破坏时要释放出来，因此摆锤冲击在试样上的能量总大于试样断裂所需的能量，所以断裂后的试样会飞出。在摆锤式冲击试验机的度盘上读出的数值，不仅包括使试样产生裂痕、裂痕在试样中扩展和产生变形的能量，还包括使试样断裂后飞出的能量即飞出功。飞出功与试样的韧性并无关系，但有时占很大比例，尤其对吸收能量较小的脆性材料	必要时进行能量修正
试样尺寸	使用同一配方和同一成型条件而厚度不同的塑料试样做冲击试验时，可发现不同厚度的试样在同一跨度和不同跨度上的试验结果以及使用相同厚度的试样但在不同跨度上所做冲击试验结果，所得冲击强度都不能进行比较和换算。可以看出：同一试样的厚度越大，冲击强度值越高；而在相同的试样厚度下，试验跨度越大，冲击强度值也越高	按标准要求制备试样
冲击速度的影响	通常，冲击试验机摆锤的冲击速度为 3~5 m/s，在冲击试验中，冲击速度值随冲击速度的增加而降低；热塑性塑料更为显著	保证摆锤预扬角在规定角度

④ 根据所查找的出现测定结果异常的可能原因，制定完善的解决方案。

⑤ 实施解决方案，确认方案实施效果。如问题解决则进行下一步操作，若问题仍然存在，则继续查找原因和制定、实施解决方案，直至测定结果异常现象消除。

⑥ 重新进行样品测定。

三、给您提个醒

① 本节中未列出仪器故障、原因分析及解决方案，如在实际测试中遇到该类问题，可查找该仪器的使用说明书进行原因分析和故障处理。

② 试验温度、环境湿度、试样缺口半径及缺口加工方法等因素都会对测定结果带来影响，在实际测定中应尽量消除这些因素所造成的影响。

四、请您想一想

在实际测试过程中还有哪些因素会对测定结果有影响，应如何消除?

6.3.4 影响维卡软化点测定结果的因素及解决方案

一、培训准备

(1) 理论准备

掌握维卡软化点的测定原理及操作步骤；掌握测定过程中出现异常现象的处理方法。

(2) 仪器准备

维卡软化点测定仪。

(3) 试样准备

用于测定的试样。

二、操作步骤

① 检查维卡软化点测定仪，在满足试验要求的情况下开始进行样品测定。

② 测定试样，测定结果出现异常，查找原因。

③ 参照表 3-6-6，总结出现测定结果异常的原因。

表 3-6-6 影响维卡软化点测定结果的因素

影响因素	原因分析	解决方法
试样的制备方法	同一材料制成相同厚度的试样，模压的比注塑的试样测定结果要高。这可能是由于注塑试样的内应力较大的缘故，可见不同的制样方法对测定结果是有影响的	按标准规定进行样品制备
试样的状态调节	将模压和注塑试样进行退火，其退火温度一般较软化点低 20℃左右，退火时间 2~3h。其测定结果是经退火处理后的试样都比原来的有不同程度的提高，这可能是冻结的高分子链得到了局部调整，内应力得到进一步消除的原因	按标准规定进行试样的状态调节
试样尺寸	试验结果表明，试样厚度在 3~4mm 时测定值的重复性比较好；厚度达到 6mm 时，分散性尚在允许范围内；太薄的试样只能叠合后进行测定	要求试样有高的厚度均匀性和表面平整度。在横向尺寸方面，应保证压入点能远离边缘 2mm 以上。这时可保证测定值有较好的重复性，更不会发生开裂现象

④ 根据所查找的出现测定结果异常的可能原因，制定完善的解决方案。

⑤ 实施解决方案，确认方案实施效果。如问题解决则进行下一步操作，若问题仍然存在，则继续查找原因和制定、实施解决方案，直至测定结果异常现象消除。

⑥ 重新进行样品测定。

三、给您提个醒

① 本节中未列出仪器故障、原因分析及解决方案，如在实际测试中遇到该类问题，可查找该仪器的使用说明书进行原因分析和故障处理。

② 维卡软化点测定仪应使用低线性膨胀系数刚性材料制成的标准试样对每台仪器进行空白试验。

四、请您想一想

在维卡软化点试验中，如果平顶针的截面积小于标准的规定，对试验结果有何影响？

6.3.5 影响耐环境应力开裂试验测定结果的因素及解决方案

一、培训准备

(1) 理论准备

掌握耐环境应力开裂试验的测定原理及操作步骤；掌握测定过程中出现异常现象的处理方法。

(2) 仪器准备

耐环境应力开裂试验装置。

(3) 试样准备

用于测定的试样。

二、操作步骤

① 检查耐环境应力开裂试验装置，在满足试验要求的情况下开始进行样品测定。

② 测定试样，测定结果出现异常，查找原因。

③ 参照表 3-6-7，总结出现测定结果异常的原因。

表 3-6-7 影响耐环境应力开裂试验测定结果的因素

影响因素	原因分析	解决方法
环境介质	试验结果表明，在不同介质中，环境应力开裂有明显的不同。通常认为高极性、低黏度、低表面张力的试剂是最有效引起开裂的试剂	选择试验方法标准规定的环境介质
环境介质的配制及浓度	试验证明，环境介质的浓度和放置时间对结果有影响	环境介质的配制浓度要按标准要求进行配制，每次试验要使用新配制的介质溶液
刻痕	试验证明，刻痕刀片；刻痕深度；试样刻痕、弯曲、置于试样保持架及放入玻璃管整个过程所用时间及刻痕时的温度对试验结果都有影响	刻痕的刀片必须光滑、无卷刃；刻痕的深度必须满足标准的要求，对试样刻痕、弯曲、置于试样保持架及放入玻璃管的过程须在 5 min 内完成。刻痕时，如室温较低，可先将试片温度提高再刻痕
试验温度	温度过高、过低都会对结果带来影响	试验温度必须是(50±0.5)℃，温度过高、过低都会对结果带来影响，所以恒温水浴的液面必须高于浸泡介质的液面，避免温度的影响

④ 根据所查找的出现测定结果异常的可能原因，制定完善的解决方案。

⑤ 实施解决方案，确认方案实施效果。如问题解决则进行下一步操作，若问题仍然存在，则继续查找原因和制定、实施解决方案，直至测定结果异常现象消除。

⑥ 重新进行样品测定。

三、给您提个醒

本节中未列出仪器故障、原因分析及解决方案，如在实际测试中遇到该类问题，可查找该仪器的使用说明书进行原因分析和故障处理。

6.3.6 影响密度(密度梯度柱法)测定结果的因素及解决方案

一、培训准备

(1) 理论准备

掌握密度梯度法测定塑料密度的测定原理及操作步骤；掌握测定过程中出现异常现象的处理方法。

(2) 仪器准备

密度梯度测定试验装置。

(3) 试样准备

用于测定的试样。

二、操作步骤

① 检查密度梯度测定试验装置，在满足试验要求的情况下开始进行样品测定。

② 测定试样，测定结果出现异常，查找原因。

③ 参照表 3-6-8，总结出现测定结果异常的原因。

表 3-6-8 影响密度测定结果的因素

影响因素	原 因 分 析	解 决 方 法
温 度	塑料密度的测定结果与环境温度有直接的关系	为了保持密度梯度管内密度梯度稳定平衡，要求温度必须稳定，而且恒温水浴的液面要高于密度梯度液液面。恒温水浴的控制温度为设定值±0.1℃
试 样	试样必须容易确定其中心位置，无空穴或其他容易形成气泡的表面缺陷。切割必须用锐利的刀片，避免由于压缩引起密度的改变	选择符合要求的试样
试样的清理	打捞试样时，容易破坏密度梯度液密度的线性平衡，从而给测定结果带来影响	打捞试样时必须小心，以避免破坏密度梯度液密度的线性平衡

④ 根据所查找的出现测定结果异常的可能原因，制定完善的解决方案。

⑤ 实施解决方案，确认方案实施效果。如问题解决则进行下一步操作，若问题仍然存在，则继续查找原因和制定、实施解决方案，直至测定结果异常现象消除。

⑥ 重新进行样品测定。

三、给您提个醒

本节中未列出仪器故障、原因分析及解决方案，如在实际测试中遇到该类问题，可查找该仪器的使用说明书进行原因分析和故障处理。

四、请您想一想

① 在密度梯度法测定塑料密度时，为什么要求试样厚度一般不低于 0.13mm?

② 在密度梯度法测定塑料密度时，对玻璃浮标有什么要求?

③ 当用金属丝或金属网打捞密度梯度柱中的样品时，对打捞速度有何要求?

6.3.7 影响灰分测定结果的因素及解决方案

一、培训准备

(1) 理论准备

掌握塑料灰分的测定原理及操作步骤；掌握测定过程中出现异常现象的处理方法。

（2）仪器准备

坩埚 、煤气灯、马弗炉、电子天平、干燥器、称量瓶等符合试验要求的仪器。

（3）试样准备

用于测定的试样。

二、操作步骤

① 检查塑料灰分测定所用设备，在满足试验要求的情况下开始进行样品测定。

② 测定试样，测定结果出现异常，查找原因。

③ 参照表 3-6-9，总结出现测定结果异常的原因。

表 3-6-9　影响灰分测定结果的因素

影响因素	原因分析	解决方法
样　品	低灰分、松散状样品，样品体积大，容易造成燃烧不完全或灰分损失	对于低灰分、松散状样品，样品体积大，可先压成片再粉碎成块，或分次加入坩埚燃烧，防止燃烧不完全或灰分损失
冷却时间	坩埚在空气中冷却时间的不同，容易引起称量误差，从而引起测定结果异常	在马弗炉中灼烧后的坩埚，取出后要先在空气中冷却 1～3min，再移入干燥器中冷却。在空气中冷却的具体时间，因地区和季节而异，但每次的冷却时间应一致
样品处理	样品燃烧时挥发，产生称量误差	对于燃烧时产生挥发性金属卤化物的样品，应该用硫酸处理后再燃烧，使之转化成不挥发的硫酸盐

④ 根据所查找的出现测定结果异常的可能原因，制定完善的解决方案。

⑤ 实施解决方案，确认方案实施效果。如问题解决则进行下一步操作，若问题仍然存在，则继续查找原因和制定、实施解决方案，直至测定结果异常现象消除。

⑥ 重新进行样品测定。

三、给您提个醒

本节中未列出仪器故障、原因分析及解决方案，如在实际测试中遇到该类问题，可查找该仪器的使用说明书进行原因分析和故障处理。

四、请您想一想

影响灰分测定结果的环境因素有哪些？应如何消除？

6.3.8　影响水平法燃烧性能测定结果的因素及解决方案

一、培训准备

（1）理论准备

掌握塑料燃烧性能水平法的测定原理及操作步骤；掌握测定过程中出现异常现象的处理方法。

（2）仪器准备

水平支撑装置、实验室喷灯、秒表、千分尺、干燥器等符合试验要求的仪器。

（3）试样准备

用于测定的试样。

二、操作步骤

① 检查水平燃烧性能测定所用设备，在满足试验要求的情况下开始进行样品安装。

② 调节喷灯火焰。

③ 测定试样，观测火焰破坏长度和时间。测定结果出现异常，查找原因。

④ 参照表 3-6-10，总结出现测定结果异常的原因。

表 3-6-10 影响水平燃烧性能测定结果的因素

影响因素	原因分析	解决方案
试样厚度	1. 由于在加热阶段，把试样加热至分解温度所需的时间与其质量(或厚度)基本成正比 2. 试样的着火、燃烧和传播主要发生在表面上，厚度越小的试样，单位质量具有的表面积就越大	标准中对试样厚度做了严格规定，并且明确指出：厚度不同的试样，其试验结果不能相互比较
试样放置形式	在水平法中，试样的长轴是呈水平方向放置的。而其横截面轴线与水平方向夹角不同时也会影响同样尺寸试样的试验结果	按照标准中规定采用横截面轴线与水平成 45°的放置形式
火焰高度和火焰颜色	火焰高度直接影响试样受到火焰作用面积的大小。火焰颜色不同，其温度有一定差异，影响火焰提供的热量	控制火焰高度在 20~40mm；火焰颜色调为蓝色

⑤ 根据所查找的出现测定结果异常的可能原因，制定完善的解决方案。

⑥ 实施解决方案，确认方案实施效果。如问题解决则进行下一步操作，若问题仍然存在，则继续查找原因和制定、实施解决方案，直至测定结果异常现象消除。

⑦ 重新进行样品测定。

三、给您提个醒

本节中未列出仪器故障、原因分析及解决方案，如在实际测试中遇到该类问题，可查找该仪器的使用说明书进行原因分析和故障处理。

四、请您想一想

试样状态调节条件对水平法燃烧性能测定的影响？什么试样可适当对其进行老化？老化条件是什么？

6.3.9 影响等规指数测定结果的因素及解决方案

一、培训准备

(1) 理论准备

掌握聚丙烯等规指数的测定原理及操作步骤；掌握测定过程中出现异常现象的处理方法。

(2) 仪器、试剂准备

萃取装置、精度 0.1mg 电子天平、正庚烷分析纯、丙酮分析纯等符合试验要求的仪器和试剂。

(3) 试样准备

用于测定的试样。

二、操作步骤

① 检查等规指数测定所用设备、试剂，在满足试验要求的情况下开始进行样品测定。

② 测定试样，测定结果出现异常，查找原因。

③ 参照表 3-6-11，总结出现测定结果异常的原因。

表 3-6-11　影响等规指数测定结果的因素

影响因素	原因分析	解决方案
样品粒度	萃取是将聚丙烯中可溶于正庚烷的可溶物溶在正庚烷中，粒子太大，可溶物包在里边不易溶解，粒子越小越易溶解	粒子大小对试验结果有影响，一般控制在 0.3~0.6mm 较宜
回流时间	回流时间越长，溶解出来的可溶物越多，一般回流 24h 基本可溶解出全部可溶物	只有在通过试验证明的情况下，才允许适当缩短回流时间
回流量	聚丙烯可溶物测定采取的方法是回流萃取，因此回流量大小，即溶剂量大小，对结果是有影响的	一般回流量控制在 20±5 次/h 为宜

④ 根据所查找的出现测定结果异常的可能原因，制定完善的解决方案。

⑤ 实施解决方案，确认方案实施效果。如问题解决则进行下一步操作，若问题仍然存在，则继续查找原因和制定、实施解决方案，直至测定结果异常现象消除。

⑥ 重新进行样品测定。

三、给您提个醒

本节中未列出仪器故障、原因分析及解决方案，如在实际测试中遇到该类问题，可查找该仪器的使用说明书进行原因分析和故障处理。

四、请您想一想

等规指数测定样品为什么需要进行退火处理？为什么进行干燥退火时要通氮气？

6.4　试验方案的设计

设计试验、基本试验和综合试验在内容、形式和要求上都有较大区别。在此仅给出主体要求和相关提示，由学员自己分析课题，查阅相关资料，设计试验方案。然后，在指导教员指导下修改，再独立实施，最后写出试验报告。

每个试验课题应包括以下几个方面内容：

一、要求

① 在指定的题目中，根据给出的提示，供学员参考，通过查阅有关书籍、期刊、手册，拟定出合适的试验方案，并按试验目的、原理、试剂（注明规格、浓度）、仪器、试验步骤等，写出切实可行的试验方案。

② 试验方案经审阅后，只要方法合理，试验条件具备，学员可按自己设计的方案进行试验。

二、提示

① 规范化的操作，以达到巩固基本操作的目的。

② 操作过程中仔细观察试验现象，认真思考，不断完善试验方法，考查独立分析问题和解决问题的能力。

③ 撰写试验报告

写出试验报告，考查学员归纳、总结的能力。

6.4.1　聚乙烯粉末灰分的测定方案设计

一、要求

学员应按照 GB/T 9345.1—2008《塑料　灰分的测定　第 1 部分：通用方法》规定的直接煅烧法，自拟方案测定聚乙烯粉末灰分含量。方案内容包括：

① 方法原理；

② 仪器、工具、称量设备(精度要求)；

③ 操作步骤及注意事项；

④ 计算公式及结果表示。

试验方案经审阅后，只要方法合理，试验条件具备，学员可按自己设计的方案进行试验。

二、提示

样品灰分含量未知，应进行一次预测。所取的试样量要足够产生 5~50mg 的灰分，建议从表 3-6-12 中选取试样量。

表 3-6-12　近似灰分含量与试样量对照表

近似灰分含量/%	试样量/g	所得灰分量/mg	近似灰分含量/%	试样量/g	所得灰分量/mg
≤0. 01	≥200	5~50	0. 1~0. 2	25	25~50
>0. 01~0. 05	100	10~50			
>0. 05~0. 1	50	25~50	0. 2	<10	20~50

三、给您提个醒

① 如样品含水，需经预干燥处理。

② 本试验所使用的坩埚材质应为与试验物质不起作用的石英坩埚、陶瓷坩埚或铂坩埚。

四、请您想一想

① 通常，煅烧法测定塑料灰分含量时，最后步骤可选择的温度有哪几种？

② 测定塑料灰分含量，在什么情况下应选择硫酸处理法？

6.4.2　塑料拉伸性能的测定方案设计

一、要求

学员应按照 GB/T 1040《塑料　拉伸性能的测定》系列标准，自拟方案测定聚乙烯样条的拉伸性能。方案内容包括：

① 方法原理；

② 仪器、工具、称量设备(精度要求)；

③ 操作步骤及注意事项；

④ 计算公式及结果表示。

试验方案经审阅后，只要方法合理，试验条件具备，学员可按自己设计的方案进行试验。

二、提示

将试样放到夹具中，务必使试样的长轴线与试验机的轴线成一条直线。当使用夹具对中销时，为得到准确对中，应在紧固夹具前稍微绷紧试样，然后平稳而牢固地夹紧夹具，以防止试样滑移。

三、给您提个醒

根据有关材料的相关标准确定试验速度，如果缺少这方面的资料，可参照 GB/T 1040. 1《塑料　拉伸性能的测定　第 1 部分：总则》中表 1 规定的试验速度。

四、请您想一想

① 如果在拉伸过程中出现样条在标线外断裂，应如何处理？

② 造成拉伸过程中样条在标线外断裂的可能原因主要有哪些？

6.5 仪器故障处理

6.5.1 摆锤冲击试验机故障处理

一、培训准备

(1) 理论准备

掌握摆锤冲击试验机的工作原理；掌握测定过程中出现异常现象的处理方法。

(2) 仪器准备

摆锤冲击试验机。

二、操作步骤

① 检查摆锤冲击试验机，在满足试验要求的情况下开始工作。

② 工作过程出现异常，查找原因。

③ 参照表 3-6-13，总结出现异常的原因。

表 3-6-13 摆锤冲击试验机常见故障与处理方法

	常见问题	分析与解决方法
1	液晶显示不正常	请检查确保液晶控制板接地牢靠，并无松动现象。
2	同一批试样的数据结果相差较大	1. 试样有毛边，请清除毛边后再做试验 2. 试样的夹持不正确。在做悬臂梁试验时，要求试样与夹持台的上表面垂直、对中，缺口顶点必须与上表面在同一平面上 3. 试验用试样的制造过程不稳定造成其本身物理性质不稳定。在试样的制造过程中，必须要严格控制试样条的制造过程，塑胶试样不能取最初几模的试样，必须待注塑机稳定工作后才能取样。 4. 试样缺口深度不均匀。请检查缺口制样机 5. 安装试样时没有选择相应的宽度垫片或厚度垫片，使摆锤的打击中心没有和试样中心重合 6. 检查摆锤是否损坏变形
3	打印结果中冲击韧性与人工计算结果不符	试样厚度与试样宽度在输入时颠倒。本设备依照 ISO179 和 ISO180 的规定，程序设置为试样缺口底部剩余宽度=试样宽度-缺口深度
4	试验结果与试样已知冲击韧性相差较大	1. 量程选择错误。在液晶控制盒上选择与摆锤相应的量程 2. 试样放置方向错误。正确安装方法是悬臂梁缺口方向应正对摆锤刀口，简支梁缺口方向应背对摆锤刀口(或参考标准)
5	打印机工作不正常	1. 检查与液晶控制箱的连线是否连接好 2. 检查打印机本身是否正常。请参见打印机产品说明书或与打印机生产商联系
6	控制箱工作不正常或不工作	1. 通信线未连接好。请检查通信两端接口 2. 箱内控制板松动。请关掉电源，打开控制箱，检查各连线插头是否松动，如果是，请重新插好。正常情况下，请用户不要打开控制箱
7	摆锤不能挂到主机机座的摆轴上	摆锤上端插头轴孔有轻微变形，导致轴孔直径略小于摆轴轴径。用楔形块插到插头开口处，轻轻敲入，将插头轴孔撑大一些即可

续表

	常见问题	分析与解决方法
8	摩擦损失超差	可能是由于滚珠轴承的脏污或者损坏引起的。此时应拆下轴承清洗或者更换，安装前轴承中不得有任何的润滑油，最后按原位安装复位
9	摆锤不回零	检查摆锤机座的水平，检查螺杆是否弯曲，检查试验机摩擦损失是否超差

④ 根据所查找的出现异常的可能原因，制定完善的解决方案。

⑤ 实施解决方案，确认方案实施效果。如问题解决则进行下一步操作，若问题仍然存在，则继续查找原因和制定、实施解决方案，直至测定结果异常现象消除。

⑥ 重新进行样品冲击试验。

6.5.2 材料试验机故障处理

一、培训准备

(1) 理论准备

掌握材料试验机的工作原理；掌握测定过程中出现异常现象的处理方法。

(2) 仪器准备

材料试验机。

二、操作步骤

① 检查材料试验机，在满足拉伸试验要求的情况下开始工作。

② 工作过程出现异常，查找原因。

③ 参照以下试验机常见故障与处理方法，总结出现异常的原因。

故障检查：

A. 触动软件传感器限位：

如果系统遇到在软件中预设的限位或所设置的事件，试验将停止。

如果系统触动传感器限位，必须先移除导致系统触动的条件，然后再重设限位。要移除条件，可使用机架上的点动控制，让横梁向相反的方向运动，并去除施加给传感器的力。例如，如果设置了 10kN 的载荷，并且横梁移动到或越过了向试样施加 10kN 载荷的点，则在移除触动限位条件之前不能重设限位。

a. 使用点动按钮，使横梁向移除触动限位条件所需的方向运动。

b. 单击要使用的传感器的图标。

c. 单击极限选项卡。

触发限位的启用复选框的标识改为触发。

d. 单击取消选中此框。标识恢复为启用。

e. 再次单击此框可重新启用限位。

B. 触动横梁行程限位：

当横梁接触到上或下限位器时，试验将停止。如果发生这种情况，使用点动按钮将横梁移离限位器。按下▼按钮将横梁移离上限位器。按下▲按钮将横梁移离下限位器。移动横梁时，试验进行中指示灯亮。

④ 根据所查找的出现异常的可能原因，制定完善的解决方案。

⑤ 实施解决方案，确认方案实施效果。如问题解决则进行下一步操作，若问题仍然存在，则继续查找原因和制定、实施解决方案，直至测定结果异常现象消除。

⑥ 重新进行样品拉伸试验。

第 7 章　橡胶物性分析

7.1　橡胶其他物性测试

7.1.1　分子量及分子量分布测定

GPC 是凝胶渗透色谱的英文缩写(gel permeation chromatography)。它是液相色谱的一个分支，所不同的是它的色谱柱是由具有空间网状结构的凝胶来填充，是用来测定高聚物的分子量及分子量分布的。它的工作原理是将高分子溶液胶进样到色谱柱，在柱上按其分子体积(流体力学体积)的大小进行分离。由于不同高聚物的分子只要$[\eta]M$相等，则它们在溶液中的分子体积相等，在同一凝胶柱中淋洗时就在相同的保留体积 V(或保留时间 t)流出，这一原理叫普适校准原理。

一、培训准备

(1) 理论准备

掌握凝胶渗透色谱仪的相关知识及凝胶渗透色谱仪应保持的状态。

(2) 仪器准备

凝胶渗透色谱仪。

二、操作步骤

首先选用一种已知 K、α 值及分子量的窄分布的高聚物作标准样品(一般为聚苯乙烯 PS)，用标样作 GPC 谱图得到其流体力学体积与保留时间的关系曲线，用此工作曲线来计算另一种已知 K、α 值的未知分子量的聚合物的各种平均分子量及分子量分布。

(1) 样品制备

① 对于块状样品，用万分之一天平称 152mg 样品置于容量瓶中，加 10mL 四氢呋喃(THF)溶液溶解 4 h 以上，过滤。

② 对于液态样品，首先测定其胶含量，然后将相当于 152mg 胶的胶液置于容量瓶中，再加入 10mL 的 THF 溶解 2h 以上，过滤。

(2) 样品过滤

用纯净的 THF 将样品过滤器专用注射器清洗 3 遍，将 0.5μm 孔径的滤膜装好。

样品反复摇晃 3 次，使之混合均匀，再用样品过滤器过滤。过滤后的样品应置于另一个编号相同的干净的容量瓶中，待进样。

第一个样品过滤后，应用纯 THF 反复冲洗过滤器至少 3 次以上，然后再过滤下一个样品，其余类推。

用完过滤后，须用纯 THF 浸泡，以免样品过滤器专用注射器内残留胶液粘住针头，损坏注射器。

(3) 进样

保持阀上的进样口、塞，干净，进样专用 0.25μL 的注射器，每进一针都要清洗 3 遍，不用时用纯 THF 浸泡，保持注射器内外干净。

黏度参数　标准样品 PS　$K=1.6\times10^{-4}$，$\alpha=0.706$

　　　　　未知样品 SBS4402、SBS1401 等　$K=2.92\times10^{-4}$，$\alpha=0.693$

　　　　　未知样品 SBS4303、SBS1301 等　$K=3.26\times10^{-4}$，$\alpha=0.693$

温度　检测器控制温度，$t_{内}=(35\pm0.1)$℃

　　　恒温槽控制温度，$t_{外}=(33\pm0.1)$℃

　　　室内温度　$t_{室}\leqslant24$℃

流速　$v=1.1$mL/min

压力　$P\leqslant103$psi($\leqslant0.7$MPa)

三、给您提个醒

① 当根据普适校准曲线来确定样品的分子量时，由于组分分子量的对数值与泵的流量直接关联，泵的流量的微小的变化就会使 GPC 分析结果产生较大的误差。

② 输液泵的流量控制精度，除与泵本身的结构有关之外，在使用中还要非常注意维护保养，常常有由于泵的单向阀发生故障或柱塞密封损坏使流量变化而影响分析结果的现象。

③ 流动相可以考虑加入抗氧剂的 THF，提高仪器的稳定性。

四、请您想一想

GPC 分析中主要影响因素都是什么?

7.1.2　顺丁橡胶凝胶含量的测定

方法原理：将放有一定量试样的不锈钢网小筐悬吊在溶剂中，溶解 24h 后取出，烘干并称重，计算凝胶含量。

一、培训准备

(1) 理论准备

掌握凝胶的知识及凝胶的计算方法。

(2) 仪器准备

相应玻璃器具、烘箱、电子天平。

二、操作步骤

(1) 采样

取成品胶约 5 g 作为待测试样。

(2) 制样

在电子天平上称取胶样 0.25g(准确至 0.01g)，然后剪成粗度小于 1mm 的小条，平铺在已知质量的不锈钢小筐内，注意不要堆积在一起，边剪边分散在筐底。

(3) 试验

将不锈钢小筐吊在杯盖的挂钩上，再将小筐放入盛有 50mL 溶剂的平口烧杯中，用杯盖将瓶口盖严。注意：小筐的高度要适当，筐底应与杯底之间留有空间，使溶解的胶样能从小筐中扩散出来，小筐的上端应露出液面 2mm 以上，以防胶样或凝胶从筐内液体中浮出。

将吊有小筐的平口烧杯置于通风橱内避光处 24h 后，将小筐从溶剂中提出，用吸管吸取溶剂，淋洗小筐内的溶解物三次，将残留在筐内的溶胶洗出。注意：溶剂为挥发性有毒液体，操作宜在通风橱中进行。

将小筐吊在铁丝筐架上，放入 120℃烘箱中烘 1h(烘干时间不宜过长)，取出后冷却至室温称重。

将用过的小筐放入发烟硝酸中浸泡 24 h 后，清洗、烘干、重新称重，以备下次使用。

（4）计算

顺丁橡胶中凝胶含量可按下式计算为

$$G = \frac{m_2 - m_1}{m} \times 100$$

式中　G——顺丁橡胶中凝胶的质量分数，%；

m——试样质量，g；

m_1——小筐质量，g；

m_2——小筐加凝胶质量，g。

三、给您提个醒

制样的过程应尽可能地仔细，它直接影响测定结果。

四、请您想一想

如果试验结束时平口烧杯中存在黏稠无色液体，那是什么东西？

7.2　仪器的校准

7.2.1　炼胶机的校准

一、培训准备

（1）理论准备

掌握炼胶机的基本知识及炼胶机应保持的状态。

（2）仪器准备

炼胶机。

二、操作步骤

（1）辊距校对

① 准备工作：

准备两根铅条，长至少 50mm、宽（10±3）mm；厚度比欲测辊距厚 0.25~0.50mm。

准备一块尺寸约 75mm × 75mm × 6mm 混炼胶，其门尼黏度［ML（1+4）100℃］大于 50。

② 辊距允许偏差：

在辊距为 0.2~0.5mm 时为±0.05mm，在辊距为 1.0~3.0mm 时为±0.10mm。辊距为 3.0~8.0mm 时辊距容许偏差为±10%。

③ 调整步骤：

调辊距前，将辊筒温度调节至混炼所要求的温度，再根据手轮指针将辊距大致调至所需数值。

把两根铅条放在辊筒两端，在距挡板约 25mm 处各插一条，同时把混炼胶从两辊筒中心部位轧过。

铅条经辊筒间轧过后用精度 0.01mm 厚度计测其厚度。

当实测辊距超出允许偏差时，应适当调整辊距后再次按规定测定调整后的辊距，直至符合辊距要求为止。

（2）辊温校对

用经校验的表面温度计进行校对。

三、给您提个醒

用铅条测辊距时，应从较大值开始测量，逐渐减小，使同一个铅条可以反复使用。

四、请您想一想

为什么每次检修或搬动炼胶机及使用一定时间后，都要进行辊距校准？

7.2.2 硫化机的校准

一、培训准备

(1) 理论准备

掌握硫化机的工作原理及校准的理论知识。

(2) 仪器准备

硫化机。

二、操作步骤

(1) 开机操作

开启仪器电源和汽源，使温度达到使用温度并稳定平衡一段时间。

(2) 硫化机热板温度校准

① 硫化机热板温度校准采用测温电偶或其他测温装置进行测量，测温点以多点矩形排列法(如图3-7-1所示)安排，主要测量在工作压力下的温度，其误差不大于1℃。

② 测温点的数量：

按多点矩形排列法测温点数量最少应选择9点，测温点的横排、竖行与热板边缘的距离应根据热板的大小而均匀分布在平板上。

③ 测定步骤：

用热电偶多点排列法有测温点位置固定和测量迅速的优点，但要求热电偶导线的特性一致，以保证测定温度的准确可靠。

将测温热电偶排列在热绝缘板(橡胶板)上。橡胶板的厚度为15~20mm，硬度(邵尔A)65~70，面积与平板相同。在橡胶板测温点背面留有可放置测温热电偶导线沟槽，把测温热电偶从橡胶的背面穿过，固定在橡胶板上，也可以在同一板上相对排成两组，能同时测量相邻的两块平板。在测量试验中将测温橡胶板夹在两平板之间，使它们紧密接触。当温度稳定时，用测温电位差计(精确度0.5级)测量各测定点的温度。每个测温点最少测量3次。

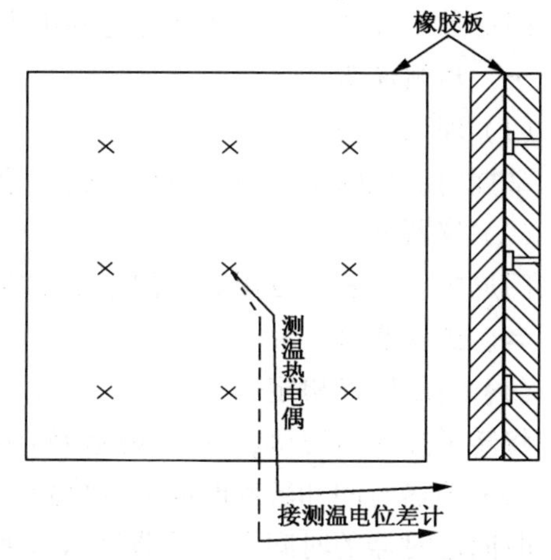

图3-7-1 测温热电偶分布排列图

三、给您提个醒

① 温度校准应在使用温度上下再各标定一个点，即三个点确保定一个温度为宜。

② 硫化机两热板加压面应相互平行，将软质铅条放置在热板之间，当热板在150℃满压下闭合时，其平行度应在0.25mm/m范围之内。

③ 在实际测量工作中，应定期检测及校正硫化平板的温度。

④ 测量注意事项：

测定开始前平板必须在工作温度下预热90min；

测定时热板温度必须稳定；

每个测量点最少测量三次，每次测温间隔为 10min，取平均值；

当各点与中心温差超过规定时，应调动测温点位置，以测出热板温度达到均匀分布的区域。

四、请您想一想

① 无论使用何种型号的热板，整个模具面积上的温度分布应均匀。同一热板内各点间及各点与中心点间的最大温差不超过多少？

② 相邻两热板之间其对应位置点的温差不超过多少？

③ 在热板中心处的最大温度偏差不超过多少？

7.2.3 门尼机的校准

门尼黏度计是测定橡胶门尼黏度的仪器，它不仅能测胶料的门尼黏度，还能测混炼胶的焦烧时间和硫化指数等。

橡胶是一种黏弹性材料，其黏度在一定温度下随切应力或切变速度的增加而减小，在橡胶工业中常用可塑性的概念来表示这种性质。橡胶的门尼黏度系指在一定温度下和门尼计转子在一定转速并以一定转矩对试样加一定剪切力的情况下，胶料(生胶或混炼胶)对所加力矩的抵抗能力。抵抗能力大，门尼黏度就大，胶料可塑性就小。所以，门尼黏度的高低直接反映了胶料可塑性的大小。而试验温度、转子的转速和扭矩直接影响门尼黏度的准确度。因此，门尼黏度计的检定应考虑与这些因素有关的项目。

一、培训准备

(1) 理论准备

掌握门尼机的工作原理及校准的理论知识。

(2) 仪器准备

门尼机、秒表、万用表、门尼黏度校正器。

二、操作步骤

(1) 转子转速检定

将转子插入门尼机，开动马达使转子转动，用秒表测转子转动两转所用的时间。

(2) 预热时间和转动时间的程序定时器检定

时间定时器的时间由显示器显示出来，因此用秒表测定时间显示值的精度。

(3) 温度检定

① 铂电阻检定　送计量单位检定。

② 模腔温度检定

将热电偶插入模腔中部(其空间以生胶填满)控制在一恒定温度下，当完成预热 1min 运转 4min 开模时，记录其上下模腔温度，连续三次，取平均数与规定值进行比较。

(4) 转矩检定

① 插入转子，将门尼黏度计升温至 100℃。

② 进行零点调整。

③ 进行满量程调整。

④ 将标准重砣逐渐累加到负载悬挂器上，记录下每加一个标准重砣门尼机指示器显示的门尼值。

⑤ 逐个取下标准重砣，并记下每减一个重砣时的门尼值。

三、给您提个醒

① 门尼机应安装平稳，各功能开关灵活好用，应设有防护装置。

② 门尼机的操作带有一定危险，操作中应注意安全性。

四、请您想一想

为什么门尼值偏高了要将量程调大？为什么门尼值偏低了要将量程调小？

7.2.4　拉力机的校准

拉力机的校准主要指传感器的校准，现在使用的拉力机本身都带有传感器自校功能。以岛津 AG-IS 电子拉力机为例。

一、培训准备

（1）理论准备

掌握拉力机的工作原理及校准的理论知识。

（2）仪器准备

拉力机及校准所用相关仪器、设备。

二、操作步骤

为了稳定试验机的试验系统，开机后预热 15min。（即使按下紧急停止按钮时，试验机也能被预热）

（1）载荷放大器校准

为了载荷放大器校准，AG-IS MO 系列提供电气自动校准功能，发送标定信号到每个量程去执行放大器自动调整。在每次开机后必须执行一次这样的校准。每次载荷极性(拉/压)的改变或更换载荷传感器后，必须执行这样的校准。

（2）电气载荷放大器校准的步骤(E-CAL)

① 连接载荷传感器，打开电源，预热 15min；

② 确保载荷传感器没有受力；

③ 确定载荷极性(拉/压)；

④ 按菜单[SYSTEM]键，选择子菜单；

⑤ 按[AMP CAL]键，进入电气校准窗口；

⑥ 在电气校准窗口执行载荷校准时按[FORCE]键，如果执行引伸计放大器校准，则按[EXT1]或[EXT2]键；

⑦ 按[E-CAL]键开始电气校准处理程序；

⑧ 按[YES]键，执行电气校准(不执行，按[NO]键)；

⑨ 显示下列屏幕，将执行电气校准(在执行电气校准时，显示盘和键将被锁住)；

⑩ 校准完成后系统返回校准屏幕，显示盘和键将恢复到正常状态(注意：AG-IS MO 系列将需要 30s 完成电气校准，在校准完成前不要操作任何键)；

⑪ 完成了电气校准后，按[MONITOR]键返回到监控画面。

（3）载荷检查

① 载荷检查方法：

使用下面质量来检查显示载荷值是否正常：

传感器容量在 1~250kN，使用 100N 砝码；

传感器容量在 100~500N，使用 50N 砝码。

② 拉伸载荷检查方法：

将挂钩安装到万向节；

在挂钩上挂吊盘；
设定载荷量程到准备砝码的最小量程；
设定载荷极性“拉伸”；
执行载荷电气校准；
拉吊盘确保显示载荷值增加；
轻轻放置砝码到吊盘上；
确保显示载荷和砝码相等。
允许标准型精度为1%，高精度型为0.5%。
③ 压缩载荷检查方法：
从十字头上卸下载荷传感器，倒向放置在硬的水平桌上；
在传感器上放一平盘；
设定载荷量程到准备的砝码的最小量程；
设定载荷极性“压缩”；
执行载荷电气校准；
推压盘确保显示载荷值增加；
轻轻在传感器的平盘上放置砝码；
确保显示载荷和砝码相等。
允许标准型精度为1%，高精度型为0.5%。
(4) 载荷校准

如果在上述检查或定期检查中发现重大的载荷误差，需要执行实际载荷校准。这个载荷校准将修正电气校准值。如果使用者有标准砝码或测力计，可自己执行，但是必须培训过校准步骤。不正确的校准将造成测量结果的重大误差。如果 F-CAL 菜单在运输前隐藏保护，在执行 F-CAL 功能后，要确保隐藏，为了防止错误操作。执行 F-CAL 需要使用实际载荷，这个操作根据拉伸或压缩、砝码或测力计而变化。

F-CAL 操作步骤如下：
① 除 F-CAL 保护功能。打开[FILE]-[OPTION]菜单；
② 选择适合执行 F-CAL 的载荷量程、称重装置，如砝码或测力计及适当的夹具；
③ 执行载荷清零；
④ 提供选取载荷量程的100%的力；
⑤ 执行 F-CAL，打开[SYSTEM]-[AMPCAL]菜单；
⑥ 设定 F-CAL 保护功能，打开[FILE]-[OPTION]菜单。
(5) 延伸计校准
将延伸计调至标准工作距离(如25.0mm)；
将延伸计拉伸至某标准量块的长度；
将计算的伸长率与仪器显示的伸长率进行比较，得到校正值。

7.2.5 MFR 测定仪的温度校准

一、培训准备

(1) 理论准备
掌握 MFR 测定仪的工作原理及温度校准的理论知识。
(2) 仪器准备
MFR 测定仪、校正温度计。

二、操作步骤

① 开启仪器，使温度升至规定温度后，稳定一定时间。

② 先调节加热控制系统使监测孔中的温度计达到规定温度，同时把校正温度计插入料筒预热至相同温度。

③ 取出校正温度计后将流动性较好的材料(或试样)加入料筒压实，随即再插入校正温度计。

④ 待料熔融后把校正温度计浸入熔体使温度计球距标准口模顶部 10mm。

⑤ 至少 4min 后，以测出的两支温度计读数差来校正。

三、给您提个醒

应能保证室温相对稳定，这样有利于温度校验。

四、请您想一想

在温度不能达到要求值的前提下，能否使用加校正值的办法试验?

7.3 仪器故障处理

7.3.1 硫化机故障处理

一、培训准备

(1) 理论准备

掌握硫化机的工作原理及操作步骤；掌握测定过程中出现异常现象的处理方法。

(2) 仪器准备

硫化机。

二、操作步骤

① 检查硫化机，在满足试验要求的情况下开始工作。

② 工作过程出现异常，查找原因。

③ 参照表 3-7-1、表 3-7-2，总结出现测定结果异常的原因。

表 3-7-1 汽热硫化机常见故障与处理方法

现　象	原　因	处　理
启动有异声，升降慢	缺　油	加　油
压力失控	压力调节器挡次变动混乱	修理压力调节器
管路漏油	密封圈老化失效	更换密封圈，调节密封螺丝
有蒸汽不加热	电磁阀失效	修理电磁阀
只升不降，压力失控	主控制器内部接触故障	修理主控制器
不升温	蒸汽仪表计量阀堵塞	疏通蒸汽仪表计量阀

表 3-7-2 电热硫化机常见故障与处理方法

现　象	原　因	处　理
油泵运转时有噪声	缺油或滤油器堵塞、吸油管松	加油、疏通
柱塞行程慢	同上及液控单向阀芯被卡	加油、疏通及清理液控单向阀芯
压力上升慢或不上升	液控单向阀芯被卡或高压液流阀的调节螺钉松动、调节弹簧失效	加油、疏通及清理液控单向阀芯、紧固螺钉、换弹簧
保压性能不好	进缸管的密封圈坏、紧固螺栓松动，单向阀不密封	更换密封圈
热板温度异常	电热管、调节器损坏	更　换

④ 根据所查找的出现测定结果异常的可能原因，制定完善的解决方案。

⑤ 实施解决方案，确认方案实施效果。如问题解决则进行下一步操作，若问题仍然存在，则继续查找原因和制定、实施解决方案，直至测定结果异常现象消除。

⑥ 重新进行样品硫化。

7.3.2 门尼机故障处理(以岛津 300RT 为例)

一、培训准备

(1) 理论准备

掌握门尼机的工作原理及操作步骤；掌握测定过程中出现异常现象的处理方法。

(2) 仪器准备

门尼机。

二、操作步骤

① 检查门尼机，在满足试验要求的情况下开始测定。

② 测定结果出现异常，查找原因。

③ 参照表 3-7-3，总结出现测定结果异常的原因。

表 3-7-3 门尼机常见故障与处理方法

现　　象	原　　因	解决方案
打开电源后没有任何显示	LCD 操作屏对比度不够	调整操作面板 LCD 对比度
试验中 LCD 的画面执行中断显示屏的显示部、显示字母出现异常	载荷传感器的紧固支架没有被卸下试验设定画面，下一步不能进入	卸下载荷传感器的紧固架
上部加热盘不能上升	1. 气管配置不适当或不完善 2. 试验机内的气压没有设定好	正确配管，设定空气源的压力
上部加热盘不能下降	安全保护罩没有安装好	确认安全保护罩已正确地安装于黏度计内部恰当的位置
上、下部加热盘的温度不能上升	如果实际温度没有升高到设定值，而温度显示的读数为 220℃ 或更高，可能在加热盘中的温度传感器损坏	更换坏掉的温度传感器
上、下部加热盘中出现异常的高温	1. 温度传感器损坏 如果温度的读数为-20℃，有可能加热盘(上部或下部)中的温度传感器损坏(短路) 2. 温度控制系数的设定不适当 3. 温度传感器没有完全地插入加热盘中	1. 更换这个损坏的温度传感器 2. 重新设定温度控制系数值 3. 请将温度传感器完全地插入加热盘中
门尼黏度值异常的低	1. 空气源压力异常的低。异常低的空气源压力将引起上下模腔之间的密封性变弱 2. 扭矩-黏度关系(门尼精度)调整不当 3. 温度控制调整不当	1. 重新调整模腔的压力 2. 校正黏度计 3. 进行温度的校正
门尼黏度值异常的高	1. 异常高的空气源压力 2. 扭矩-黏度关系(门尼精度)调整不当 3. 残余的的样片黏附于转轴、O 形圈、模腔上 4. 温度控制不当	1. 调整模腔的压力 2. 校正黏度计 3. 清扫/或者交换有问题的零部件 4. 根据温度校准的过程进行校正

续表

现　　象	原　　因	解决方案
测量的门尼值周期性变化	1. O形圈坏 2. 转轴、O形圈及模腔上有残余的样片黏附	1. 更换O形圈 2. 完成清扫或者调换的程序
显示的时间不正确	1. 室温可能下降到0℃或者更低 2. 时钟的备用电池损耗 3. 设定有误	1. 提高室温到0℃以上 2. 保持黏度计在通电的状态下10h以上，它会自行地充好电 3. 重新设定

④ 根据所查找的出现测定结果异常的可能原因，制定完善的解决方案。

⑤ 实施解决方案，确认方案实施效果。如问题解决则进行下一步操作，若问题仍然存在，则继续查找原因和制定、实施解决方案，直至测定结果异常现象消除。

⑥ 重新进行样品测定。

7.3.3 MFR测定仪故障处理

一、培训准备

(1) 理论准备

掌握MFR测定仪的测定原理及操作步骤；掌握测定过程中出现异常现象的处理方法。

(2) 仪器准备

MFR测定仪。

(3) 试样准备

用于测定的试样，MFR测定标准样品。

二、操作步骤

① 检查熔体流动速率测定仪，在满足试验要求的情况下开始进行样品测定。

② 测定试样，测定结果出现异常，查找原因。

③ 参照表3-7-4，总结出现测定结果异常的原因。

表3-7-4　MFR测定仪故障处理

故　　障	原　　因	处　　理
MFR测量值闪动	打印有误	手动打印
MFR最低数字闪动并有蜂鸣声	打印机电源断开	检查打印机电源断开的原因
显示值全部闪动	范围没有设置	设置范围
ADJ"---"闪动	没有进行长度校正	进行长度校正
DEN "---"闪动	没有设定密度	设定密度
DEN数字闪动	小数点位置错置	改为正常值
测量不结束	终点没有设定	取消测量，从进样开始重新测量

④ 根据所查找的出现测定结果异常的可能原因，制定完善的解决方案。

⑤ 实施解决方案，确认方案实施效果。如问题解决则进行下一步操作，若问题仍然存在，则继续查找原因和制定、实施解决方案，直至测定结果异常现象消除。

⑥ 测定熔体流动速率测定标准样品。

⑦ 重新进行样品测定。

7.3.4 拉力机故障处理(以岛津 AG-IS 为例)

一、培训准备

(1) 理论准备

掌握拉力机的测定原理及操作步骤；掌握测定过程中出现异常现象的处理方法。

(2) 仪器准备

拉力机(以岛津 AG-IS 为例)。

二、操作步骤

① 检查拉力机，在满足试验要求的情况下开始进行样品测定。

② 测定试样，测定结果出现异常，查找原因。

③ 参照表 3-7-5，总结出现测定结果异常的原因。

④ 根据所查找的出现测定结果异常的可能原因，制定完善的解决方案。

⑤ 实施解决方案，确认方案实施效果。如问题解决则进行下一步操作，若问题仍然存在，则继续查找原因和制定、实施解决方案，直至测定结果异常现象消除。

⑥ 重新进行样品测定。

表 3-7-5 报警信息和对应的故障排除对策

故　障	原　因	处　理
不能保存数据	电池故障	换掉 CPU 板
0040	载荷超过传感器容量的 102%	通过使用手动旋钮减小载荷的力。如果负荷已经被卸掉，请执行自动清零的功能
0041	内部放大器 1 的输出超过有效范围的 102%	卸出这个引伸计
0042	内部放大器 2 的输出超过有效范围的 102%	卸出这个引伸计
0043	外部输入 1 超过有效范围的 102%	确认输入电压 调整模拟输入的零/跨度或复位
0044	外部输入 2 超过有效范围的 102%	确认输入电压 调整模拟输入的零/跨度或复位
0046	内部放大器 1 的输出超过有效范围的 102%	卸出这个引伸计
0047	内部放大器 2 的输出超过有效范围的 102%	卸出这个引伸计
0048	外部输入 1 超过有效范围的 102%	确认输入电压 调整模拟输入的零/跨度或复位
0049	外部输入 2 超过有效范围的 102%	确认输入电压 调整模拟输入的零/跨度或复位
0050	在自动控制的情况下，偏差超过满量程 10%的情况下导致在控制中的错误	改变自动控制的增益 如果响应速度太慢时，增加增益 如果出现振荡现象，则减小增益
0060	试验条件的设定不够适当	检查预先设定的试验条件，重新设定
0062	最大点的设定不够适当	设定一个适当的载荷/位移放大器的量程范围，或者切换到自动量程功能的状态下

续表

故　障	原　因	处　理
0064	最小点的设定不够适当	设定一个适当的载荷/位移放大器的量程范围，或者切换到自动量程功能的状态下
0066	速度的设定不够适当。预设的速度超过了额定速度范围	设定合适的速度
0070	伺服错误	关闭主电源的开关后再打开电源的开关
0080	外部输入 AUX 校准的系统出错	确认在量程调节期间外部输入 AUX 信号的电压是在 4V 和 10V 之间
0082	AUTO ZERO ERROR 自动条令出错	重复自动零校准 2~3 次，如果零校准没有作用，可能是传感器或是系统出现了故障。换传感器或进行系统维护
00C0	PRINTER ERROR 打印机出错	数据处理出现错误 检查打印机的连接和设定条件

7.4　MFR 测定方案设计

一、要求

学员应按照 GB/T 3682.1—2018《塑料　热塑性塑料熔体质量流动速率(MFR)和熔体体积流动速率(MVR)的测定　第 1 部分：标准方法》，自拟方案测定橡胶 MFR 值。方案内容包括：

① 方法原理；

② 仪器、工具、称量设备(精度要求)；

③ 操作步骤及注意事项；

④ 计算公式及结果表示。

试验方案经审阅后，只要方法合理，试验条件具备，学员可按自己设计的方案进行试验。

二、提示

试验报告应包括下列各项：

① 注明标准号；

② 试样的名称、物理形状、牌号、批号和生产厂；

③ 试样干燥处理条件；

④ 标准口模内径、温度和负荷；

⑤ 试验结果；

⑥ 试验过程中的异常情况；

⑦ 试验人员、试验日期。

7.5　橡胶试验结果的综合分析

对于一般的橡胶，不论用于何种用途，均必须经过炼胶和硫化两个过程。其中轮胎、胶管、胶带等主要应用领域还必须经过压延、压出两个加工过程。因此塑炼、混炼、压延、压出及硫化这 5 个工艺过程就是橡胶加工最基础最重要的加工过程。

塑炼——降低橡胶分子量，增加塑性，提高加工性的工艺过程；

混炼——使配方中各组分均匀分散，制成一个混炼胶的工艺过程；

压延——混炼胶或与纺织物通过压片、压型、贴合、擦胶、贴胶等操作制成一定规格的半成品的工艺过程；

压出——混炼胶通过压出口型压出各种断面的半成品，如内胎、外胎胎面、胎侧、胶管等的工艺过程；

硫化——橡胶加工的最后一道工序，通过一定的温度、压力和时间后使橡胶大分子发生化学反应形成交联的工艺过程。

橡胶产品质量的评价也以满足上述加工工艺为主要目的，通过产品质量的特性数据来指导下游加工工艺，进而确保下游的产品满足用户的要求。

一、要求

取一张丁二烯橡胶 BR9000 的分析报告单，按照 GB/T 8659《丁二烯橡胶(BR)9000》进行评价判定，说明各分析项目对下游的影响。

二、提示

一般橡胶的质量报告单(产品合格证)中一般包含以下的试验结果：

生胶特性——门尼黏度、挥发分、灰分等。门尼黏度反映胶料的分子量，挥发分和灰分对下游加工有一定的影响。

混炼胶特性——混炼胶门尼黏度、硫化特性等。混炼胶门尼黏度反映出混炼胶的可塑性，硫化特性对硫化加工条件具有指导作用。

硫化胶特性——正硫化状态下橡胶制品的力学性能。反映橡胶制品的强度、抗压、耐冲击等性能。

附录 1　标准溶液的有效期

溶液名称	浓度 c_B/(mol/L)	有效期/月	溶液名称	浓度 c_B/(mol/L)	有效期/月
各种酸溶液	各种浓度	3	硫酸亚铁溶液	1；0.64	20 天
氢氧化钠溶液	各种浓度	2	硫酸亚铁溶液	0.1	用前标定
氢氧化钾-乙醇溶液	0.1；0.5	1	亚硝酸钠溶液	0.1；0.25	2
硫代硫酸钠溶液	0.05；0.1	2	硝酸银溶液	0.1	3
高锰酸钾溶液	0.05；0.1	3	硫氰酸钾溶液	0.1	3
碘溶液	0.02；0.1	1	亚铁氰化钾溶液	各种浓度	1
重铬酸钾溶液	0.1	3	EDTA 溶液	各种浓度	3
溴酸钾-溴化钾溶液	0.1	3	锌盐溶液	0.025	2
氢氧化钡溶液	0.05	1	硝酸铅溶液	0.025	2

注：上述有效期为培训用实验室正常使用的有效期。GB 601—2016 对标准滴定溶液的有效期规定如下：

(a) 除另有规定外，标准滴定溶液在 10～30℃下，密封保存时间一般不超过 6 个月；碘标准滴定溶液、亚硝酸钠标准滴定溶液[$c(NaNO_2)$=0.1mol/L]密封保存时间为 4 个月；高氯酸标准滴定溶液、氢氧化钾-乙醇标准滴定溶液、硫酸铁(Ⅲ)铵标准滴定溶液密封保存时间为 2 个月。超过保存时间的标准滴定溶液进行复标定后可以继续使用。

(b) 标准滴定溶液在 10～30℃下，开封使用过的标准滴定溶液保存时间一般不超过 2 个月(倾出溶液后立即盖紧)；碘标准滴定溶液、氢氧化钾-乙醇标准滴定溶液一般不超过 1 个月；亚硝酸钠标准滴定溶液[$c(NaNO_2)$=0.1mol/L]一般不超过 15 天；高氯酸标准滴定溶液开封后当天使用。

(c) 当标准滴定溶液出现浑浊、沉淀、颜色变化等现象时，应重新制备。

附录 2　常用基准物质的干燥条件和应用

基准物质		干燥后组成	干燥条件/℃	标定对象
名称	分子式			
碳酸氢钠	$NaHCO_3$	Na_2CO_3	270～300	酸
碳酸钠	$Na_2CO_3 \cdot 10H_2O$	Na_2CO_3	270～300	酸
碳酸氢钾	$KHCO_3$	K_2CO_3	270～300	酸
草酸	$H_2C_2O_4 \cdot H_2O$	$H_2C_2O_4 \cdot H_2O$	室温空气干燥	碱或 $KMnO_4$
邻苯二甲酸氢钾	$KHC_8H_4O_4$	$KHC_8H_4O_4$	110～120	碱
重铬酸钾	$K_2Cr_2O_7$	$K_2Cr_2O_7$	140～150	还原剂
溴酸钾	$KBrO_3$	$KBrO_3$	130	还原剂
碘酸钾	KIO_3	KIO_3	130	还原剂
铜	Cu	Cu	室温干燥器中保存	还原剂
三氧化二砷	As_2O_3	As_2O_3	室温干燥器中保存	氧化剂
草酸钠	$Na_2C_2O_4$	$Na_2C_2O_4$	130	氧化剂
碳酸钙	$CaCO_3$	$CaCO_3$	110	EDTA
锌	Zn	Zn	室温干燥器中保存	EDTA
氧化锌	ZnO	ZnO	900～1000	EDTA
氯化钠	NaCl	NaCl	500～600	$AgNO_3$
氯化钾	KCl	KCl	500～600	$AgNO_3$
硝酸银	$AgNO_3$	$AgNO_3$	280～290	氯化物

附录 3 常用缓冲溶液的配制

pH	配制方法
0	1mol/L 盐酸
1	0. 1mol/L 盐酸
2	0. 01mol/L 盐酸
3. 6	$NaAc \cdot 3H_2O$ 16g，溶于水，加 6mol/L HAc 268mL，稀释至 1L
4	$NaAc \cdot 3H_2O$ 40g，溶于水，加 6mol/L HAc 268mL，稀释至 1L
4. 5	$NaAc \cdot 3H_2O$ 64g，溶于水，加 6mol/L HAc 136mL，稀释至 1L
5	$NaAc \cdot 3H_2O$ 100g，溶于水，加 6mol/L HAc 68mL，稀释至 1L
5. 7	$NaAc \cdot 3H_2O$ 200g，溶于水，加 6mol/L HAc 26mL，稀释至 1L
7	NH_4Ac 154g，溶于水，稀释至 1L
7. 5	NH_4Cl 120g，溶于水，加 15mol/L 氨水 2. 8mL，稀释至 1L
8	NH_4Cl 100g，溶于水，加 15mol/L 氨水 7mL，稀释至 1L
8. 5	NH_4Cl 80g，溶于水，加 15mol/L 氨水 17. 6mL，稀释至 1L
9	NH_4Cl 70g，溶于水，加 15mol/L 氨水 48mL，稀释至 1L
9. 5	NH_4Cl 60g，溶于水，加 15mol/L 氨水 130mL，稀释至 1L
10	NH_4Cl 54g，溶于水，加 15mol/L 氨水 294mL，稀释至 1L
10. 5	NH_4Cl 18g，溶于水，加 15mol/L 氨水 350mL，稀释至 1L
11	NH_4Cl 6g，溶于水，加 15mol/L 氨水 414mL，稀释至 1L
12	0. 01mol/L NaOH
13	0. 1mol/L NaOH

附录 4 酸碱指示剂的配制

指示剂	变色范围 pH	颜色变化		pK_{HIn}	pT	浓度
		酸色	碱色			
百里酚蓝(第一次变色)	1. 2~2. 8	红	黄	1. 6	2. 6	0. 1%(20%乙醇溶液)
甲基黄	2. 9~4. 0	红	黄	3. 3	3. 9	0. 1%(90%乙醇溶液)
甲基橙	3. 1~4. 4	红	黄	3. 4	4. 0	0. 05%水溶液
溴酚蓝	3. 1~4. 6	黄	紫	4. 1	4. 0	0. 1%(20%乙醇溶液)，或指示剂钠盐的水溶液
溴甲酚绿	3. 8~5. 4	黄	蓝	4. 9	4. 4	0. 1%水溶液，每 100Mg 指示剂加 0. 05mol/L NaOH 2. 9mL
甲基红	4. 4~6. 2	红	黄	5. 0	5. 0	0. 1%(60%乙醇溶液)，或指示剂钠盐的水溶液
溴百里酚蓝	6. 0~7. 6	黄	蓝	7. 3	7. 0	0. 1%(20%乙醇溶液)，或指示剂钠盐的水溶液
中性红	6. 8~8. 0	红	黄橙	7. 4		0. 1%(60%乙醇溶液)
酚红	6. 7~8. 4	黄	红	8. 0	7. 0	0. 1%(60%乙醇溶液)，或指示剂钠盐的水溶液
酚酞	8. 0~9. 6	无	红	9. 1		0. 1%(90%乙醇溶液)
百里酚蓝(第二次变色)	8. 0~9. 6	黄	蓝	8. 9	9. 0	0. 1%(20%乙醇溶液)
百里酚酞	9. 4~10. 6	无	蓝	10. 0	10. 0	0. 1%(90%乙醇溶液)

附录 5　常用混合酸碱指示剂的配制

指示剂溶液的组成	变色点 pH	颜色变化		备　　住
		酸　色	碱　色	
1 份 0.1% 甲基黄乙醇溶液 1 份 0.1% 亚甲基蓝乙醇溶液	3.25	蓝紫	绿	pH 3.4 绿色 pH 3.2 蓝紫色
1 份 0.1% 甲基橙水溶液 1 份 0.25% 靛蓝二磺酸钠水溶液	4.1	紫	黄绿	
3 份 0.1% 溴甲酚绿乙醇溶液 1 份 0.2% 甲基红乙醇溶液	5.1	酒红	绿	
1 份 0.1% 溴甲酚绿钠盐水溶液 1 份 0.1% 氯酚红钠盐水溶液	6.1	黄绿	蓝紫	pH 5.4 蓝紫色，pH 5.8 蓝色，pH 6.0 蓝带紫，pH 6.2 蓝紫
1 份 0.1% 中性红乙醇溶液 1 份 0.1% 亚甲基蓝乙醇溶液	7.0	蓝紫	绿	pH 7.0 紫蓝
1 份 0.1% 甲酚红钠盐水溶液 3 份 0.1% 百里酚蓝钠盐水溶液	8.3	黄	紫	pH 8.2 玫瑰色，pH 8.4 清晰的紫色
1 份 0.1% 百里酚蓝 50% 乙醇溶液 3 份 0.1% 酚酞 50% 乙醇溶液	9.0	黄	紫	从黄到绿再到紫
2 份 0.1% 百里酚酞乙醇溶液 1 份 0.1% 茜素黄乙醇溶液	10.2	黄	紫	

附录 6　常用金属指示剂的配制

指 示 剂	使用 pH 值范围	颜色变化		直接滴定离子	配 制 方 法
		In	MIn		
铬黑 T(EBT)	8~10	蓝	红	pH = 10：Mg^{2+}、Zn^{2+}、Cd^{2+}、Pb^{2+}、Hg^{2+}、Mn^{2+}、稀土	1g 铬黑 T 与 100g NaCl 混合研细，或 5g/L 乙醇溶液加 20g 盐酸羟胺
钙指示剂(NN)	12~13	蓝	红	pH = 12~13：Ca^{2+}	1g 钙指示剂与 100g NaCl 混合研细或 4g/L 甲醇溶液
二甲酚橙(XO)	<6	黄	红紫	pH<1：ZrO^{2+} pH = 1~3：Bi^{3+}、Th^{4+} pH = 5 ~ 6：Zn^{2+}、Pb^{2+}、Cd^{2+}、Hg^{2+}、稀土	5g/L 水溶液
PAN	2~12	黄	红	pH = 2~3：Bi^{3+}、Th^{4+} pH = 4~5：Cu^{2+}、Ni^{2+}	1g/L 或 2g/L 乙醇溶液
K-B 指示剂	8~13	蓝绿	红	pH = 10：Mg^{2+}、Zn^{2+} pH = 13：Ca^{2+}	1g 酸性铬蓝 K 与 2.5g 萘酚绿 B 和 50g KNO_3 混合研细
磺基水杨酸(SS)	1.5~2.5	无	紫红	pH = 1.5~2.5：Fe^{3+}(加热)	50g/L 水溶液

附录 7 常用氧化还原指示剂的配制

指示剂	$\varphi^{\ominus}_{In}/V$ [H^+]=1mol/L	颜色变化		配制方法
		氧化态	还原态	
亚甲基蓝	0.53	蓝	无	0.05% 水溶液
二苯胺	0.76	紫	无	0.1% 浓 H_2SO_4 溶液
二苯胺磺酸钠	0.84	紫红	无	0.5% 水溶液
邻苯氨基苯甲酸	0.89	紫红	无	0.1g 指示剂溶于 20mL 5% Na_2CO_3，用水稀释至 100mL
邻二氮菲-亚铁	1.06	浅蓝	红	1.485g 邻二氮菲，0.695g $FeSO_4 \cdot 7H_2O$，用水稀释至 100mL
硝基邻二氮菲-亚铁	1.25	浅蓝	紫红	1.608g 硝基邻二氮菲，0.695g $FeSO_4 \cdot 7H_2O$，用水稀释至 100mL

附录 8 银量法指示剂的配制

名　称	指示剂	使用 pH 值范围	终点颜色变化		配制方法
莫尔法	K_2CrO_4	6.5~10.5	白	砖红	50g/L K_2CrO_4 溶液
佛尔哈德法	[$NH_4Fe(SO_4)_2 \cdot 12H_2O$]（铁铵矾）	硝酸介质，酸度为 0.1~1mol/L	白	红	[Fe^{3+}]=0.015mol/L
法扬司法	荧光黄	7~10	黄绿	粉红	1%钠盐水溶液
	四溴荧光黄(曙红)	2~10	橙黄	红紫	1%钠盐水溶液

附录 9 常用酸、碱试剂的密度和浓度关系

试剂名称	化学式	M_r	密度 ρ/(g/mL)	质量分数 ω/%	物质的量浓度/(mol/L)
浓硫酸	H_2SO_4	98.08	1.84	96	18
浓盐酸	HCl	36.46	1.19	37	12
浓硝酸	HNO_3	63.01	1.42	70	16
浓磷酸	H_3PO_4	98.00	1.69	85	15
冰乙酸	CH_3COOH	60.05	1.05	99	17
高氯酸	$HClO_4$	100.46	1.67	70	12
浓氢氧化钠	NaOH	40.00	1.43	40	14
浓氨水	NH_3	17.03	0.90	28	15

附录 10 羰基数测试用试剂配方 30 的配制方法

称量 10g 2,4-二硝基苯肼，备用。将 946 mL 乙醇、400mL 甲醇和 200mL 水充分混合。在样品加料时，加入 10g 的 2,4-二硝基苯肼到混合物中，对这个混合物进行回流 2h。对混合物进行蒸馏，丢弃前面的 200mL 馏分，然后继续蒸馏，直到 75%的乙醇被蒸出。

附录 11 色谱故障原因与处理表

故障现象	故障原因分析	检修
没有色谱峰	1. 放大器电源断开 2. FID 熄火 或 TCD 无桥流 3. 载气停 4. 信号电缆接触不良 5. 积分仪故障 6. 错误进样，样品未进入系统 如：微量注射器堵塞 进样器硅橡胶漏 7. 色谱柱连接松开或漏气 8. 检测器故障 如：FID 线路接触不良 检测器硬件故障	1. 检查放大器开关、保险丝 2. 检查检测器火焰、桥流 3. 确认检查气瓶和调节器压力 4. 检查信号电缆 5. 检查积分仪 6. 检查进样口状态，重复进样测试 更换注射器 更换硅橡胶 7. 检查色谱柱和柱接头 8. 检查检测器 检查 FID 极化电路连接 送专业人士维修
保留时间正常而灵敏度下降	1. 灵敏度选择错误 2. 进样不足 3. 分流比过大 4. 注射器堵塞或胶垫泄漏 5. 色谱系统内载气漏 6. 氢气和空气流量选择不当 7. 桥流过小	1. 调整灵敏度 2. 增加进样量 3. 调整分流比 4. 更换注射器或进样胶垫 5. 检漏 6. 调整氢气和空气流量 7. 调整桥流
拖尾峰	1. 进样温度低 2. 进样管污染(样品或硅橡胶残留) 3. 柱温太低 4. 进样技术过低 5. 色谱柱选择不当(样品与柱担体或固定液起反应)	1. 重新调节进样器温度 2. 老化或清洗进样管 3. 增加色谱柱温度 4. 提高进样技术，做到进针快、出针快 5. 重新选择适当色谱柱
前伸峰	1. 色谱柱超过负荷，样品量太大 2. 进样温度低 3. 样品凝集在系统中	1. 降低样品量 2. 重新调节进样器温度 3. 先提高柱温，再选择适当的进样器、色谱柱、检测器的温度
峰分离差	1. 柱温高 2. 柱过短 3. 固定液流失 4. 固定液或担体选择不正确 5. 载气流速高 6. 进样技术差	1. 降低柱温 2. 选择较长色谱柱 3. 更换色谱柱或老化色谱柱 4. 选择适当色谱柱的固定液或担体 5. 降低载气流速 6. 提高进样技术
圆顶峰或平顶峰	1. 超过检测器线性范围 2. 记录衰减不足 3. 记录装置零点位置过高	1. 降低样品量或调整检测器量程 2. 调节衰减 3. 检查并调整零点位置

续表

故障现象	故障原因分析	检　修
保留时间延长 灵敏度低	1. 载气流速太慢 2. 进样后载气流量变化 3. 进样器硅橡胶漏	1. 增加载气流速，如载气流路中有阻塞现象，则设法排除 2. 换进样硅橡胶 3. 换进样器硅橡胶
反　峰	1. 极性开关位置错 2. 载气不纯	1. 把极性开关放在正确位置上 2. 选择合适的载气
锯齿形基线 (有规律正弦波)	1. 柱箱温度控制不灵 2. 检测器温度控制不灵 3. 载气调节不当 4. 钢瓶压力过低 5. 稳流阀膜片疲劳等 6. 载气瓶减压阀输出压力变化	1. 检查柱箱温度情况 2. 检查检测器温度情况 3. 适当提高载气出口压力 4. 检查钢瓶压力情况 5. 换稳流阀 6. 调节载气瓶减压阀的压力在另一位置
基线单向漂移	1. 检测器或柱箱温度未稳定 2. 色谱柱污染 3. 色谱柱老化不够 4. 放大器零点漂移 5. 固定液流失 6. 载气更换中	1. 检查检测器、柱箱温度和设定温度，稳定一段时间 2. 老化色谱柱 3. 老化色谱柱 4. 检修放大器 5. 检查柱箱温度情况，适当老化色谱柱 6. 尽量选用合格、质量相同的载气
基线突变	1. 局部接触不良 2. 外电场干扰 3. 氢气、空气流量选择不当(FID)	1. 把电源插头安装牢靠，或请专业人士检查内部虚焊等 2. 排除足以影响仪器正常工作的外电场干扰 3. 重新调整氢气、空气流量特别是空气流量
恒温操作时有 不规则基线波动	1. 仪器安放位置不好 2. 仪器接地不好 3. 柱固定液流失 4. 载气漏 5. 检测器污染 6. 载气流量选择不当 7. 氢气、空气流量选择不当(FID) 8. 放大器本身不稳 9. 记录器不好	1. 把仪器安放在无强烈振动、无强空气对流处，并把仪器安放水平，最好把仪器放在水泥台上或垫有橡皮的桌子上 2. 仪器及记录器应良好接地 3. 固定液选择适当，柱子应充分老化，不能把柱温升到固定液使用极限(特别是高灵敏度检测器) 4. 探漏 5. 清洗检测器 6. 调节载气稳流阀，使载气流量调节适当，保证载气瓶总压力在5~15MPa(50~150kgf/cm^2) 7. 适当调节氢气、空气流量 8. 检查放大器、修理放大器 9. 断开记录器信号线，用金属丝把信号线短路，此时记录器不好，则按照记录器说明书的方法修理记录器
出现额外峰 (鬼峰)	1. 此峰是前一样品的高组分峰 2. 当柱温升高时，冷凝在色谱柱中的水分或其他不纯物在出峰 3. 空气峰 4. 样品分解 5. 样品沾污 6. 样品与固定液、担体或吸附剂反应 7. 色谱柱头玻璃棉沾污或注射器沾污 8. 进样硅橡胶污染或低分子组分流出	1. 待前一次样品全部流出后再进样 2. 安装或再生净化器，选择适当的操作条件 3. 排出注射器中的空气 4. 降低进样器温度(不用易催化、易分解固定液或担体) 5. 保证样品干净、无杂质，勿与其他组分混合 6. 利用其他色谱柱，以免样品及固定相起反应 7. 调换柱头玻璃棉或清洗注射器 8. 把硅橡胶在200℃中烘16h再使用
出峰时电平突然 回到低于基线 (可重复性的)	1. 样品量太大造成FID熄火 2. 氢气或空气流量太低熄火 3. 载气流速太高造成FID熄火 4. 火焰喷口污染(或堵塞) 5. 氢气或载气用完	1. 降低样品量 2. 重新调节氢气、空气流速 3. 选择合适的载气流速 4. 清洗火焰喷口(或疏通火焰喷口) 5. 更换气源

续表

故障现象	故障原因分析	检　　修
台阶峰不回零（峰平头）	1. 记录器增益 2. 仪器接地不合适 3. 有极低交流信号反馈到记录器中	1. 校正记录器增益及阻尼（直到手动记录笔左右移动后仍回原处） 2. 仪器和记录器需要良好接地 3. 根据需要接一只 0.25MF/250V 的电容，从正或负的输入端与地端相接，正或负的接法根据试验决定（注意：不要使电容接在信号线的正负处）
基线不回零	1. 积分仪零点位置故障 2. 调零旋钮失灵 3. 柱流失或污染 4. 检测器污染 5. 载气不纯	1. 调整积分仪零点 2. 修复调零旋钮 3. 减少柱流失，老化柱子 4. 老化或清洗检测器 5. 更换载气
色谱峰不规则，有尖毛刺峰	1. 灰尘粒子或外来物质不规则地在火焰中燃烧 2. 绝缘子漏电或高阻连接继电器受潮漏电 3. 放大器故障	1. 保证检测器没有玻璃棉、分子筛及灰尘微粒进入；分子筛过滤器使用前必须活化，并在通氮气流或用真空泵抽气的情况下冷却 2. 清洗绝缘子或高阻开关等，清洗后烘干，不要用手接触 3. 修理放大器
在色谱峰相等间隔中有一些短毛刺	1. 水冷凝在氢气管路中（水一般从氢气源来） 2. 漏气 3. 流路中有堵塞现象 4. 火焰跳动	1. 从管路中消除水分并换掉活化氢气过滤器中的干燥剂 2. 探漏 3. 流路中清除杂质，如是色谱柱中有杂质，则可适当提高柱温 4. 调节合适的氢气和空气流量
基线噪声大	1. 色谱柱污染或色谱柱流失 2. 载气污染 3. 载气流速太高 4. 载气漏 5. 接地不良 6. 积分仪故障 7. 进样器污染 8. 氢气流速太高或太低（FID） 9. 空气流速太高或太低（FID） 10. 空气或氢气污染 11. 水冷凝在 FID 中 12. 检测器电缆接触不良 13. 检测器绝缘性能下降（离子化检测器） 14. 检测器污染	1. 老化或更换色谱柱 2. 更换载气（注意载气过滤器） 3. 重新调节载气流速 4. 探漏 5. 保证仪器接地良好 6. 更换积分仪检查 7. 老化或清洗进样器 8. 重新调节氢气流速 9. 重新调节空气流速 10. 更换氢气、空气过滤器 11. 增加 FID 温度清除水分 12. 更换或修理电缆 13. 清洗检测器绝缘子 14. 老化或清洗检测器
程序升温后基线变化	1. 温度上升时，柱流失增加 2. 柱流速没校正好 3. 色谱柱污染 4. 二根色谱柱固定液量不一样	1. 选用适当的色谱柱或老化色谱柱 2. 校正柱流速 3. 更换色谱柱 4. 二根色谱柱固定液涂覆量应相等
升温时有不规则基线变化	1. 柱流失过多 2. 未选择好合适的操作条件 3. 色谱柱污染 4. 硅橡胶垫升温出现鬼峰	1. 选择适当色谱柱，使用柱温应远低于固定液最高使用温度 2. 选择合适的操作条件 3. 更换色谱柱 4. 硅橡胶垫使用前放在 200℃ 中烘 16h

参　考　文　献

[1] 周心如，杨俊佼，柯以侃．化验员读本：化学分析[M].5版．北京：化学工业出版社，2017.
[2] 于世林，杜振霞．化验员读本：仪器分析[M].5版．北京：化学工业出版社，2017.
[3] 汪正范．色谱定性与定量[M].2版．北京：化学工业出版社，2007.
[4] 吴烈钧．气相色谱检测方法[M].2版．北京：化学工业出版社，2005.
[5] 吴方迪，张庆合．色谱仪器维护与故障排除[M].2版．北京：化学工业出版社，2008.
[6] 许国旺．现代实用气相色谱法[M]．北京：化学工业出版社，2004.
[7] 中国石油化工股份有限公司科技开发部．石油和石油产品试验方法国家标准汇编[M]．北京：中国标准出版社，2016.